空天信息技术系列丛书

无线物理层安全通信方案设计及理论分析

樊　晔　姚如贵　石家隆　左晓亚　编著

西北工业大学出版社
西　安

【内容简介】 本书围绕无线环境中的基础多用户场景中提升物理层安全性问题，深入、系统地总结了基于人工加扰技术与预编码技术的安全传输优化设计理论与方法。全书共分为9章，第1～7章针对理想信道状态信息条件，研究了两用户单跳网络、多跳网络、MIMO Y网络等的安全容量的衡量问题，介绍了详细的有关保密自由度的分析理论；进一步，拓展到实际应用，考虑信道估计误差服从有界分布下网络的鲁棒性分析。以上重点研究了协作加扰、合作理论及帮助者等理论，为系统的安全速率分析奠定基础。第8章和第9章针对多用户网络中提升安全性能的设计问题，研究了基于预编码技术的物理层安全通信方案设计及安全性能分析理论，从传统块预编码和新颖符号级预编码两个角度分别探讨了多用户场景的通信问题，全面分析了现有物理层安全的两大核心技术。

本书可为物理层安全领域相关的科学研究人员和工程技术人员提供参考，也可作为高等学校通信相关专业的研究生和本科高年级学生的教材。

图书在版编目(CIP)数据

无线物理层安全通信方案设计及理论分析 / 樊晔等编著. —西安 ：西北工业大学出版社，2022.11

（空天信息技术系列丛书）

ISBN 978-7-5612-8532-9

Ⅰ. ①无… Ⅱ. ①樊… Ⅲ. ①无线电通信-安全技术 Ⅳ. ①TN92

中国版本图书馆CIP数据核字(2022)第243282号

WUXIAN WULICENG ANQUAN TONGXIN FANGAN SHEJI JI LILUN FENXI

无线物理层安全通信方案设计及理论分析

樊晔 姚如贵 石家隆 左晓亚 编著

责任编辑：华一瑾　　**策划编辑**：华一瑾

责任校对：王梦妮　　**装帧设计**：高永斌 董晓伟

出版发行：西北工业大学出版社

通信地址：西安市友谊西路127号　　邮编：710072

电　　话：(029)88493844，88491757

网　　址：www.nwpup.com

印 刷 者：陕西博文印务有限责任公司

开　　本：787 mm×1 092 mm　1/16

印　　张：11.875

字　　数：296千字

版　　次：2022年11月第1版　2022年11月第1次印刷

书　　号：ISBN 978-7-5612-8532-9

定　　价：68.00元

前　言

《无线物理层安全通信方案设计及理论分析》围绕多用户通信场景中的通信安全问题，深入、系统地总结了基于人工加扰技术与预编码技术的安全传输优化设计理论与方法，从信息论和信号处理两个角度诠释了不同信道条件下的安全通信方案设计方向。本书以无线通信为基础，是读者探索无线通信前沿知识结构中的重要组成部分，在培养良好的创新能力方面，起着重要的作用。

本书具有以下几个方面的特点：

(1)体系清晰，由浅入深。本书采用“一个目标、两个层次、七个细化”的结构进行组织。“一个目标”是指基于人工加扰、预编码设计、稳健设计等多参数联合优化，开展多用户网络安全传输优化设计，有效提升系统保密自由度及安全性能。“两个层次”主要指面向理论与实践应用的人工加扰的设计和预编码设计。“七个细化”指的是本书所涉及的七个内容。

(2)分析合理，目标明确。本书研究内容采用理论分析、仿真验证相结合的研究方法，综合采用符号级预编码、信号对齐、Taylor 展开、等价建模、鲁棒设计等技术，有效解决多天线信息论分析，多参数联合优化等价建模及其高效求解方法，非理想 CSI 条件下鲁棒性设计以及以性能、复杂度和稳健性为目标的优化算法设计等关键科学问题。

(3)描述准确，语言精练。本书所有内容均按照“系统模型—信号模型—优化问题—求解方法—仿真验证”进行组织，教学逻辑清晰，层层递进，文字描述准确，语言精练，便于学生和读者进行学习。

本书由樊晔制定编写提纲，编写了第 1,2,4,7～9 章，并负责全书的统稿；姚如贵完成了第 5 章内容的编写并对全书进行了审核；石家隆编写了第 6 章；左晓亚编写了第 3 章。

写作本书耗时两年，将笔者长期在无线通信中的安全研究的相关成果进行编纂汇总，参考资料均来自已购买版权的学术文献及公开学术报告。本书系统性强、创新点多、实时性高，可以为物理层安全领域相关的科学研究人员和工程技术人员提供参考，也可作为通信相关专业的研究生和本科高年级学生的教材使用。

此外，编写本书得到了西北工业大学的支持，同时，西安交通大学电信学部廖学文、李昂等，西北工业大学电子信息学院陈飞越、任蓝风也给予了热情的帮助和支持，在此深表感谢。

由于水平有限，书中不妥之处难免，敬请广大读者指正。

编著者

2022 年 6 月

目　录

第1章　绪　论

1.1 引　言

随着各种移动终端的日益普及，人们对于各终端信息交换的需求也在不断地增长。工业自动化、交通及电网智能化、无人驾驶及无人机的应用广泛化对于通信网络提出了高可靠性、低延时性、海量链接等需求。为了满足上述通信需求，移动通信的国际标准化组织3GPP(3rd Generation Partnership Project)提出了第五代移动通信技术标准(5th-Generation Mobile Communication Technology，5G)，其有望支持海量用户连接和成倍增长的无线业务，这使得信息安全问题变得空前重要。

1.2 物理层安全

传统的网络安全技术称为加密技术，这是一种协议栈上层的加密方法，以代换和置换为依据。发送端利用密钥来加密信息，从而将明文转化为密文；合法接收端利用密钥来解密信息，将密文转化为明文。为了防止窃听者根据收到的密文解调出正确的明文，加密算法需要不断改进并增加密钥的长度来应对计算机不断增长的计算能力。随着通信网络的日益复杂化，传统的加密算法在一定程度上呈现出其弱势。这主要表现在以下几个方面：第一，现有的通信网络，例如5G网络，大多是一个多层次、弱结构的大规模异构网络，密钥的分发和管理非常困难。第二，当通信网络被用以支持不同的场景和不同的无线服务时，各种类型的服务有完全不同的安全需求。例如，在线支付需要比普通网络浏览服务更高的安全级别。然而，基于加密的方法只能提供"二进制"安全级别，其无法实现面向多元化的服务类型。第三，以机器式通信(Machine-Type Communications，MTC)为特征的物联网(Internet-of-Things，IoT)应用设备缺乏电源、存储和计算能力，无法应用复杂的加密/解密算法或协议。

不同于传统加密技术，物理层安全(Physical Layer Security，PLS)技术作为对加密技术的一种补充，其核心思想是利用合法信道与窃听信道之间的随机特性实现安全传输。Wyner在文献[3]中首次提出了窃听信道模型，如图1-1所示。其中，源节点Alice通过离散无记忆主信道向目的节点Bob发送有用信号 X，在合法接收端Bob接收到信号 Y 的同时，整个系统还存在一条窃听信道，窃听者也会接收到信号 Z。

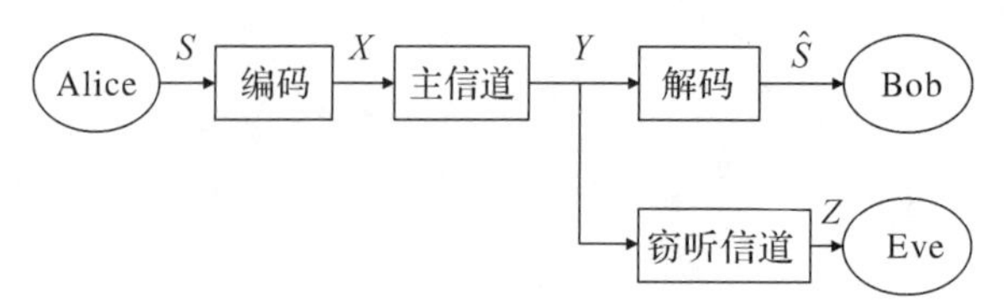

图 1-1　Wyner 窃听模型

Wyner 证明了合法通信双方在没有共享密钥的条件下，当合法信道优于窃听信道时，系统依然可以取得完美安全通信；同时定义了保密容量这一概念，即在离散无记忆信道模型下，保密容量可以通过最大化合法信息量与窃听信息量的差所得到，其数学表达式为

$$C_s = \max_{V \to X \to Y \to Z} [I(V;Y) - I(V;Z)]^+ \tag{1-1}$$

式中：　C_s——保密容量；

V——有用信息；

$V \to X \to Y \to Z$——马尔可夫链；

$[a]^+$——$\max\{a,0\}$。

当保密容量为正值时，表示窃听者接收到的信号要比合法接收者接收到的信号差，即窃听信道是合法主信道的退化版，此时，可以认为整个系统是安全、可靠的，这也称为保密容量理论。现有研究将其推广到高斯信道模型、广播信道模型，都得到相同的保密容量公式。

因此，与传统加密算法相比，物理层安全技术是一种不依赖于密钥的技术，其可以根据信道条件的变化自适应地进行信号设计与资源分配，提供更加灵活、安全的信息传输。现有一些 5G 通信网络非常适合物理层安全技术的应用。例如，大规模多输入多输出(Multiple-Input Multiple-Output，MIMO)技术在 5G 中的应用极大地丰富了无线信道的空间分辨率，为打击窃听提供了额外的空间资源。除此以外，5G 中高频通信带来了丰富的频谱，为宽带安全传输提供了有利条件。另外，多小区协作技术的应用使得实现协作保密成为可能。可以说，物理层安全技术在保障 5G 网络安全上具有很大潜力。

1.3　物理层安全技术

目前，主要的物理层安全技术有添加人工噪声(Artificial Noise，AN)技术、编码技术、协作通信技术、功率控制与资源分配技术等。以下依次对这几种技术的基本原理与应用现状展开介绍。

1. 添加人工噪声技术

现有添加人工噪声技术主要分为四种：发送端加扰、协作加扰、均匀加扰、定向加扰。具体地，发送端加扰方式即为传统的人工噪声技术，其中，多天线的发送端在发送有用信号时，同时发送人工噪声信号。为了避免合法用户受到人工噪声信号的影响，人工噪声信号通常被设置于合法信道的零空间处，从而在不干扰合法用户的情况下影响窃听接收信号。协作加扰主要是指由非发送端的其他节点协作发送端发送人工噪声信号，此时，人工噪声信号与有用信号是通过相互独立的节点发出的。当有用信号发送端功率受限时，通过外部节点协作发送人工噪声信号不会使得分配给合法信号的功率受到损失。在文献[4]中，全双工的接收端在接收有用信号的同时发送人工噪声信号，并通过自干扰消除技术消除噪声，使自身不受影响，仅干扰窃听端，从而确保信息安全。在文献[5]中，学者提出了一种采用添加外部干扰节点的方式来实现存在多窃听者的下行链路的信息安全。文献[6][7]指出，可以在能量捕获场景中，利用传输有用信号过程中所捕获的能量来发送人工噪声，从而降低整个通信系统的总功率消耗。均匀加扰指噪声信号被广播给所有的接收端，而定向干扰与其相反，通过波束赋形等技术将人工噪声定向地发送给窃听者。文献[8]指出，当发送端已知窃听端的信道状态信息时，采用定向加扰的方式比均匀加扰更加有效。

2. 编码技术

编码技术主要包括信源编码与信道编码。信源编码技术属于空域抗窃听技术，其通过优化发送信号的空间分布性质来扩大合法信道与窃听信道之间的差距，包含波束赋形技术或预编码技术，通过在发送端处设计预编码向量或矩阵来满足不同性能要求。目前，这项技术已经应用于不同的网络中，例如，在文献[9][10]中，安全波束赋形技术分别被应用于能量捕获网络与异构网络中。除此以外，现有文献也考虑结合不同的通信需求设计编码向量，如在文献[11][12]中，作者研究了无线信能同传网络的安全问题，并提出了一种低复杂度的二阶核算法来优化系统的安全波束赋形向量。可以看出，安全波束赋形或预编码技术的设计思路与添加人工噪声的初衷是一致的，均是为了降低窃听信道的质量。但是，波束赋形矩阵或是向量均是通过求解满足性能需求的优化问题所得的，通常其会产生较高的计算复杂度。因此，有学者在文献[13]中提出了一种随机波束赋形(Random Beamforming，RB)技术。不同于传统的波束赋形技术，采用 RB 技术时，发送端仅用一个自由度来发送合法信号，而用其他的自由度去发送随机信号。这样，接收端的解调会变简单，窃听信道会变为一个等价的快衰落信道，从而确保信息的安全性。除此以外，随着 5G 网络的普及，用户数的激增会在通信过程中产生大量的干扰信号，一种称为有益干扰(Constructive Interference，CI)的预编码技术被文献[14]提出。与以往将用户间的干扰信号看作是接收端处的有害信号不同的是，其将干扰信号转变为一种对于接收端解调有益的信号。这样，干扰信号作为一种额外的信号功率源，不仅可以提升系统的功率效率，降低用户间干扰信号对于接收端的负面影响，还可以帮助整个通信系统实现可靠、安全的通信。另外，在多合法接收用户场景中，如多用户下行多输入单输出(Multi-Input Single-Output，MISO)链路中，通过设计发送端预编码矩阵与接收端干扰抑制矩阵，将所有的合法信号在窃听端处对齐至同一维度，使得窃听端无法区分每个合法信号，从而增加窃听端解调信号的难度。这种想法被引申为一种名为干扰对齐(Interference Alignment，IA)的技术。在文献[16]中，作者利用干扰对齐的思想，在高斯多址接入窃听信道中提出了一种信号对齐的发送策略来实现信息安全。文献[17]在衰落多址接入窃听信道上提出了一种遍历安全对齐策略，并且通过多时隙传输数据来实现信息安全。除此以外，文献[18]研究了 MIMO Y 信道的安全传输问题，通过采用在窃听端处进行信号对齐来抗窃听。

信道编码是编码方案中的另一分支，是一种基于信道的随机特性的密钥研究技术，其主要利用合法信道与窃听信道的唯一性生成无线信道中的密钥。在文献[19]中,作者通过预均衡来保证保密性,并且利用低密度奇偶校验(Low Density Parity Check,LDPC)码来保证可靠的通信;在文献[20]中,作者提出了一种基于LDPC码和哈希函数的二进制输入窃听信道认证方案。以上两种方案均是基于随机信道编码方案的。

3. 协作通信技术

现有的无线网络一般是多用户系统,其可以通过节点间的协作提高网络的安全性能。基于合作的安全传输技术一般可分为三大类:协作干扰技术、中继选择技术和合作保密增强技术。当采用协作干扰技术时,多个中继节点分布式产生人工噪声信号,共同帮助实现信息安全,这本质上是一种分布式波束赋形技术。文献[21]为扩频转发和解码转发系统设计了协作加扰方案。在该方案中,所有的中继节点独立发送人工噪声信号,降低窃听者接收到的信号质量。中继选择技术是通过选择中继节点和(或)使用外部干扰节点来增强传输安全性的。文献[22]提出选择两个中继节点分别进行消息转发和添加人工噪声,并自适应切换合作模式,旨在将保密中断概率降到最低。文献[23]提出了一种联合中继干扰选择策略,最大限度地提高可达到的保密速率。在上述协作干扰技术和中继选择技术中,中继节点只充当一个助手,它向合法接收端提供秘密嵌入的中继服务。相比之下,在合作保密增强方案中,多个用户相互合作,实现了互利共赢。例如在文献[24]中,作者证明了两个互不信任的用户可以通过协商信号功率来扩大原来可达到的保密速率区域。

4. 功率控制与资源分配技术

面向安全的功率控制和资源分配技术是根据已知的瞬时信道状态信息(Channel State Information,CSI)对发射机的参数进行不断调整,其目的是使合法用户接收到的信噪比提高或保持不变,而窃听者接收到的信噪比随时间随机变化。通过这种方式,可以扩大合法链路和窃听链路之间的信道质量差异。文献[25]采用开关策略实现功率控制,在安全中断的条件约束下,最大化系统的吞吐量。在文献[26]中,作者在下行链路的传输中探究了正交频分多址接入技术对于系统安全性能的影响。它表明,为了保证用户的数据安全性,功率分配不仅取决于服务用户的信道增益,也依赖于所有其他用户信道增益的最大值。在实际系统中,由于反馈时延或信道估计误差的存在,在发射机端无法获得理想信道的CSI。为了解决这个问题,文献[27]利用过时的CSI中包含的有用知识来决定是否传输。文献[28]进一步提出了一个通用策略,在只有过时的CSI可用的情况下,增加开关安全传输的保密吞吐量。

综上所述,添加人工噪声技术可以给窃听端处的接收信号造成扰乱,编码技术可以利用空间维度来设计在窃听端处的接收信号,安全协作传输技术是通过各节点协作发送信号来确保信息安全,功率控制与资源分配技术是通过对通信参数进行调整实现最好的安全性能。在目前的研究中,最为常用的技术是添加人工噪声技术与编码技术。必须明确的是,人工噪声信号是一种广义上的随机信号,其功率大小会受到通信需求的限制。一般情况下,发送端在发送人工噪声时,不会单独发送此随机信号,通常会对其进行预编码处理,即左乘一个预编码向量。这个预编码向量是一个可以由发送端设计的向量,设计的基础准则是使得人工噪声信号落入合法信道的零空间中,从而使得合法接收端不会受到人工噪声的影响。对于波束赋形技术或是预编码技术，其预编码矩阵或是向量就需要满足不同安全需求，例如，依据最大化安全速率准则设计优化问题，得到发送的预编码向量。在本书中，主要应用人工噪声技术，并且结合相关的编码技术，例如随机波束赋形、干扰对齐、干扰中和等，共同提升整个通信性能的安全性。

1.4 物理层安全研究现状

无线通信中物理层安全技术的研究，主要分为两大类：一种是从信息论的角度出发，研究通信系统基本架构对于系统通信性能的影响，主要分析系统的固有属性，如各节点的天线数、发送信号的类别等与系统安全容量的关系。另一种是从信号处理角度出发，通过设计不同的通信方案来满足网络的安全需求。这两种研究角度之间的关系是相互承接与依托的，其可以看作是先从信息论的角度研究整个网络结构下的保密容量，再从信号处理的角度出发，通过设计具体的传输方案帮助系统获得的安全速率能够不断地向系统的保密容量趋近。接下来，本书将对这两类物理层安全的主要研究方法展开叙述。

1.4.1 信息论角度上的物理层安全研究

在物理层安全的研究中，多用户网络的保密容量的闭式表达式较难获得。为了衡量更多网络的安全性能，有研究提出了使用保密自由度(Secure Degree of Freedom, SDoF)来表征干扰信道的安全性能。从物理层面上理解，保密自由度可以表征安全信号的维度，也可以表示系统中能够安全通信的数据流的数目，是自由度在安全领域的推广。虽然保密自由度不能精确地表征信道的安全容量，但在无法给出通信网络精确安全容量的情况下，可以最有效地判定各种传输方式的优劣。因此，其是一种重要的有关安全性能的评价指标。本书所研究的保密自由度，是从信息论的角度揭示通信网络本身所具有的最大的安全能力，其不仅具有理论意义，也具有实用价值。这主要体现在两点：①在 SDoF 的分析中，需要设计不同的发送方案及应用编码技术来实现系统的安全通信。这些通信方案可以直接在通信中使用，具有实用性。②当采用其他信号处理技术时，一个很重要的指标就是安全速率。通常情况下，通过分析安全速率随发送端信噪比的变化曲线来衡量安全技术的优劣。值得注意的是，上述变化曲线的斜率值可以表示系统所达到的保密自由度。当所研究的通信方案或技术的变化曲线的斜率值比网络本身的可达保密自由度小时，说明系统的安全性能没有达到最优，还可以进一步地改进技术。因此，系统所获得的安全速率的优劣可以利用 SDoF 衡量，有关 SDoF 的研究具有实际指导意义。

目前，有关保密自由度的研究主要集中在以下四个方面。

1. 理想 CSI 下的保密自由度分析

当发送端已知完美的信道状态信息时，基于干扰对齐技术的物理层安全的研究从信息论的角度出发，分析各多用户场景下的保密自由度。当考虑到多用户之间的通信时，各通信对之间存在相互干扰，干扰对齐技术可以使得众多用户在低维信号空间中同时通信而不受到干扰。在文献[29]与文献[30]中，Xie 采用了实干扰对齐(Real Interference Alignment，RIA)技术，其基本思想是在单输入单输出(Single-Input Single-Output，SISO)实高斯信道中，利用多星座调制符号代替单个符号实现通信。另外，Xie 还推导出以下结论：带有一个外部干扰节点的高斯窃听信道的保密自由度为 1/2，可以理解为：两个时隙可以安全传递一个符号到达合法接收端；带有 M 个帮助者的窃听系统的保密自由度为 $\frac{M}{M+1}$；而在两用户 SISO 干扰信道中，系统的保密自由度为 2/3；K 用户多窃听信道的保密自由度为 $\frac{K(K-1)}{K(K-1)+1}$。在文献[30]中，Xie 进一步分析了 K 用户多址接入窃听信道，K 用户干扰窃听信道，K 用户带有保密信息的干扰信道与带有机密信息的 K 用户干扰窃听信道的 SDoF 与 SDoF 区域。除上述单天线通信的场景以外，文献[32]研究了 MIMO 高斯窃听网络的可达保密自由度，其中发送端与接收端同时采用全双工模式，并且基于线性预编码技术提出了大量的可达方案。

2. 非理想 CSI 下保密自由度分析

当发送端已知部分 CSI 时，为了确保多用户网络的安全，现有文献多采用人工加扰的方式。文献[33]分析了在快衰落 MISO 信道中已知部分发送端 CSI (CSI at Transmitter，CSIT)时网络的安全传输问题，并提出利用波束赋形方式来最大化系统的安全速率。除此以外，当发送端未知窃听端 CSI 时，文献[34]指出，K 用户多址接入信道退化成为了一个带有 $K-1$ 个帮助者的窃听信道，并且系统的 SDoF 从 $\frac{K(K-1)}{K(K-1)+1}$ 降低至 $\frac{K-1}{K}$。对于存在一个外部窃听者的干扰信道，系统的 SDoF 从 $\frac{K(K-1)}{2K-1}$ 降至 $\frac{K-1}{2}$。在文献[35]中，作者进一步地探究了 MIMO X 网络带有输出反馈与延迟 CSIT 时系统的保密自由度。可以看出，当系统的信道状态信息仅部分已知时，系统的 SDoF 较已知全部 CSI 时有所降低。除此以外，上述文献主要处理同构的 CSIT 场景，其中每个接收端提供的信道知识的性质是相同的。然而，在实际场景中，CSIT 的性质可能因用户而异。这种性质自然引申出了异构(或混合)CSIT 的场景。有文献对不同用户提供的 CSI 的质量或是延迟的可变性进行建模，将现有的 CSI 的状态分为三种：已知完美的 CSI、延迟 CSI、未知 CSI。在文献[36][37]中，作者指出，固定的异构 CSIT 配置的自由度的完整特征仅在两用户 MISO 广播信道中被加以分析，当两用户的信道状态分别配置为一个完美、一个延迟时，其中最优总自由度为 3/2。可以看出，即使没有保密约束，有关其他网络结构下的异构 CSIT 问题仍然有待研究。除了在不同用户之间表现出异构性外，信道状况也可能随时间或是频率而变化。这种可变性可以自然产生(由于来自用户的可容忍反馈开销所造成的时变性)，也可以人为地产生(通过随时间/频率故意改变信道的反馈机制)。例如，不同于在整个通信过程中去获得一个用户的完美 CSI 与另一个用户的延迟 CSI，获得不同 CSI 的方式可以转变为在 1/2 通信时间内，先获得第一个用户提供的完美 CSIT 和第二个用户提供的延迟 CSIT 状态，而在剩下的 1/2 时间内，将两用户的角色互换，从而获得新的状态。这两种不同的方式所需要的总网络反馈开销是相同的，但是却产生了交替 CSIT，其中多个 CSIT 状态随着时间的推移而出现，例如上面例子中的 PD 和 DP。将此思路扩展到物理层安全的研究中，文献[38][39]研究了当存在可选择性的 CSIT 时的多用户广播信道的 SDoF 域的问题，其假设所有的接收端可以获得完整的瞬时 CSI，根据不同状态的相对比例来考虑不同的子情况，并明确描述了在每个子情况下如何共享组成方案以获得最优的SDoF区域。

3.信道秩亏时保密自由度分析

上述有关 SDoF 的研究中，主要是假设信道矩阵是满秩矩阵而研究的。但有学者提出，在实际的 MIMO 场景中，由于散射和键孔效应较差，信道矩阵往往存在秩亏。例如，在实际场景中出现了锁孔信道。目前，对于秩亏的 MIMO 干扰信道的自由度研究较少。现有的研究主要在文献[41][42]中，其分别对秩亏的 MIMO 干扰信道和秩亏的 $2\times2\times2$ MIMO 干扰网络的 DoF 进行了分析。考虑秩亏的 MIMO 干扰信道的安全性问题，文献[40]首次对其展开了研究。其假设发射机和接收机都配备了相同数量的天线，每一对收发机都希望传输一条机密消息，同时确保对另一通信对的消息进行保密。文献利用费诺不等式等信息论方法证明了 SDoF 的外界值，而后利用空间对齐技术、符号扩展技术和迫零技术，针对不同的秩和天线结构，提出了不同的编码策略，获得了系统的 SDoF 的下界值。最后，结合 SDoF 的上、下界值，文献[40]确定了秩亏 MIMO 干扰信道的精确 SDoF。

4 广义自由度分析

保密自由度的提出，不仅是对于通信网络固有属性的一种探究，也是对于系统容量的变化趋势的另一种近似的衡量方式。为了更加准确地利用保密自由度衡量系统的通信容量，从自由度开始，逐步以广义自由度(Generalized DoF，GDoF)的形式逼近更精细的度量，其中 GDoF 表征在恒定间隙内的容量。当以 DoF 作为度量时，其将所有非零信道近似地视为同等强度；而以 GDoF 为度量时，其认为信号和干扰强度在本质上是不同的，研究具有不同信号强度下网络的安全问题。在文献[44]中，作者首次分析了干扰信道的安全 GDoF 域，并将干扰信号当作噪声(Treating Interference as Noise，TIN)进行处理。其表明，在一个 K 用户高斯干扰信道中，如果每个用户的期望信号的强度不小于来自这个用户的干扰中最强值和达到这个用户的所有干扰中的最强值，那么功率控制方案和 TIN 可以实现整个 GDoF 区域。紧跟着，文献[45]证明对于这样的 TIN 最优的干扰信道，即使添加保密约束条件，网络的 GDoF 区域也保持不变。通常情况下，保密约束条件总是与性能损失相关，但对于文献[44]中的 TIN 最优的干扰信道，在安全的意义上却不存在这样的 GDoF 损失。

综上所述，从信息论的角度上去研究物理层安全，主要是在不同的信道情况下探究系统的保密自由度。从高斯信道的特征出发，分析了单天线收发的多用户窃听网络的保密自由度，进一步研究了多天线网络的保密自由度，如 MIMO 高斯窃听网络、MIMO X 网络等，丰富了在空间域上有关通信网络的研究。另外，现有研究考虑到了信道的特质，研究了不同信道状态信息条件下、不同信道条件对于系统通信容量的影响。在整个研究进程中，学者从发送端已知完美满秩的 CSI 的假设的 SDoF，逐步研究到秩亏或信道强度不同的干扰信道的保密 GDoF。可以看出，现有的研究越来越趋于实际化，但是，在每一层面上的研究还是较为单薄的。在本书中,我们探究了两种经典的多天线多用户网络的保密自由度,并且分析了一种 MISO 下行链路在已知不完美 CSI 时系统的可达保密自由度,进一步地丰富了信息论上物理层安全的研究。

1.4.2 信息处理角度上的物理层安全研究

通信网络的保密容量可以从信息论的角度加以分析,而对于具体通信网络安全性能,则需要从信号处理的角度上进行研究。在 1.4.1 节中,我们分析了物理层安全的相关技术,主要的技术是添加人工噪声技术与编码技术,均旨在降低窃听信道的通信质量,增加合法信道与窃听信道之间的差异性。这两种技术的区别在于,添加人工噪声技术可以看作是一种抗窃听的手段,而编码技术需要根据不同安全需求进行设计,是一种非常典型的信号处理技术。目前,从信号处理角度出发,衡量一个通信网络安全性的指标主要有保密速率(Secrecy Rate)与窃听端的误比特率(Bit-Error-Rate, BER)或是误符号率(Symbol-Error-Rate, SER),将依次对其展开介绍。

安全速率被定义为合法信道的通信速率与窃听信道的通信速率之差,其最小值为零,即窃听端可以获得与合法接收端相同的信息量。由于系统的安全速率是随着发送方案与参数的变化而变化的,有研究通过设计适用的发送方案并且优化不同的配置参数来最大化系统的安全速率。在文献[46]中,作者考虑了一个添加人工噪声的半自适应传输方案,其根据主信道的 CSI 来自适应调整保密速率。为了获得最大的保密速率,文献[46]试图寻找最优的波束赋形向量,并将中断概率限制在一定阈值以下。另外,Yang 等人考虑了 MISO 单天线窃听端(Single-antenna Eavesdropper,SE)和 MISO 多天线窃听端(Multi-antenna Eavesdropper,ME)慢衰落窃听信道传输方案的有效保密速率,并且推导了有效保密速率的一个闭式表达式,进而求解了保密速率与功率分配的联合优化问题。

在有关安全速率的优化问题中,优化问题的求解往往是制约传输方案应用的一个重要因素。对于高斯信道而言,安全速率的表示式是非凸的,这就不便于直接运用数学工具去求解;若整个通信网络是多天线网络,即使将相关优化问题转变为凸问题,优化问题的计算复杂度也会变得很高。因此,更多的文献开始对安全速率的闭式解展开研究。在文献[49][50]中,作者分析了添加 AN 网络的遍历保密速率解析式和半解析式,用以探究系统参数对保密速率的影响。在文献[49]中,MISO 多窃听者信道的遍历保密速率的一个下界值被推导出,并且这个下界值被用来建立含有用信号与 AN 信号的功率分配的优化问题。将此结果进一步推广到文献[51]中的 MIMO 多窃听者信道,也得到了该信道遍历保密速率的渐近下界值,并利用渐近下界研究了有用信号与 AN 信号之间的最优功率分配问题。但是,在上述研究中,通常需要假设发送端具有一个较大的天线阵,当发射机上的天线数目不够多时,安全速率的下界值就难以获得。而在文献[50]中,学者推导出了一个含有特殊函数的遍历保密速率的闭式表达式,其使得安全速率的求解变得方便,但是却不易直接看出系统参数对遍历保密速率的影响。在这种情况下,一般采用遍历参数取值的方式来探究参数与遍历保密速率之间的关系,从而获得最大值。

除了建立优化问题来获得系统的性能参数,还有一些问题较为复杂,所研究的信号处理的方法也不尽相同。在文献[52]中,作者主要研究了多用户 MIMO 干扰信道的可达保密速率区域,并且提出了两种方案:①无论其他信道的保密速率如何,每个合法信道都试图提高自己的保密速率;②设计预编码向量去维持每个信道的保密速率和系统总保密速率之间的平衡。在文献[53]中,利用博弈论方法研究了 MISO 两用户干扰信道的可达保密速率。其中,每个发射机都试图最大化其保密速率与另一个发射机保密速率之间的差异。结果表明,存在一个唯一的纳什均衡点,该均衡点对应于该纳什均衡解的最优发射波束赋形向量。在文献[54]中,作者研究了一个强 Pareto 边界,该边界采用迭代算法得到非合作博弈结果。结果表明,给定的纳什均衡比利用速率作为效用函数所得到的纳什均衡有更好的性能。此外,文献[55]研究了 K 用户的 MISO 干扰信道的安全性能,假设发送端已知不完美的 CSI。与之前文献中最大化系统安全速率的目标不同,方案中最小化系统的总发送功率,并且限制每个目标的最坏情况信噪比大于某一阈值,而窃听方的信噪比低于预定的阈值,用来保证最低的保密速率。除了上述所提的提升保密速率的方案,还有一些在不同的场景下衍生出的性能指标,例如在文献[56]中,作者研究了 MISO 多窃听者的信能同传网络的安全性能,并且联合设计了 AN 信号的协方差矩阵与波束赋形向量。由于发送端同时发送有用信号与 AN 信号,两者的功率分配会对整个系统的能量传递与安全性能方面产生影响,因此,作者提出了安全能量效率的研究指标,即定义为系统总的安全速率与发送总功率之间的比值,并且分析了最大化系统的安全速率问题。在文献[57]中,作者研究了 Nakagami-m 衰落信道的安全问题,并提出了安全中断速率与平均安全中断维持两种指标。

可以看出,保密速率或是其衍生指标均是从一个相对的角度出发,旨在要求窃听端的窃听性能比合法用户的差,从而认定系统的安全性是可以保障的。但是,在一些安全性要求较为严格的场景中,系统要求尽量减少信息的泄露,这就引出了另一种安全问题——最小化泄露信息问题。为了衡量信息的泄露程度,比较直观的是用误码率或是误比特率来衡量。因此,有学者提出了不同的安全编码方式,旨在窃听端获得较高的误码率,同时保证合法用户的误码率较低。在文献[58]中,物理层的安全通信是在 BER 准则下,利用穿孔的 LDPC 码实现的,其中的保密信息位隐藏在被穿孔的位中。因此,这些信息位不是通过信道传输的,而是可以在接收端利用码字的非穿孔部分进行解码。这种编码方案可以在窃听者的一侧产生接近 50%的误码率,同时与未穿孔的 LDPC 代码相比,大大减少了文献[58]中定义的安全漏洞。然而,与非穿孔 LDPC 码相比,打孔 LDPC 码需要消耗更高的传输功率。为了解决这一问题,Baldi 等人提出了一种非系统编码传输设计,即对信息位进行乱置。从文献[59]中可以看出,这种乱置技术在不增加发射功率的情况下,达到了与基于穿孔的 LDPC 码设计相当的安全间隙。最近的研究中,有学者提出了一种符号级编码方式,也被称为有益干扰(Constructive Interference,CI)方案,被应用至物理层安全的研究中。对于合法用户端,有益干扰方案提出了一个有益区域,当合法用户的接收信号落入这个区域时,有利于有用信号的解调;对于窃听端,则存在一个破坏性区域,当窃听端的接收信号被设计位于这个区域时,可以增加窃听端的 BER。基于上述思路,在文献[60]中,作者在 MISO 多窃听者网络中提出了一种人工噪声发送方案。其中,不同于以往有关人工噪声随机发送的产生方式,基于 CI 方案的人工噪声信号是通过建立最小化发送端的发射功率问题来优化获得的。结果表明，这种方案比传统方案具有更好的安全性能，可以在窃听端处获得更高的 SER。除此以外，在文献[61]中，作者利用方向调制的概念，提出了一种非干扰的 CI 方案，用以提高 MIMO窃听网络中多接收机的安全性。此外，联合物理层安全和 SLP 方案也被扩展到文献[62]中的能量收集方案中，文献证明了 CI 方案比传统的非 SLP 方案节省了大量发送功率。

综上所述，对于窃听网络，系统设计不同的发送方案、编码方案、优化方案等去获得优化变量，用以满足抗窃听的目的。这种典型的从信号处理角度研究物理层安全的思路可以被应用于各种通信网络中。例如：大规模 MIMO 网络，其可以采用大规模天线阵列增加无线信道的维度，利用这些维度设计信号，从而在物理层上面保证系统安全；在毫米波通信中，高频段内丰富的频谱可能导致物理层保密通信的传输环境发生显著变化，因此在高频段上的安全研究与传统安全研究不同；在异构网络中，可以研究如何在多层网络上实现安全。同时，物理层安全技术也可以与其他相关技术相融合，例如能量捕获技术、非正交多址接入技术等，这是由物理层安全本身的无线特性所决定的。

1.5 本书主要内容

随着 5G 通信协议的确定与 5G 网络的逐渐普及，物理层安全技术已经成为关键的抗窃听技术，引起了广泛的关注。但是，用户数的增加、用户角色的增加，使得网络的安全问题也变得更加复杂和棘手。现有的无线物理层安全技术的研究在信息论角度与信号处理角度上面均存在一些问题有待解决。本书以支持更广泛且更加实际的通信网络的安全传输为核心目标，分析多用户网络的保密自由度及实际通信问题，主要内容框架如图 1-2 所示。

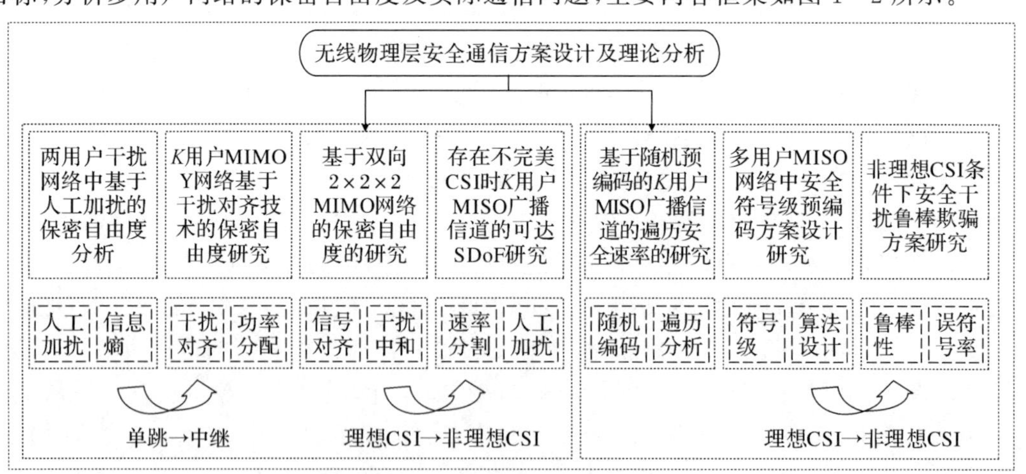

图 1-2　本书主要内容框架

本书研究的主要内容与贡献如下。

1. 带有外部加扰节点的两用户 MIMO 干扰信道的保密自由度研究

为了增加干扰信道的安全传输的数据流数，我们在两用户 MIMO 干扰网络中，添加了一个外部的协作加扰节点。其中，每个接收机配有 N 根天线，协作加扰节点配有 K 根天线。本项工作分析了任意的天线配置下的系统的 SDoF，并提供了 SDoF 的上界和下界值，

其值均与 K 相关。结果表明,当采用添加外部协作加扰节点时,两用户干扰网络的 SDoF 相对于无干扰情况都有所提高。此外,本书量化了网络的 SDoF 间隙,并将其表示为天线数目的函数,便于分析在何种天线配置下可以达到准确的 SDoF 值。可以看出,对于较大的 K 值,各状态下的上界和下界一致,可以得到精确的 SDoF。

2. 多用户 MIMO Y 窃听网络保密自由度研究

在多用户通信网络中,主要研究了 K 用户 MIMO Y 窃听网络,分别分析了采用实干扰对齐技术与 IA 技术环境中的物理层安全问题,通过中继节点协作加扰实现整个网络的安全、可靠通信。当考虑 K 用户窃听网络的安全问题时,着重以信息论的方法推导了所提抗窃听方案的保密自由度;在采用实干扰对齐技术时,进一步地推导出了此模型中保密自由度的下界值。另外,在复高斯窃听模型中,本书提出了与传统算法不同的功率分配方案,当满足一定的功率限制时,最大化系统的保密速率。

3. 基于双向中继的 2×2×2 MIMO 干扰信道的保密自由度分析

为了提出一种适用于中继网络的保密自由度的分析方法,研究经典的双向中继 2×2×2 MIMO 干扰信道的保密自由度,主要分析了三种窃听模型:机密消息(CM)模型、不可信中继(UR)模型以及组合的 CM 和 UR (CM-UR)模型。针对任意天线配置的一般情况,本项工作推导了具有马尔可夫链和保密约束的 SDoF 的上界值,并且根据干扰中和、协同干扰和干扰对齐技术,提出了每一种天线配置下的可达方案,从而获得了 SDoF 的下界值。为了深入了解这些边界,我们进一步考虑了一种特殊情况,即每个用户节点有 M 根天线,每个中继节点有 N 根天线,并在此模型下,提出了一种达到最大 SDoF 时的修正过程。对于这种特殊情况,本书证明 CM 模型的最优 SDoF 可以在 $M \geqslant N$ 和 $M < \frac{N}{2}$ 的情况下实现;对于 UR 模型和 CM-UR 模型,最优 SDoF 分别在 $N \leqslant \frac{M}{2}$、$N > 2M$、$N = M$ 这三种情况下得到。

4. 非理想 CSI 下 K 用户 MISO 广播信道的可达保密自由度研究

此章节是在发送端已知不完美 CSI 的情况下,旨在提高 K 用户 MISO 广播信道的可达 SDoF,降低信道估计误差对于网络 SDoF 的影响。研究发现,传统的速率分割(Rate Splitting, RS)的技术可以解决发送端已知不完美 CSI 时系统的 DoF 问题,但其安全性较差。在此方案中,发送端在发送信号时将信息信号分为公共信息和私有信息,每一部分信息所占的功率等级不同。当外部存在窃听者时,系统所传递信息的安全性无法保障;当内部用户是潜在窃听者时,公共信息的安全性无法被保障。为了既保障系统的安全性,也降低不完美 CSI 对于系统 SDoF 的影响,本项工作改进了传统的 RS 方案,并且添加了人工噪声信号,设计了预编码向量,通过调整人工噪声、公共信息、私有信息的功率分配系数,获得较高的 SDoF值。与传统的 RS 方案、迫零方案和干扰方案相比,本项工作所提方案能够获得更高的可达 SDoF。

5. 基于随机波束成形的 K 用户 MISO 广播信道的遍历安全速率分析

此章节研究一种基于随机波束赋形技术的 K 用户 MISO 广播信道的遍历安全速率。

首先，针对单用户 MISO 窃听信道，提出了一种信号分割随机波束赋形（Signal-Splitting RB，SSRB）方案，然后根据功率最小化（Power-Minimizing，PM）原则，对 SSRB 方案进行了改进，称为 PM-SSRB 方案。这样，发送端的功率效率会有所提升。另外，笔者分析多用户通信网络的安全性。为了提高多用户网络的频谱效率，笔者将 PM 和 NOMA 技术相结合，提出一种混合的 NOMA（Hybrid NOMA，H-NOMA）方案和另一种用于 K 用户 MISO 窃听信道的信号分割 NOMA（SS-NOMA）方案。对于上述每一个传输方案，本项工作综合分析 K 用户场景的总遍历保密速率，并且推导单用户情况下遍历保密速率下界值的一个闭式表达式。仿真结果表明，与传统的混合人工快衰落方案和人工噪声方案相比，所提出的 SSRB 方案和 PM-SSRB 方案在所有功率状态下的遍历保密速率都有更好的性能。更重要的是，当窃听者的天线比发射机多时，笔者的方案总是优于对比方案。对于多用户情况，SS-NOMA 方案比 H-NOMA 方案能够获得更高的遍历保密速率。

6. 智慧窃听场景下基于有益干扰的安全通信方案研究

在普通窃听者直接对信号进行解码并且发射端能够获知窃听端的全部信道状态信息（CSI）的情况下，现有安全方案无法确保信息的安全性。针对此问题，笔者提出随机干扰方案和随机预编码方案。为了有效解决引入的凸/非凸问题，笔者提出一种基于 Karush-Kuhn-Tucker 条件的凸问题迭代算法，并通过泰勒展开来处理非凸问题。仿真结果表明，提出的所有方案在保密性能上都优于现有的方案，并且设计的算法显著提高了计算效率。

7. 基于欺骗原则的鲁棒性有益干扰安全通信研究

传统的基于有益干扰（CI）的安全通信方案并不能很好地抵御智慧窃听者的窃听，为了应对这一缺点，提出一个新的欺骗方案（DS），该方案利用了随机传输策略。在该策略的影响下，窃听者即使可以正确解码信号，也无法区分解码后符号的真实性。接下来，在假设信道状态信息（CSI）完全已知的条件下，针对欺骗信干噪比平衡问题（deception SINR-balancing problem），笔者提出一种有效算法。此外，笔者还考虑了一个只有不完美 CSI 的实际场景，并针对欺骗优化问题提出两种不同的优化方法，即凸化松弛法（CRA）和拉格朗日松弛法（LRA）。针对所考虑的基于有益干扰的欺骗方案，笔者在完美 CSI 和不完美 CSI 这两种假设下，求得欺骗方案的闭式解。仿真结果验证了该算法相对于传统的安全预编码方案的优越性，同时所提算法在计算效率上也有显著提升。

以上内容总共分为两大部分七个方面，从基础的两用户单跳干扰网络、多跳中继网络、理想/非理想信道条件下的多用户下行窃听网络逐步展开研究，进行安全方案的设计及分析。本书主要的创新性工作体现在多跳网络的保密自由度分析以及多用户网络的联合预编码设计及其高效求解方法，非理想 CSI（Channel State Information，CSI）条件下稳健设计以及求解复杂优化问题时性能与复杂度折中的算法设计。

第 2 章　基础理论及方法

1.1　引　　言

在本章节中，将介绍有关自由度与保密自由度的基本概念及相关的引理定理，并且对相关的物理层安全技术(例如干扰对齐、传统的速率分割技术)进行介绍。

1.2　基 础 理 论

在通信过程中，为了使消息可靠、有效地传送到信宿，就需要对信源的消息进行处理。那么，有没有可靠、有效的信息处理方法？如何进行编码？这些问题随之而来。香农信息论最初是为了解决通信问题而提出的。其主要是围绕信息的度量所展开的讨论。这是信息论建立的基础，并且给出了各种信息量和各种熵的概念；而后，又围绕着无失真信源编码、信道编码、通信安全等展开研究，提出了各种信源编码方法、各种信道编码以及保密通信的技术体制及其数学模型。本章节将从信息熵、互信息等角度，介绍一些基本理论及性质，而后简介保密自由度的相关概念。

2.2.1　信息熵与互信息

信源输出的消息或符号，对于发送者来说，是已知的，但对于通信系统和接收者来说，是不确定的。信源消息的出现，或者说发送者选择哪个消息，具有一定的不确定性。信息量就是对信息大小或多少的度量，可以理解为解除信源不确定性所需的信息的度量。当信源发出某个消息或符号，接收端获得这一事件的信息量时，它的不确定性就被解除了。一般地，要描述一个离散随机变量构成的离散信源，就需要规定随机变量 X 的取值集合 $\mathcal{X}$。假设变量 X 的概率密度函数为

$$p(x)=Pr\{X=x\},\quad x\in\mathcal{X} \tag{2-1}$$

则离散变量的 X 的熵 $H(X)$ 被定义为

$$H(X)=-\sum_{x\in X}p(x)\log_2 p(x) \tag{2-2}$$

将上述定义引申到一对离散随机变量(X,Y)，则其联合熵 $H(X,Y)$ 被定义为

$$H(X,Y)=-\sum_{x\in X}\sum_{y\in Y}p(x,y)\log_2 p(x,y) \tag{2-3}$$

式中：$p(x,y)$—— 变量(X,Y)的联合概率密度函数。

除此以外，定义一个随机变量的条件熵作为条件分布的熵的期望值，在条件随机变量上取平均值，即若变量$(X,Y)\sim p(x,y)$，给定X后，变量Y的条件熵$H(Y\mid X)$被定义为

$$H(Y\mid X)=-\sum_{x\in X}\sum_{y\in Y}p(x,y)\log_2 p(y\mid x)=-E\log_2 p(Y\mid X) \tag{2-4}$$

随机变量的熵是对随机变量不确定性的度量，是对随机变量所需的平均信息量的度量。对于两个变量分布之间的距离，用相对熵来度量。在统计学中，它是似然比的期望对数，是在真实分布为p时，假设分布为q时的不可靠性的度量。具体地，定义两个概率质量函数$p(x)$和$q(x)$之间的相对熵或Kullback-Leibler距离为

$$D(p\,||\,q)=\sum_{x\in X}p(x)\log_2\frac{p(x)}{q(x)} \tag{2-5}$$

经证明可得，相对熵是一个非负值。然而，它不是分布之间的真实距离，因为它不是对称的，也不满足三角形不等式。尽管如此，将相对熵看作分布之间的“距离”通常是有用的。现在引入互信息，它是一个随机变量包含关于另一个随机变量的信息量的度量。假设两个随机变量X和Y的联合概率密度函数为$p(x,y)$，边缘概率质量函数为$p(x)$和$p(y)$。互信息$I(X,Y)$为联合分布$p(x,y)$与乘积分布$p(x)p(y)$之间的相对熵，即

$$I(X;Y)=\sum_{x\in X}\sum_{y\in Y}p(x,y)\log_2\frac{p(x,y)}{p(x)p(y)}=D(p(x,y)\,||\,p(x)p(y)) \tag{2-6}$$

由于互信息$I(X;Y)$是在给定Y的条件下X的不确定度的减少量，因此互信息还可以表示为

$$I(X;Y)=H(Y)-H(Y\mid X) \tag{2-7}$$

另外，X含有Y的信息量等同于Y含有X的信息量，因此

$$I(X;Y)=H(X)-H(X\mid Y)=I(Y;X) \tag{2-8}$$

随机变量X与Y在给定随机变量Z时的条件互信息被定义为

$$I(X;Y\mid Z)=E_{p(x,y,z)}\log_2\frac{p(x,y\mid z)}{p(x\mid z)p(y\mid z)}=H(X\mid Z)-H(X\mid Y,Z) \tag{2-9}$$

2.2.2 基本结论

基于上述有关熵与互信息的定义，可以得到以下相关的结论：

(1) 离散信息熵与互信息均具有非负性，即

$$H(X)\geqslant 0 \tag{2-10}$$

$$I(X;Y)\geqslant 0 \tag{2-11}$$

(2) 熵的链式法则：设随机变量$X_1,X_2,\cdots,X_n\sim p(x_1,x_2,\cdots,x_n)$，则

$$H(X_1,X_2,\cdots,X_n)=\sum_{i=1}^{n}H(X_i\mid X_{i-1},\cdots,X_1) \tag{2-12}$$

(3) 互信息的链式法则：

$$I(X_1,X_2,\cdots,X_n;Y) = \sum_{i=1}^{n} I(X_i;Y \mid X_{i-1},\cdots,X_1) \tag{2-13}$$

(4) 条件作用使熵减少，即信息不会产生负面影响：

$$H(X \mid Y) \leqslant H(X) \tag{2-14}$$

当且仅当 X 与 Y 相互独立时，等号成立。

(5) 数据处理不等式：在介绍数据处理不等式之前，首先需要定义马尔可夫(Markov)链。若变量 Z 的条件分布依赖于 Y 的分布，而与 X 是条件独立的，则称随机变量 X,Y,Z 依序构成马尔可夫链，记作 $X \to Y \to Z$。具体地，若 X,Y,Z 的联合概率密度函数可写为

$$p(x,y,z) = p(x)p(y \mid x)p(z \mid y) \tag{2-15}$$

则 X,Y,Z 构成马尔可夫链 $X \to Y \to Z$。若 $X \to Y \to Z$，则数据不等式表示为

$$I(X;Y) \geqslant I(X;Z) \tag{2-16}$$

特别地，若 $Z = g(Y)$，则

$$I(X;Y) \geqslant I(X;g(Y)) \tag{2-17}$$

这说明数据 Y 的函数不会增加关于 X 的信息量。

(6) 费诺(Fano) 不等式：对于任何满足 $X \to Y \to \hat{X}$，其中 $\hat{X}$ 为 X 的估计量，设 $P_e = Pr\{X \neq \hat{X}\}$，有

$$H(P_e) + P_e \log_2 \mid X \mid \geqslant H(X \mid \hat{X}) \geqslant H(X \mid Y) \tag{2-18}$$

明显地，根据式(2-18)可知，当 $P_e = 0$ 时，可得 $H(X \mid Y) = 0$。从费诺不等式可以看出，接收到 Y 后关于 X 的不确定性分为两部分：一部分是指接收到 Y 后是否产生错误的不确定性 $H(P_e)$；另一部分是指当错误发生后，到底是哪个输入符号发送而造成错误的最大不确定性，它是 $(n-1)$ 个符号不确定性的最大值 $\log_2(n-1)$ 与 P_e 的乘积。

2.2.3　微分熵

微分熵描述的是连续随机变量的熵，从形式上讲，与离散随机变量类似，但还是存在一些重要的差别。若假设 X 是一个连续随机变量，概率密度函数为 $p(x)$，则 X 的微分熵定义为

$$h(X) = -\int_{-\infty}^{+\infty} p(x)\log_2 p(x)\mathrm{d}x \tag{2-19}$$

从式(2-19)中可以看出，与离散情形一样，微分熵只与概率密度函数有关。值得注意的是，微分熵的取值不一定是非负值。除此以外，单个随机变量的微分熵可以推广到多个随机变量，因此，联合微分熵 $h(X,Y)$ 与 $h(Y \mid X)$ 分别被定义为

$$h(X,Y) = -\int_{-\infty}^{+\infty}\int_{-\infty}^{+\infty} p(x,y)\log_2 p(x,y)\mathrm{d}x\mathrm{d}y \tag{2-20}$$

$$h(Y \mid X) = -\int_{-\infty}^{+\infty}\int_{-\infty}^{+\infty} p(x,y)\log_2 p(y \mid x)\mathrm{d}x\mathrm{d}y = h(X,Y) - h(Y) \tag{2-21}$$

对于微分熵，其也具有与离散信息熵类似的链式法则，在这里，我们就不再赘述。

2.2.4　保密自由度

为了研究系统速率在高信噪比时的近似特性，有研究提出了自由度的概念。而在窃听网

络中，有文献将此概念引申为保密自由度，其定义为在高信噪比下，系统的保密容量 C_s 与噪声功率为 1 时发送功率比值的近似值，即

$$d_s = \lim_{P \to \infty} \frac{C_s(P)}{\log_2(P)} \tag{2-22}$$

式中：P—— 发送信号的功率。

另外，自由度又被认为是信号维度的数目，而保密自由度可以看作是安全信号的维度。除去保密速率，保密中断概率、误比特率等，已经成为了评估系统保密性能的其他指标。虽然保密自由度是系统保密速率在高信噪比中的近似值，但却可以用来衡量系统中并行传出信号的安全性与可靠性。目前，存在一些文献，主要是采用实干扰对齐技术或干扰对齐技术实现系统的安全通信。

2.3 基础技术

2.3.1 干扰对齐

干扰对齐是一种利用发送接收天线的空间维度实现信号对齐的一种技术，其核心是一种编码技术。其通过将干扰信号压缩到较小的空间中，而期望信号空间独立于干扰空间，然后通过简单的迫零算法恢复出期望信号，这就使得用户可以在较小的维度空间内解调出有用信号，实现同时通信。一般地，干扰对齐适用于多用户干扰网络中，例如 K 用户下行链路、双向中继网络等，如图 2-1 和图 2-2 所示。从图 2-1 中可以看到，在 K 用户下行链路中，存在一个合法用户，一个外部窃听用户。发送端通过在发送信号中添加人工噪声信号并且采取干扰对齐策略，使得需要被解调的有用信号位于合法用户独立的维度上，而令人工噪声信号与有用信号在窃听端处对齐在同样的维度上，使得窃听端无法辨别有用信号，从而保护信息安全。在双向中继网络中，成对的用户，如用户 1 和用户 K 之间通过中继相互通信，为了防止多用户之间相互干扰，可以通过设计发送端与中继处的预编码矩阵，使得成对信号在用户处对齐而其他干扰信号在用户处迫零，从而用户能够正确解调期望信号。

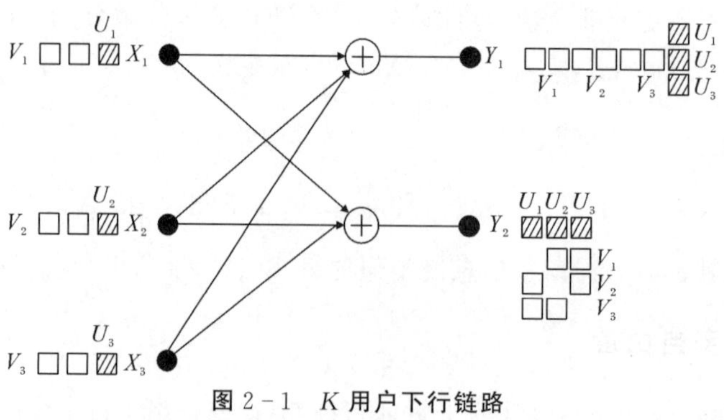

图 2-1　K 用户下行链路

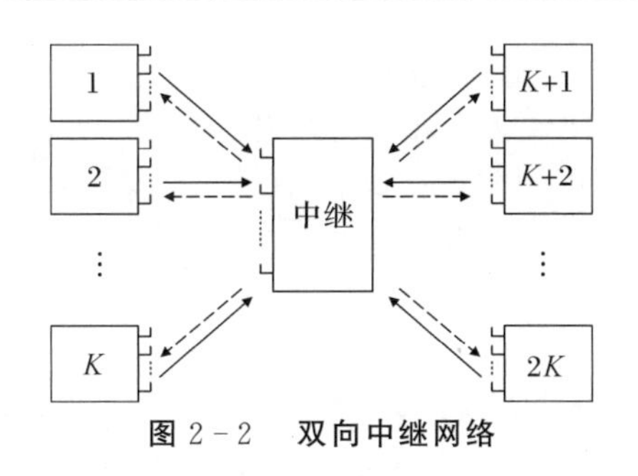

图 2-2　双向中继网络

2.3.2　传统速率分割方案

速率分割的实质是利用公共消息和私有消息之间的“功率阶梯”来实现在不完全信道状态信息(Channel State Information at Transmitter,CSIT)的多输入单输出(Multiple-Input Single-Output,MISO)广播信道(Broadcasting Channel,BC)场景下获得更多自由度。根据文献[64],发送端将信号 W_k 分割成一个公共部分 W_{ck} 与私有部分 W_{pk},即 $W_k=\{W_{ck},W_{pk}\}$,其中 $W_{ck}\in\mathcal{W}_{ck}$,$W_{pk}\in\mathcal{W}_{pk}$,$W_{ck}\times W_{pk}=W_k$。这样,利用一个公共码本,将 K 个公共部分打包在一起,形成一个超级公共信息,$W_c=\{W_{c,1},W_{c,2},\cdots,W_{c,K}\}\in W_c=W_{c,1}\times\cdots\times W_{c,K}$,此时,$K+1$ 个信息 $W_c,W_{p_1},\cdots,W_{p_K}$ 被编码成独立的数据符号 $s_c,s_1,s_2,\cdots,s_K$。这样,发送信号表示为

$$\boldsymbol{x}=\boldsymbol{p}_c s_c+\sum_{i=1}^{K}\boldsymbol{p}_i s_i \tag{2-23}$$

式中:$\boldsymbol{p}_c\in\mathbb{C}^{N_t}$—— 公共信号的预编码矩阵;

$\boldsymbol{p}_i\in\mathbb{C}^{N_t}$—— 第 i 个私有信号的预编码向量,发送信号的总功率为 P。

考虑发送端存在信道的估计误差,这样真实的信道向量 $\boldsymbol{h}_k$,$(k\in K)$ 表示为 $\boldsymbol{h}_k=\hat{\boldsymbol{h}}_k+\tilde{\boldsymbol{h}}_k$,其中 $\hat{\boldsymbol{h}}_k$ 表示发送端所估计的信道状态信息,$\tilde{\boldsymbol{h}}_k$ 表示估计误差,其功率值的级别为 $o(P^{-\alpha})$。当发送功率较大时,常数 $\alpha\in[0,1]$ 表征的是CSIT的质量。在速率分析过程中,条件 $\alpha=1$ 表示完美的 CSIT,$\alpha=0$ 表示无 CSIT。

考虑所估计的 CSI,当 $N_t\geqslant K$ 时,预编码向量 $\boldsymbol{p}_i$ 需要满足干扰抑制条件

$$\boldsymbol{p}_i\in\mathrm{Null}\{[\hat{\boldsymbol{h}}_1\cdots,\hat{\boldsymbol{h}}_{i-1},\hat{\boldsymbol{h}}_{i+1},\cdots,\hat{\boldsymbol{h}}_K]^H\} \tag{2-24}$$

式中:$\boldsymbol{h}_k$—— 发送端到用户 k 处之间的合法信道。

这样,部分非期望的私有信息在其他非 i 用户处被抵消,而来自于估计误差的剩余私有信息干扰还是存在的。此时,当公共信息 s_c 与私有信息 s_k 分别分配的功率为 $P-KP^{\alpha}\sim o(P)$ 和 $P^{\alpha}\sim o(P^{\alpha})$ 时,用户 k 的接收信号为

$$\boldsymbol{y}_k=\underbrace{\boldsymbol{h}_k^H\boldsymbol{p}_c s_c}_{\sim P}+\underbrace{\boldsymbol{h}_k^H\boldsymbol{p}_k s_k}_{\sim P^{\alpha}}+\sum_{i\neq k,i=1}^{K}\underbrace{\tilde{\boldsymbol{h}}_k^H\boldsymbol{p}_i s_i}_{\sim P^{\alpha-\alpha=0}}+\underbrace{\boldsymbol{n}_k}_{\sim P^0} \tag{2-25}$$

每个接收端在解调信号时分为两步:先解调公共信号,而后通过自干扰消除 CSI 将解调后的公共信号去除,再解调私有信号。这样,在接收端 k 处,有关 s_c 和 s_k 的信干噪比表示为

$$\gamma_c = \frac{|\boldsymbol{h}_k^H \boldsymbol{p}_c|^2}{|\boldsymbol{h}_k^H \boldsymbol{p}_k|^2 + \sum_{i \neq k} |\widetilde{\boldsymbol{h}}_k^H \boldsymbol{p}_i|^2 + 1} \overset{\text{def}}{=\!=} \frac{P}{P^\alpha + P^0} \tag{2-26}$$

$$\gamma_k = \frac{|\boldsymbol{h}_k^H \boldsymbol{p}_k|^2}{\sum_{i \neq k} |\widetilde{\boldsymbol{h}}_k^H \boldsymbol{p}_i|^2 + 1} \overset{\text{def}}{=\!=} \frac{P^\alpha}{P^0} \tag{2-27}$$

系统的总速率为

$$R = \log_2(1 + \gamma_c) + \sum_{i=1}^{K} \log_2(1 + \gamma_k) \tag{2-28}$$

根据 DoF 的定义可得，带有不完美 CSIT 的 MISO 广播信道的 DoF 为 $1 - \alpha + K\alpha$。

综上所述，本章节对于全书中所用的基础理论与基础技术做了相关的介绍，在后续章节中，将详细介绍物理层安全技术的相关研究。

第 3 章　带有外部加扰节点两用户 MIMO 干扰信道保密自由度研究

3.1　引　　言

无线信道的广播特性使得信号传输容易受到恶意窃听和攻击。近年来，利用无线信道物理特性的物理层安全技术被认为是一种新的无线通信安全方法，其以信息论作为基础，最初的概念是由香农提出的，即无论窃听者的窃听能力如何，信号都可以安全地传输到目的地。上述结论被推广到高斯窃听信道，在多用户广播信道(BC)、多接入信道(MAC) 和中继信道中，均进行了广泛的研究。为了深入分析各种网络的保密能力，现有文献对其进行量化，展开了保密区域的研究，例如，文献[71] 研究了一个由多个独立的中继窃听者的信道作为子信道所组成的四个并行中继窃听信道的保密区域，文献[72][73] 分别研究了两个用户的广播信道和多用户中继网络下行链路的保密区域。

保密自由度作为一种可跟踪性能指标，在衡量多用户网络的安全性能上得到了广泛的研究。在第 1 章中，笔者指出当发送端未知窃听信道 CSI 时，最优 SDoF 不会受到信道模型的影响，特别是当用户数量较大时。进一步地，文献[74] 中推导出了 K 用户高斯 IC 信道的 SDoF。文献[75] 研究了交替 CSIT 下 MISO BC 的可达 SDoF，它考虑了发射机的两个信道状态信息，即 CSI 的反馈可能在延迟(D) 和完美(P) 之间随机变化，并且显示了交替 CSIT 的 SDoF 增益的协同性，说明了相对于在不同的状态上分别编码，通过在这些状态上联合编码可以改进系统的 SDoF 区域。当考虑 MIMO 网络的保密自由度问题时。文献[76] 研究了两用户 MIMO 干扰信道的可达保密速率区域，描述了高斯干扰信道的合作和非合作传输方案。文献[77] 研究了发送端和目标节点在全双工模式下的 MIMO 高斯窃听信道的最大可达 SDoF，并对基于线性预编码矩阵的可达方案进行了大量的分析。此外，文献[78] 分析了带有机密信息的两用户 MIMO 干扰信道的 SDoF，其中，发送端带有 M 根天线，每个接收端带有 N 根天线。当 $M \leqslant N$ 时，其 SDoF 被推导为 $d_{\mathrm{s}} = \min\{\frac{2N}{3}, [4M-2N]^{+}\}$；当 $M \geqslant N$ 时，$d_{\mathrm{s}} = \min\{2N, \frac{4M-2N}{3}\}$。文献[79][80] 对上述研究进行了改进，研究当每个节点带有任意根天线时，两用户 MIMO 干扰信道和 K 用户 MIMO 多址窃听信道的 SDoF。考虑发送端对信道的掌握情况，在文献[81] 中，学者研究了具有延迟 CSIT 的两用户 MIMO 广播信道的 SDoF，并利用添加人工噪声技术实现了可达 SDoF。当存在多个窃听者时，文献[82] 研究了高斯 MIMO 窃听信道的 SDoF，提出了一个紧上界。

从现有研究文献[29]中发现，当给通信网络添加一些外部的辅助人工噪声节点时，两用户 SISO 干扰网络的 SDoF 可以从 2/3 增加到 1。也就是说，外部辅助节点可以提升 SISO 网络的 SDoF。文献[83]也对上述观点进行了佐证。受此观点启发，扩展到多天线场景中，若也添加外部加扰节点来发送人工噪声信号，则系统的 SDoF 是否也会增加？此时系统的 SDoF 与整个网络的天线配置又产生了什么新的关系？这些就成了本书关注的问题。因此，本章节以 MIMO 干扰信道为例，当存在一个带有 K 根天线的外部协作加扰节点，各发射机有 M 根天线，各接收机有 N 根天线时，分析两用户 MIMO 干扰信道的 SDoF。

3.2 系统模型

考虑一个两用户 MIMO 干扰信道，存在一个外部的干扰节点 CJ，如图 3-1 所示，其中第 i 个发送端（TX_i，$i\in\{1,2\}$）带有 M 根天线，第 i 个接收端（RX_i）有 N 根天线。

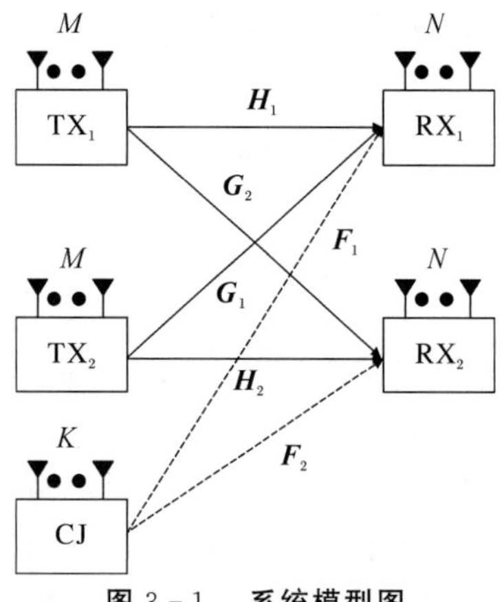

图 3-1　系统模型图

TX_i 在 n 次信道使用中向 RX_i 发送一个有用信息 W_i，$\mathcal{W}_i=\{1,2,\cdots,2^{nR_i}\}$。为了保护有用信号，外部干扰节点广播人工噪声信号。假设信道为块衰落信道，则在第 m 个信道使用中，每一个用户的接收信号表示为

$$\boldsymbol{y}_1[m]=\boldsymbol{H}_1\boldsymbol{x}_1[m]+\boldsymbol{G}_1\boldsymbol{x}_2[m]+\boldsymbol{F}_1\boldsymbol{z}[m]+\boldsymbol{n}_1[m] \tag{3-1}$$

$$\boldsymbol{y}_2[m]=\boldsymbol{H}_2\boldsymbol{x}_2[m]+\boldsymbol{G}_2\boldsymbol{x}_1[m]+\boldsymbol{F}_2\boldsymbol{z}[m]+\boldsymbol{n}_2[m] \tag{3-2}$$

式中：$\boldsymbol{y}_i[m]\in\mathbb{C}^N$—— 接收端 RX_i 的接收噪声；

$\boldsymbol{n}_i[m]\sim CN(\boldsymbol{0},\boldsymbol{I}_N)\in\mathbb{C}^N$—— 接收端 RX_i 包含的独立同分布的圆对称复加性高斯白噪声(AWGN) 的发送信号；

$\boldsymbol{x}_i[m]\in\mathbb{C}^M$——$\mathrm{TX}_i(i\in\{1,2\})$ 处的发送信号；

$\boldsymbol{z}[m]\in\mathbb{C}^K$—— 人工噪声信号。

所有的信道输入需要满足平均功率限制条件 $E[\|\boldsymbol{x}_i[m]\|^2]\leqslant P$ 和 $E[\|\boldsymbol{z}[m]\|^2]\leqslant P$，其中 $\|\boldsymbol{x}\|$ 表示向量 $\boldsymbol{x}$ 的欧几里得距离。注意，有用信号 $\boldsymbol{x}_1[m]$，$\boldsymbol{x}_2[m]$ 与人工噪声信号 $\boldsymbol{z}[m]$ 相互独立；

$\boldsymbol{H}_i\in\mathbb{C}^{N\times M}$——$\mathrm{TX}_i$ 与 RX_i 之间的复信道矩阵；

$\boldsymbol{G}_i\in\mathbb{C}^{N\times M}$——$\mathrm{TX}_j$ 与 RX_i 之间的复信道矩阵；

$\boldsymbol{F}_i \in \mathbb{C}^{N \times K}$——CJ 与 RX_i 之间的干扰信道矩阵，$i,j \in \{1,2\}, i \neq j$。

假设信道增益是相互独立且连续分布的，并且所有节点已知全局信道状态信息。

RX_i 根据其接收信号 $\boldsymbol{Y}_i = [\boldsymbol{y}_i[1], \boldsymbol{y}_i[2], \cdots, \boldsymbol{y}_i[n]]$ 估计传输的有用符号 W_i，估计出的符号记为 $\hat{W}_i$。对于任意常数 $\grave{o} > 0$，当可靠性条件与安全性条件均满足时，用户 i 的安全速率为 $R_i = \frac{\log_2 |W_i|}{n}$ 可达。其中，可靠性条件为

$$Pr[\hat{W}_i \neq W_i] \leqslant \grave{o}, \quad i = 1,2 \tag{3-3}$$

安全性条件为

$$\frac{1}{n} H(W_1 \mid Y_2) \geqslant \frac{1}{n} H(W_1) - \grave{o} \tag{3-4}$$

$$\frac{1}{n} H(W_2 \mid Y_1) \geqslant \frac{1}{n} H(W_2) - \grave{o} \tag{3-5}$$

在两用户干扰信道的窃听网络中，系统的保密自由度 SDoF 定义为

$$d_s = \limsup_{P \to \infty} \frac{R_1 + R_2}{\log_2 P} \tag{3-6}$$

接下来，我们将在上述系统模型的基础上，依次分析系统的保密自由度的上界与下界值。

3.3　SDoF 上界分析

本节将从三个角度考虑，分析系统的 SDoF 的上界值。

3.3.1　第一上界

根据两用户 MIMO 网络存在外部干扰节点时的 SDoF 的值不超过无安全性限制下系统的 DoF 的值，并且由于外部干扰节点仅为一个帮助者，不发送有用信息，因而其 SDoF 也不超过两用户 MIMO 网络无外部干扰节点时的 DoF，我们可以得出，两用户 MIMO 网络带有外部干扰节点时的保密自由度的上界为

$$d_s \leqslant \min\{2M, 2N, \max\{M, N\}\} \tag{3-7}$$

上述 SDoF 界限是从自由度与相关网络架构下的 SDoF 值的角度进行理论分析所得，接下来，将从合作和限制的角度出发，严格地对带有外部干扰节点的两用户 MIMO 干扰网络的 SDoF 进行理论推导。

3.3.2　第二上界

由于节点合作可以使得信息与资源共享，扩大原来非合作网络的 SDoF 区域，从而可以得到非合作网络的 SDoF 上界值，因此，将采用合作的方式得到窃听网络的第二上界。

1. $N < 2M$

假设两个发送端合作发送信号，这等价于一个带有 $2M$ 根天线的发送端，发送功率为

$2P$。当 RX_i 为合法接收用户而 RX_j 是窃听用户时，$i,j\in\{1,2\},i\neq j$，系统退化为一个带有外部加扰节点的窃听网络，其 SDoF 值可以根据文献[85]的定理 2 所得。将上述窃听模型的发送、接收端互换角色，即 RX_i 为窃听端，RX_j 为合法接收端，同理也可以得到一个 SDoF 值。考虑到每个接收端的双重角色，两用户干扰网络的 SDoF 值不大于上述两种窃听模型 SDoF 值的总和，即：

当 $M>N$ 时：

$$d_s\leqslant 2N,\forall K \tag{3-8}$$

当 $M\leqslant N<2M$ 时：

$$d_s\leqslant\begin{cases}2(K+2M-N), & \text{当 } 0\leqslant K\leqslant N-M \text{ 时}\\ 2M, & \text{当 } N-M<K\leqslant N \text{ 时}\\ K+2M-N, & \text{当 } N<K\leqslant 3N-2M \text{ 时}\end{cases} \tag{3-9}$$

2. $N\geqslant 2M$

当窃听端的天线数多于两个发送端的天线总数并且网络不存在加扰节点时，即 $N\geqslant 2M$，窃听端可以窃听有用信号。在这种情况下，通过添加外部干扰节点可以用来确保信息安全。因此，若 TX_1 与 CJ 合作，则等价于发送天线为 $M+K$ 根，此时 TX_2 保持沉默，RX_1 为合法接收端，RX_2 仅为窃听端。此时通信对 TX_1 - RX_1 的 SDoF 为 $\min\{N,[M+K-N]^+\}$。根据网络对称性，通信对 TX_1 - RX_1 与 TX_2 - RX_2 应该同时考虑。因此，当 TX_2 与 CJ 合作时，TX_1 不发送信号，RX_1 是窃听端，RX_2 为合法接收端，则通信对 TX_2 - RX_2 的 SDoF 为 $\min\{N,[M+K-N]^+\}$。将上述两组通信对所得的 SDoF 值综合考虑，系统总 SDoF 可以表示为

$$d_s\leqslant\begin{cases}0, & \text{当 } 0\leqslant K\leqslant N-M \text{ 时}\\ 2(K+M-N), & \text{当 } N-M<K\leqslant 2N-M \text{ 时}\\ 2N, & \text{当 } K>2N-M \text{ 时}\end{cases} \tag{3-10}$$

3.3.3 第三上界

尽管在 3.3.2 节中，通过发送端的合作使得发射机与外部加扰节点共享部分信道状态信息，提高了整体保密性能，但要获得两用户干扰信道的 SDoF 的值，也需要考虑发送端独立发送信号的场景。在这里，将根据安全惩罚引理对非合作网络的 SDoF 进行推导，这个引理也被广泛使用在文献[78][79]中。

根据安全惩罚引理，对于带有外部帮助者的窃听信道，合法通信对的安全速率受限于所有信道输入的总微分熵与窃听信道所获得的微分熵之差。为了使得任意分布的输入信号具有可分析性，引入新的相互独立的高斯变量 $\tilde{\boldsymbol{n}}_i[m]\sim CN(\mathbf{0},\rho_i^2\boldsymbol{I}_M)$，$i\in\{1,2\}$ 和 $\tilde{\boldsymbol{n}}_3[m]\sim CN(\mathbf{0},\rho_3^2\boldsymbol{I}_K)$ 分别至信号 $\boldsymbol{x}_i[m]$ 与 $\boldsymbol{z}[m]$ 中，即 $\tilde{\boldsymbol{x}}_i[m]=\boldsymbol{x}_i[m]+\tilde{\boldsymbol{n}}_i[m]$，$\tilde{\boldsymbol{z}}[m]=\boldsymbol{z}[m]+\tilde{\boldsymbol{n}}_3[m]$，其中 $0<\rho_1^2\leqslant\min\left(\frac{1}{\|\boldsymbol{H}_1\|^2},\frac{1}{\|\boldsymbol{G}_2\|^2}\right)$，$0<\rho_2^2\leqslant\min\left(\frac{1}{\|\boldsymbol{H}_2\|^2},\frac{1}{\|\boldsymbol{G}_1\|^2}\right)$，并且 $0<\rho_3^2\leqslant\min\left(\frac{1}{\|\boldsymbol{F}_1\|^2},\frac{1}{\|\boldsymbol{F}_2\|^2}\right)$，$\|\boldsymbol{X}\|$ 表示光谱范数，即 $\boldsymbol{X}$ 的最大奇异值。而后，根据安全惩

罚理论，对每一个通信对的安全速率进行分析。

若考虑通信对 TX_1-RX_1 之间的链路为主信道，RX_2 为窃听者，TX_2 和协作节点是外部帮助者。根据安全惩罚理论，合法通信对 TX_1-RX_1 之间的安全速率的上界为

$$R_1 \leqslant h(\tilde{\boldsymbol{x}}_1[m]) + h(\tilde{\boldsymbol{x}}_2[m]) + h(\tilde{\boldsymbol{z}}[m]) - h(\boldsymbol{y}_2[m]) + c_1 \tag{3-11}$$

式中：c_1—— 与发送功率 P 无关的常数。

类似地，当 TX_2-RX_2 为主信道且 RX_1 为窃听端时，安全速率 R_2 的上界为

$$R_2 \leqslant h(\tilde{\boldsymbol{x}}_1[m]) + h(\tilde{\boldsymbol{x}}_2[m]) + h(\tilde{\boldsymbol{z}}[m]) - h(\boldsymbol{y}_1[m]) + c_2 \tag{3-12}$$

考虑系统总的 SDoF 值，可以得到

$$R_1 + R_2 \leqslant 2[h(\tilde{\boldsymbol{x}}_1[m]) + h(\tilde{\boldsymbol{x}}_2[m]) + h(\tilde{\boldsymbol{z}}[m])] - [h(\boldsymbol{y}_1[m]) + h(\boldsymbol{y}_2[m])] + c_3 \tag{3-13}$$

此外，尽管协作干扰节点会提高合法传输对的安全性，但过多的干扰信号会对合法接收机的译码产生不利影响。因此，需要限制干扰信号的强度。为了达到这个目的，文献[29] 所提出的帮助者引理约束了干扰噪声信号的微分熵，这里的干扰信号包含外部节点发送的人工噪声信号与用户间产生的干扰信号。因此，对我们所研究的两用户干扰网络而言，对于 RX_2，$\tilde{\boldsymbol{x}}_1[m]$ 和 $\tilde{\boldsymbol{z}}[m]$ 是干扰信号；对于 RX_1，$\tilde{\boldsymbol{x}}_2[m]$ 和 $\tilde{\boldsymbol{z}}[m]$ 是干扰信号。接下来，对上述干扰信号进行限制：

1. 对于 $M<N, K<N$

在式(3-13)中，$h(\tilde{\boldsymbol{x}}_1[m])$ 和 $h(\tilde{\boldsymbol{x}}_2[m])$ 被限制为

$$h(\tilde{\boldsymbol{x}}_1[m]) \leqslant h(\boldsymbol{y}_2[m]) - R_2 + \phi_1 \tag{3-14}$$

$$h(\tilde{\boldsymbol{x}}_2[m]) \leqslant h(\boldsymbol{y}_1[m]) - R_1 + \phi_2 \tag{3-15}$$

若 RX_1 是合法接收端，则式(3-11)中的 $h(\tilde{\boldsymbol{z}}[m])$ 被限制为

$$h(\tilde{\boldsymbol{z}}[m]) \leqslant h(\boldsymbol{y}_1[m]) - R_1 + \phi_3 \tag{3-16}$$

而若 RX_2 是合法接收端，则式(3-12)中的 $h(\tilde{\boldsymbol{z}}[m])$ 被限制为

$$h(\tilde{\boldsymbol{z}}[m]) \leqslant h(\boldsymbol{y}_2[m]) - R_2 + \phi_4 \tag{3-17}$$

之后，将式(3-14) ～ 式(3-17)引入式(3-13)，可以得到系统总的安全速率的上界为

$$4(R_1 + R_2) \leqslant 2[h(\boldsymbol{y}_1[m]) + h(\boldsymbol{y}_2[m])] + c_4 \tag{3-18}$$

$$\leqslant 2\sum_{i=1}^{N}[h(y_{1,i}[m]) + h(y_{2,i}[m])] + c_4 \tag{3-19}$$

式中：$y_{k,i}[m]$——$\boldsymbol{y}_k[m](k\in\{1,2\})$ 的第 i 个元素。

为了计算 $h(y_{k,i}[m])$，这里首先令 $y_{1,i}[m] = \boldsymbol{h}_{1,i}\boldsymbol{x}_1[m] + \boldsymbol{g}_{1,i}\boldsymbol{x}_2[m] + \boldsymbol{f}_{1,i}\boldsymbol{z}[m] + n_{1,i}[m]$，其中 $\boldsymbol{h}_{k,i}$，$\boldsymbol{g}_{k,i}$ 和 $\boldsymbol{f}_{k,i}$，$k\in\{1,2\}$ 分别表示信道矩阵 $\boldsymbol{H}_k$，$\boldsymbol{G}_k$ 和 $\boldsymbol{F}_k$ 的第 i 行，$n_{1,i}[m]$ 表示 $\boldsymbol{n}_1[m]$ 的第 i 个元素。为了简便起见，在推导 $y_{k,i}[m]$ 的方差时，省略了使用指数 m，即

$$\mathrm{Var}(y_{1,i}) \leqslant E[y_{1,i}y_{1,i}^*] \tag{3-20a}$$

$$= E(|\boldsymbol{h}_{1,i}\boldsymbol{x}_1|^2) + E(|\boldsymbol{g}_{1,i}\boldsymbol{x}_2|^2) + E(|\boldsymbol{f}_{1,i}\boldsymbol{z}|^2) + E(|n_{1,i}|^2) \tag{3-20b}$$

$$\leqslant \|\boldsymbol{h}_{1,i}\|^2 E(\|\boldsymbol{x}_1\|^2) + \|\boldsymbol{g}_{1,i}\|^2 E(\|\boldsymbol{x}_2\|^2) + \|\boldsymbol{f}_{1,i}\|^2 E(\|\boldsymbol{z}\|^2) + 1 \tag{3-20c}$$

$$\leqslant \underbrace{(\|\boldsymbol{h}_{1,i}\|^2+\|\boldsymbol{g}_{1,i}\|^2+\|\boldsymbol{f}_{1,i}\|^2)}_{\lambda_1^2}P+1 \tag{3-20d}$$

其中,式(3-20c)满足Cauchy-Schwarz不等式和期望的单调性,式(3-20d)满足功率约束。由于对于任何有限方差的分布,具有相同方差的高斯分布具有更高的微分熵,因此$h(y_{1,i}[m])$是以具有相同方差的高斯随机变量的熵为上界,即

$$h(y_{1,i}[m])\leqslant \log_2(2\pi e)+\log_2(1+\lambda_1^2P) \tag{3-21}$$

类似地,$h(y_{2,i}[m])$的上界为

$$h(y_{2,i}[m])\leqslant \log_2(2\pi e)+\log_2(1+\lambda_2^2P) \tag{3-22}$$

其中

$$\lambda_2^2=\|\boldsymbol{h}_{2,i}\|^2+\|\boldsymbol{g}_{2,i}\|^2+\|\boldsymbol{f}_{2,i}\|^2 \tag{3-23}$$

将式(3-21)和式(3-22)代入式(3-18)中,总安全速率的上界为

$$4(R_1+R_2)\leqslant 2N[\log_2(1+\lambda_1^2P)+\log_2(1+\lambda_2^2P)+2\log_2(2\pi e)]+c_4 \tag{3-24}$$

2. 对于 $M<N,K\geqslant N$

根据Role of A Helper引理,式(3-11)和式(3-12)中的干扰信号的微分熵被限制为

$$h(\tilde{\boldsymbol{z}}[m])\leqslant h(\boldsymbol{z}^{(2)}[m])+h(\boldsymbol{y}_1[m])-R_1+\phi_5 \tag{3-25}$$

$$h(\tilde{\boldsymbol{z}}[m])\leqslant h(\boldsymbol{z}^{(2)}[m])+h(\boldsymbol{y}_2[m])-R_2+\phi_6 \tag{3-26}$$

式中:$\boldsymbol{z}^{(2)}[m]$—— 干扰向量$\tilde{\boldsymbol{z}}[m]\in\mathbb{C}^K$的一部分,即$\boldsymbol{z}^{(2)}[m]=[\tilde{\boldsymbol{z}}_{N+1}[m],\tilde{\boldsymbol{z}}_{N+2}[m],\cdots,\tilde{\boldsymbol{z}}_K[m]]^{\mathrm{T}}\in\mathbb{C}^{K-N}$。

将式(3-14)、式(3-15)、式(3-25)和式(3-26)代入式(3-13)中,系统总的安全速率的上界为

$$4(R_1+R_2)\leqslant 2[h(\boldsymbol{y}_1[m])+h(\boldsymbol{y}_2[m])+h(\boldsymbol{z}^{(2)}[m])]+c_5 \tag{3-27}$$

$$\leqslant 2\sum_{i=1}^{N}[h(y_{1,i}[m])+h(y_{2,i}[m])]+2\sum_{i=N+1}^{K}h(\tilde{z}_i[m])+c_5 \tag{3-28}$$

为了得到$h(\tilde{z}_i([m])$的上界值,这里利用$\mathrm{Var}(\tilde{z}_i[m])$,即$\mathrm{Var}(\tilde{z}_i[m])=\mathrm{Var}(z_i[m])+\mathrm{Var}(\tilde{n}_{3,i}[m])\leqslant E(|z_i[m]|^2)+\rho_3^2\leqslant P+\rho_3^2$。这样,可以获得

$$h(\tilde{z}_i[m])\leqslant \log_2(2\pi e)+\log_2(P+\rho_3^2) \tag{3-29}$$

联合式(3-22)、式(3-23)、式(3-27)、式(3-29),系统SDoF的上界为

$$d_s\leqslant \frac{N+K}{2} \tag{3-30}$$

3. 对于 $M\geqslant N,K<N$

由于发送端的天线数多于接收端,式(3-13)中$h(\tilde{\boldsymbol{x}}_1[m])$和$h(\tilde{\boldsymbol{x}}_2[m])$受限于

$$h(\tilde{\boldsymbol{x}}_1[m])\leqslant h(\boldsymbol{x}_1^{(2)}[m])+h(\boldsymbol{y}_2[m])-R_2+\phi_7 \tag{3-31}$$

$$h(\tilde{\boldsymbol{x}}_2[m])\leqslant h(\boldsymbol{x}_2^{(2)}[m])+h(\boldsymbol{y}_1[m])-R_1+\phi_8 \tag{3-32}$$

式中:$\boldsymbol{x}_k^{(2)}[m]$—— 信息向量$\tilde{\boldsymbol{x}}_k[m](k\in\{1,2\})$的一部分,即

$$\boldsymbol{x}_k^{(2)}[m] = [\tilde{x}_{k,N+1}[m], \tilde{x}_{k,N+2}[m], \cdots, \tilde{x}_{k,M}[m]]^{\mathrm{T}} \in \mathbb{C}^{M-N}$$

类似地，根据发送端的功率限制，可以得到

$$\begin{aligned} h(\boldsymbol{x}_k^{(2)}[m]) &\leqslant \sum_{i=N+1}^{M} h(x_{k,i}[m]) \\ &\leqslant (M-N)[\log_2(2\pi \mathrm{e}) + \log_2(P+\rho_k^2)] \end{aligned} \tag{3-33}$$

这样，联合式(3－16)、式(3－17)、式(3－31) ～ 式(3 ～ 33)，SDoF 的上界为

$$d_{\mathrm{s}} \leqslant \frac{2N + 2(M-N)}{2} = M \tag{3-34}$$

4. 对于 $M \geqslant N, K \geqslant N$

将式(3－27)、式(3－28)、式(3－31)、式(3－32) 代入式(3－13) 中，可得

$$\begin{aligned} 4(R_1+R_2) \leqslant 2[&h(\boldsymbol{y}_1[m]) + h(\boldsymbol{y}_2[m]) + h(\boldsymbol{x}_1^{(2)}[m]) + \\ &h(\boldsymbol{x}_2^{(2)}[m]) + h(\boldsymbol{z}^{(2)}[m])] + c_6 \end{aligned} \tag{3-35}$$

而后，使用式(3－21)、式(3－22)、式(3－29)、式(3－33)，系统的 SDoF 的上界为

$$d_{\mathrm{s}} \leqslant \frac{2M+K-N}{2} \tag{3-36}$$

结合上述 4 种情况，可以得出

$$d_{\mathrm{s}} \leqslant \frac{4[M-N]^{+} + 2N + 2(N+[K-N]^{+}) \cdot I_{\{K\geqslant 1\}}}{3 + 1 \cdot I_{\{K\geqslant 1\}}} \tag{3-37}$$

结合上述 3 种 SDoF 上界，得出系统的总 SDoF 为：

当 $1 \leqslant \frac{N}{M} < 2$ 时：

$$d_{\mathrm{s}} \leqslant \min\{2(K+2M-N), N, \frac{2N+2(N+[K-N]^{+}) \cdot I_{\{K\geqslant 1\}}}{3+1 \cdot I_{\{K\geqslant 1\}}}\}, \forall K \geqslant 0 \tag{3-38}$$

当 $\frac{N}{M} \geqslant 2$ 时：

$$d_{\mathrm{s}} \leqslant \min\{2[K+M-N]^{+}, 2M, \frac{2N+2(N+[K-N]^{+}) \cdot I_{\{K\geqslant 1\}}}{3+1 \cdot I_{\{K\geqslant 1\}}}\}, \forall K \geqslant 0 \tag{3-39}$$

当 $\frac{N}{M} < 1$ 时：

$$d_{\mathrm{s}} \leqslant \min\{2N, M, \frac{4M-2N+2(N+[K-N]^{+}) \cdot I_{\{K\geqslant 1\}}}{3+1 \cdot I_{\{K\geqslant 1\}}}\}, \forall K \geqslant 0 \tag{3-40}$$

3.4　SDoF 下界分析

在本节中，将为以下情况提供 SDoF 的下界：$1 \leqslant \frac{N}{M} < 2$，$\frac{N}{M} \geqslant 3$，$2 \leqslant \frac{N}{M} < 3$，$\frac{1}{2} \leqslant \frac{N}{M} < 1$ 和 $\frac{N}{M} < \frac{1}{2}$。注意，对于每个传输链路，由于在一次信道使用中只能传输整数数据流，将使用高斯信号来实现单时隙内的整数值 SDoF。当 SDoF 为小数部分时，文献[85][86] 在单个时

隙内采用结构化信令和协同干扰与实干扰对齐。与上述方案不同的是，由于本书的重点是表征(M,N)在不同状态下的SDoF，因此利用多时隙传输方案来实现每个传输对的非整数SDoF。

3.4.1 $1 \leqslant \frac{N}{M} < 2$

在这种情况下，发射天线的数量小于接收天线的数量，即$M < N$，但是发送端的总天线数大于窃听端的总天线数N。这里将在不同的K的配置下，提供可到达方案。

1. 对于$K \geqslant \frac{5N}{2} - 2M$

在这种情况下，将提出一个可达方案，其所获得的SDoF为$d_s = N$。假设TX_i发送高斯信号$\boldsymbol{v}_i \in \mathbb{C}^{d_i}, i \in \{1,2\}$，CJ发送高斯人工噪声信号$\boldsymbol{u} \in \mathbb{C}^{l}$，其中$d_i$与$l$分别表示有用信号流与噪声信号流的数目。由于每个用户的SDoF不能总是保证为整数，所以我们利用两个时隙完成传输，其中$d_1 = d_2 = l = N$。此时，发送端等价于含有$2M$根天线，因此，数据流的数目N总是小于$2M$。具体地说，在第t个时隙发送的符号表示为

$$\boldsymbol{x}_1[t] = \boldsymbol{P}_1[t]\boldsymbol{v}_1 \tag{3-41}$$

$$\boldsymbol{x}_2[t] = \boldsymbol{P}_2[t]\boldsymbol{v}_2 \tag{3-42}$$

$$\boldsymbol{z}[t] = \boldsymbol{T}[t]\boldsymbol{u}, \quad t = 1,2 \tag{3-43}$$

式中：$\boldsymbol{P}_1[t] \in \mathbb{C}^{M \times d_1}$ 和 $\boldsymbol{P}_2[t] \in \mathbb{C}^{M \times d_2}$——发送端的预编码矩阵；

$\boldsymbol{T}[t] \in \mathbb{C}^{K \times l}$——干扰节点的预编码矩阵。定义

$$\overline{\boldsymbol{H}}_i = \begin{bmatrix} \boldsymbol{H}_i & \boldsymbol{0}_{N\times M} \\ \boldsymbol{0}_{N\times M} & \boldsymbol{H}_i \end{bmatrix} \in \mathbb{C}^{2N\times 2M}, \overline{\boldsymbol{G}}_i = \begin{bmatrix} \boldsymbol{G}_i & \boldsymbol{0}_{N\times M} \\ \boldsymbol{0}_{N\times M} & \boldsymbol{G}_i \end{bmatrix} \in \mathbb{C}^{2N\times 2M}$$

$$\overline{\boldsymbol{F}}_i = \begin{bmatrix} \boldsymbol{F}_i & \boldsymbol{0}_{N\times K} \\ \boldsymbol{0}_{N\times K} & \boldsymbol{F}_i \end{bmatrix} \in \mathbb{C}^{2N\times 2K}, \overline{\boldsymbol{T}} = \begin{bmatrix} \boldsymbol{T}[1] \\ \boldsymbol{T}[2] \end{bmatrix} \in \mathbb{C}^{2K\times l}, \overline{\boldsymbol{P}}_i = \begin{bmatrix} \boldsymbol{P}_i[1] \\ \boldsymbol{P}_i[2] \end{bmatrix} \in \mathbb{C}^{2M\times d_i}$$

$$\overline{\boldsymbol{n}}_i = \begin{bmatrix} \boldsymbol{n}_i[1] \\ \boldsymbol{n}_i[2] \end{bmatrix} \in \mathbb{C}^{2N}, \overline{\boldsymbol{y}}_i = \begin{bmatrix} \boldsymbol{y}_i[1] \\ \boldsymbol{y}_i[2] \end{bmatrix} \in \mathbb{C}^{2N}, i,j \in \{1,2\}, i \neq j$$

可得

$$\overline{\boldsymbol{y}}_1 = \overline{\boldsymbol{H}}_1 \overline{\boldsymbol{P}}_1 \boldsymbol{v}_1 + \overline{\boldsymbol{G}}_1 \overline{\boldsymbol{P}}_2 \boldsymbol{v}_2 + \overline{\boldsymbol{F}}_1 \overline{\boldsymbol{T}}\boldsymbol{u} + \overline{\boldsymbol{n}}_1 \tag{3-44}$$

$$\overline{\boldsymbol{y}}_2 = \overline{\boldsymbol{H}}_2 \overline{\boldsymbol{P}}_2 \boldsymbol{v}_2 + \overline{\boldsymbol{G}}_2 \overline{\boldsymbol{P}}_1 \boldsymbol{v}_1 + \overline{\boldsymbol{F}}_2 \overline{\boldsymbol{T}}\boldsymbol{u} + \overline{\boldsymbol{n}}_2 \tag{3-45}$$

为了确保信息的安全性，预编码矩阵需要满足以下对齐条件：

$$\overline{\boldsymbol{G}}_1 \overline{\boldsymbol{P}}_2 = \overline{\boldsymbol{F}}_1 \overline{\boldsymbol{T}} \tag{3-46}$$

$$\overline{\boldsymbol{G}}_2 \overline{\boldsymbol{P}}_1 = \overline{\boldsymbol{F}}_2 \overline{\boldsymbol{T}} \tag{3-47}$$

上述条件可以进一步写为

$$\underbrace{\begin{bmatrix} \overline{\boldsymbol{G}}_1 & -\overline{\boldsymbol{F}}_1 & \boldsymbol{0}_{2N\times 2M} \\ \boldsymbol{0}_{2N\times 2M} & \overline{\boldsymbol{F}}_2 & -\overline{\boldsymbol{G}}_2 \end{bmatrix}}_{\overline{\boldsymbol{Q}}} \underbrace{\begin{bmatrix} \overline{\boldsymbol{P}}_2 \\ \overline{\boldsymbol{T}} \\ \overline{\boldsymbol{P}}_1 \end{bmatrix}}_{\overline{\boldsymbol{\Gamma}}} = \boldsymbol{0}_{4N\times N} \tag{3-48}$$

当式(3-48)成立时，人工干扰信号 $\boldsymbol{u}$ 在每一个接收端处与非期望信号对齐，这样窃听端无法辨别出有效信号，从而系统的安全性被保证。注意，$\overline{\boldsymbol{Q}} \in \mathbb{C}^{4N\times(4M+2K)}$，当 $4M+2K-4N \geqslant N$ 时，即 $K \geqslant \frac{5N}{2}-2M$，$\overline{\boldsymbol{Q}}$ 有一个 N 维的零空间。因此，矩阵 $\overline{\boldsymbol{\Gamma}} \in \mathbb{C}^{(4M+2K)\times N}$ 的 N 列向量可以从 $\overline{\boldsymbol{Q}}$ 的零空间中获得，从而 $\boldsymbol{P}_i[t]$ 和 $\boldsymbol{T}[t](i,t \in \{1,2\})$ 存在。此时，信道的输出为

$$\overline{\boldsymbol{y}}_1 = \overline{\boldsymbol{H}}_1 \overline{\boldsymbol{P}}_1 \boldsymbol{v}_1 + \overline{\boldsymbol{G}}_1 \overline{\boldsymbol{P}}_2 (\boldsymbol{v}_2 + \boldsymbol{u}) + \overline{\boldsymbol{n}}_1 = [\overline{\boldsymbol{H}}_1 \overline{\boldsymbol{P}}_1 \ \overline{\boldsymbol{G}}_1 \overline{\boldsymbol{P}}_2] \begin{bmatrix} \boldsymbol{v}_1 \\ \boldsymbol{v}_2 + \boldsymbol{u} \end{bmatrix} + \overline{\boldsymbol{n}}_1 \tag{3-49}$$

$$\overline{\boldsymbol{y}}_2 = \overline{\boldsymbol{H}}_2 \overline{\boldsymbol{P}}_2 \boldsymbol{v}_2 + \overline{\boldsymbol{G}}_2 \overline{\boldsymbol{P}}_1 (\boldsymbol{v}_1 + \boldsymbol{u}) + \overline{\boldsymbol{n}}_2 = [\overline{\boldsymbol{H}}_2 \overline{\boldsymbol{P}}_2 \ \overline{\boldsymbol{G}}_2 \overline{\boldsymbol{P}}_1] \begin{bmatrix} \boldsymbol{v}_2 \\ \boldsymbol{v}_1 + \boldsymbol{u} \end{bmatrix} + \overline{\boldsymbol{n}}_2 \tag{3-50}$$

由于$[\overline{\boldsymbol{H}}_1 \overline{\boldsymbol{P}}_1 \ \overline{\boldsymbol{G}}_1 \overline{\boldsymbol{P}}_2] \in \mathbb{C}^{2N\times 2N}$与$[\overline{\boldsymbol{H}}_2 \overline{\boldsymbol{P}}_2 \ \overline{\boldsymbol{G}}_2 \overline{\boldsymbol{P}}_1] \in \mathbb{C}^{2N\times 2N}$均为满列秩矩阵，$\mathrm{RX}_i$ 可以解调 $2N$ 个符号，即 $\boldsymbol{v}_i$ 和 $\boldsymbol{v}_j+\boldsymbol{u}, i,j \in \{1,2\}, i \neq j$。可以看出，$\mathrm{RX}_i$ 不能够从对齐的符号 $\boldsymbol{v}_j+\boldsymbol{u}$ 中解调有用信号 $\boldsymbol{v}_j$，因此，$\boldsymbol{v}_j$ 是安全的。又因为 RX_i 可以解码期望信号 $\boldsymbol{v}_i$，其包含 N 个数据流，从而系统的 SDoF 为每时隙$\frac{2N}{2}=N$。

2. 对于 $0 \leqslant K < \frac{5N}{2}-2M$

在这种天线配置下，式(3-48)的对齐条件无法满足。为了保持系统的安全通信，可以令外部协作节点保持沉默，这样网络就退化为两用户 MIMO 干扰信道，如同文献[44]，此时系统的可达 SDoF 为 $d_s = \min\{\frac{2N}{3}, 2(2M-N)\}$。

3.4.2 $\frac{N}{M} \geqslant 3$

在这种情况下，每个接收端上的天线数目是每个发射端上天线数目的 3 倍以上。接收天线的增加提高了更多信息流的可解码性，但也提高了窃听者的窃听能力。

1. 对于 $0 \leqslant K \leqslant N-M$

在此情况下，每一个接收端的天线数多于发送端与 CJ 的天线总数，即 $N \geqslant M+K$。我们考虑以下方案：TX_1 向 RX_1 发送信号 $\boldsymbol{x}_1 = \boldsymbol{P}_1 \boldsymbol{v}_1 \in \mathbb{C}^M$，$\mathrm{TX}_2$ 保持沉默，干扰节点发送信号 $\boldsymbol{z} = \boldsymbol{T}\boldsymbol{u} \in \mathbb{C}^K$，其中 $\boldsymbol{P}_1 \in \mathbb{C}^{M\times d_1}$ 和 $\boldsymbol{T} \in \mathbb{C}^{K\times d_1}$ 分别是高斯信号 $\boldsymbol{v}_1$ 和 $\boldsymbol{u}$ 的预编码矩阵，d_1 是数据流的数目。此时，各接收端处的信号为

$$\boldsymbol{y}_1 = \boldsymbol{H}_1 \boldsymbol{P}_1 \boldsymbol{v}_1 + \boldsymbol{F}_1 \boldsymbol{T}\boldsymbol{u} + \boldsymbol{n}_1 \tag{3-51}$$

$$\boldsymbol{y}_2 = \boldsymbol{G}_2 \boldsymbol{P}_1 \boldsymbol{v}_1 + \boldsymbol{F}_2 \boldsymbol{T}\boldsymbol{u} + \boldsymbol{n}_2 \tag{3-52}$$

由于信息信号的安全性可以通过将干扰信号与非期望信号在窃听端处对齐而得到保证，因此，对齐的条件

$$[\boldsymbol{G}_2 \ -\boldsymbol{F}_2] \begin{bmatrix} \boldsymbol{P}_1 \\ \boldsymbol{T} \end{bmatrix} = \boldsymbol{0}_{N\times d_1} \tag{3-53}$$

应该被满足。这里发现，由于 $N \geqslant M+K$，若采用将人工噪声信号对齐到有用信号的维度上

来实现信息的安全传输是不可行的，则对齐条件无法满足，因此，当解调信号时，上述接收信号式(3-51)和式(3-52)可以重新表示为

$$\boldsymbol{y}_1=[\boldsymbol{H}_1\quad \boldsymbol{P}_1\quad \boldsymbol{F}_1\quad \boldsymbol{T}]\begin{bmatrix}\boldsymbol{v}_1\\ \boldsymbol{u}\end{bmatrix}+\boldsymbol{n}_1 \tag{3-54}$$

$$\boldsymbol{y}_2=[\boldsymbol{G}_2\quad \boldsymbol{P}_1\quad \boldsymbol{F}_2\quad \boldsymbol{T}]\begin{bmatrix}\boldsymbol{v}_1\\ \boldsymbol{u}\end{bmatrix}+\boldsymbol{n}_2 \tag{3-55}$$

对于矩阵$[\boldsymbol{H}_1\quad \boldsymbol{P}_1\quad \boldsymbol{F}_1\quad \boldsymbol{T}]$，$[\boldsymbol{G}_2\quad \boldsymbol{P}_1\quad \boldsymbol{F}_2\quad \boldsymbol{T}]\in\mathbb{C}^{N\times 2d_1}$，当$N\geqslant 2d_1$时，$RX_1$和$RX_2$能够同时解调有用信号和人工噪声信号，则系统的SDoF为零；当$N<2d_1$时，每一个接收机都不能解调有用信号，此时，SDoF依然为零。

2. 对于 $N-M\leqslant K\leqslant N$

在这种天线配置下，将提出可达方案，使其SDoF为$d_s=2(K+M-N)$。具体地，发送端和干扰节点的发送信号分别为

$$\boldsymbol{x}_1=\boldsymbol{P}_1\boldsymbol{v}_1 \tag{3-56}$$

$$\boldsymbol{x}_2=\boldsymbol{P}_2\boldsymbol{v}_2 \tag{3-57}$$

$$\boldsymbol{z}=\boldsymbol{T}_1\boldsymbol{u}_1+\boldsymbol{T}_2\boldsymbol{u}_2 \tag{3-58}$$

式中：$\boldsymbol{P}_i\in\mathbb{C}^{M\times d_i}$，$i\in\{1,2\}$；

$\boldsymbol{T}_1\in\mathbb{C}^{K\times l_2}$——复高斯信号$\boldsymbol{u}_1\in\mathbb{C}^{l_2}$的编码矩阵；

$\boldsymbol{T}_2\in\mathbb{C}^{K\times l_1}$——$\boldsymbol{u}_2\in\mathbb{C}^{l_1}$的编码矩阵。

若令$d_1=d_2=l_1=l_2=K+M-N$，则接收信号为别为

$$\boldsymbol{y}_1=\boldsymbol{H}_1\boldsymbol{P}_1\boldsymbol{v}_1+\boldsymbol{G}_1\boldsymbol{P}_2\boldsymbol{v}_2+\boldsymbol{F}_1\boldsymbol{T}_1\boldsymbol{u}_1+\boldsymbol{F}_1\boldsymbol{T}_2\boldsymbol{u}_2+\boldsymbol{n}_1 \tag{3-59}$$

$$\boldsymbol{y}_2=\boldsymbol{H}_2\boldsymbol{P}_2\boldsymbol{v}_2+\boldsymbol{G}_2\boldsymbol{P}_1\boldsymbol{v}_1+\boldsymbol{F}_2\boldsymbol{T}_2\boldsymbol{u}_2+\boldsymbol{F}_2\boldsymbol{T}_1\boldsymbol{u}_1+\boldsymbol{n}_2 \tag{3-60}$$

与之前相同，采用信号对齐的方式，即

$$\underbrace{[\boldsymbol{G}_1\ -\boldsymbol{F}_1]}_{\boldsymbol{W}_1}\begin{bmatrix}\boldsymbol{P}_2\\ \boldsymbol{T}_1\end{bmatrix}=\boldsymbol{0}_{N\times(K+M-N)} \tag{3-61}$$

$$\underbrace{[\boldsymbol{G}_2\ -\boldsymbol{F}_2]}_{\boldsymbol{W}_2}\begin{bmatrix}\boldsymbol{P}_1\\ \boldsymbol{T}_2\end{bmatrix}=\boldsymbol{0}_{N\times(K+M-N)} \tag{3-62}$$

注意到$\boldsymbol{W}_i\in\mathbb{C}^{N\times(M+K)}$，$i\in\{1,2\}$，$\boldsymbol{W}_i$的零空间的维度为$M+K-N$。当式(3-61)和式(3-62)满足时，预编码矩阵$\boldsymbol{P}_j$和$\boldsymbol{T}_i$均存在，人工噪声信号就可以与有用信号相对齐，接收信号就可以进一步地表示为

$$\boldsymbol{y}_1=\boldsymbol{H}_1\boldsymbol{P}_1\boldsymbol{v}_1+\boldsymbol{G}_1\boldsymbol{P}_2(\boldsymbol{v}_2+\boldsymbol{u}_1)+\boldsymbol{F}_1\boldsymbol{T}_2\boldsymbol{u}_2+\boldsymbol{n}_1=$$
$$[\boldsymbol{H}_1\quad \boldsymbol{P}_1\quad \boldsymbol{G}_1\quad \boldsymbol{P}_2\quad \boldsymbol{F}_1\quad \boldsymbol{T}_2]\begin{bmatrix}\boldsymbol{v}_1\\ \boldsymbol{v}_2+\boldsymbol{u}_1\boldsymbol{u}_2\end{bmatrix}+\boldsymbol{n}_1 \tag{3-63}$$

$$\boldsymbol{y}_2=\boldsymbol{H}_2\boldsymbol{P}_2\boldsymbol{v}_2+\boldsymbol{G}_2\boldsymbol{P}_1(\boldsymbol{v}_1+\boldsymbol{u}_2)+\boldsymbol{F}_2\boldsymbol{T}_1\boldsymbol{u}_1+\boldsymbol{n}_2=$$

$$[\boldsymbol{H}_2 \quad \boldsymbol{P}_2 \quad \boldsymbol{G}_2 \quad \boldsymbol{P}_1 \quad \boldsymbol{F}_2 \quad \boldsymbol{T}_1]\begin{bmatrix}\boldsymbol{v}_2\\ \boldsymbol{v}_1+\boldsymbol{u}_2\\ \boldsymbol{u}_1\end{bmatrix}+\boldsymbol{n}_2 \tag{3-64}$$

由于矩阵$[\boldsymbol{H}_1 \quad \boldsymbol{P}_1 \quad \boldsymbol{G}_1 \quad \boldsymbol{P}_2 \quad \boldsymbol{F}_1 \quad \boldsymbol{T}_2] \in \mathbb{C}^{N\times 3(M+K-N)}$和矩阵$[\boldsymbol{H}_2 \quad \boldsymbol{P}_2 \quad \boldsymbol{G}_2 \quad \boldsymbol{P}_1 \quad \boldsymbol{F}_2 \quad \boldsymbol{T}_1] \in \mathbb{C}^{N\times 3(M+K-N)}$是列满秩矩阵，当$3(K+M-N)\leqslant N$时，即$K\leqslant\frac{4N-3M}{3}$时，接收端$\mathrm{RX}_i$可以解调信号$\boldsymbol{v}_i$，$\boldsymbol{v}_j+\boldsymbol{u}_i$和$\boldsymbol{u}_j$，$i,j\in\{1,2\}$，$i\neq j$，其中$\boldsymbol{v}_j$可以被人工噪声信号保护，因此，系统的SDoF为$d_s=d_1+d_2=2(M+K-N)$。实际上，条件$K\leqslant\frac{4N-3M}{3}$应该被降低为$K\leqslant N$（因为$N\leqslant\frac{4N-3M}{3}$），这是因为当$K=N$时，SDoF已经达到最大值$2M$，所以当$K\leqslant N$时，$d_s=2(M+K-N)$。

3. 对于$K>N$

从3.4.2.2中，可以发现，当$K=N$时，$d_s=2(N+M-N)=2M$。因此，当$K>N$时，在干扰节点处仅激活N根天线来帮助系统实现安全通信，并且使得剩余的$K-N$根天线沉默，此时，$d_s=2M$。

3.4.3　$2\leqslant\frac{N}{M}<3$

1. 对于$0\leqslant K\leqslant N-M$

与3.4.2.1类似，有用信号无法被安全传递，因此，$d_s=0$。

2. 对于$N-M<K\leqslant\frac{4N-3M}{3}$

与3.4.2.2的发送方案相同，$d_s=2(K+M-N)$。另外，由于对齐条件为$K\leqslant\frac{4N-3M}{3}$，当$K=\left\lfloor\frac{4N-3M}{3}\right\rfloor$时，SDoF为$2\left\lfloor\frac{N}{3}\right\rfloor$；当$N<3M$时，其小于最大值$2M$。因此，当$N-M<K\leqslant\frac{4N-3M}{3}$时，可以得到$d_s=2\left\lfloor\frac{N}{3}\right\rfloor$。

3. 对于$K\geqslant 2N-M$

在此提供了一个带有$d_1=d_2=M$个信息数据流和$l=M$个干扰信号流的可达方案。具体地，发送端与干扰节点的发送信号分别为

$$\boldsymbol{x}_1=\boldsymbol{P}_1\boldsymbol{v}_1 \tag{3-65}$$

$$\boldsymbol{x}_2=\boldsymbol{P}_2\boldsymbol{v}_2 \tag{3-66}$$

$$\boldsymbol{z}=\boldsymbol{T}\boldsymbol{u} \tag{3-67}$$

接收信号为

$$\boldsymbol{y}_1=\boldsymbol{H}_1\boldsymbol{P}_1\boldsymbol{v}_1+\boldsymbol{G}_1\boldsymbol{P}_2\boldsymbol{v}_2+\boldsymbol{F}_1\boldsymbol{T}\boldsymbol{u}+\boldsymbol{n}_1 \tag{3-68}$$

$$\boldsymbol{y}_2=\boldsymbol{H}_2\boldsymbol{P}_2\boldsymbol{v}_2+\boldsymbol{G}_2\boldsymbol{P}_1\boldsymbol{v}_1+\boldsymbol{F}_2\boldsymbol{T}\boldsymbol{u}+\boldsymbol{n}_2 \tag{3-69}$$

为了确保信息安全，预编码矩阵应该满足以下干扰对齐条件

$$\underbrace{\begin{bmatrix}\boldsymbol{G}_1 & -\boldsymbol{F}_1 & \boldsymbol{0}_{N\times M}\\ \boldsymbol{0}_{N\times M} & \boldsymbol{F}_2 & -\boldsymbol{G}_2\end{bmatrix}}_{\boldsymbol{Q}}\underbrace{\begin{bmatrix}\boldsymbol{P}_2\\ \boldsymbol{T}\\ \boldsymbol{P}_1\end{bmatrix}}_{\boldsymbol{\Gamma}}=\boldsymbol{0}_{2N\times M} \tag{3-70}$$

由于$\boldsymbol{Q}\in\mathbb{C}^{2N\times(2M+K)}$，$\boldsymbol{\Gamma}\in\mathbb{C}^{(2M+K)\times M}$，当$2M+K-2N\geqslant M$，即$K\geqslant 2N-M$时，$\boldsymbol{Q}$的零空间的维度至少为$M$，因此$\boldsymbol{P}_i$和$\boldsymbol{T}$存在。这样，上述接收信号式(3-68)和式(3-69)可以重新表示为

$$\boldsymbol{y}_1=\boldsymbol{H}_1\boldsymbol{P}_1\boldsymbol{v}_1+\boldsymbol{G}_1\boldsymbol{P}_2(\boldsymbol{v}_2+\boldsymbol{u})+\boldsymbol{n}_1=[\boldsymbol{H}_1\quad\boldsymbol{P}_1\quad\boldsymbol{G}_1\quad\boldsymbol{P}_2]\begin{bmatrix}\boldsymbol{v}_1\\ \boldsymbol{v}_2+\boldsymbol{u}\end{bmatrix}+\boldsymbol{n}_1 \tag{3-71}$$

$$\boldsymbol{y}_2=\boldsymbol{H}_2\boldsymbol{P}_2\boldsymbol{v}_2+\boldsymbol{G}_2\boldsymbol{P}_1(\boldsymbol{v}_1+\boldsymbol{u})+\boldsymbol{n}_2=[\boldsymbol{H}_2\quad\boldsymbol{P}_2\quad\boldsymbol{G}_2\quad\boldsymbol{P}_1]\begin{bmatrix}\boldsymbol{v}_2\\ \boldsymbol{v}_1+\boldsymbol{u}\end{bmatrix}+\boldsymbol{n}_2 \tag{3-72}$$

由于$N>2M$，矩阵$[\boldsymbol{H}_1\quad\boldsymbol{P}_1\quad\boldsymbol{G}_1\quad\boldsymbol{P}_2]\in\mathbb{C}^{N\times 2M}$和矩阵$[\boldsymbol{H}_2\quad\boldsymbol{P}_2\quad\boldsymbol{G}_2\quad\boldsymbol{P}_1]\in\mathbb{C}^{N\times 2M}$是满列秩矩阵，因此，每一个接收端可以解调$M$个有用信号，却不能窃听其他用户对的信号，则系统的SDoF为$2M$。

4. 对于$\dfrac{4N-3M}{3}<K<2N-M$

从上述3.3.3(2)中可知，当$K=\left\lfloor\dfrac{4N-3M}{3}\right\rfloor$时，系统最大的SDoF为$2\left\lfloor\dfrac{N}{3}\right\rfloor$。因此，在此类天线配置下，仅激活干扰节点$K$根天线中的$\left\lfloor\dfrac{4N-3M}{3}\right\rfloor$根天线，而令余下的$K-\left\lfloor\dfrac{4N-3M}{3}\right\rfloor$根天线空闲。此时，$d_s=2\left\lfloor\dfrac{N}{3}\right\rfloor$。

3.4.4 $\dfrac{1}{2}\leqslant\dfrac{N}{M}<1$

在这种情况下，发射机比接收机有更多的天线。

1. 对于$K\geqslant\max\left\{1,\dfrac{6N-5M}{2}\right\}$

与之前的可达方案不同，在此天线配置下，因为发送天线的数目多于窃听天线的数目，即$M>N$，每一个发送端都可以利用额外的天线来发送$M-N$个符号使得窃听端无法接收。令$d_1=d_2=M$，$l=2N-M$，$d_i=l+2(M-N)$，$i\in\{1,2\}$。每一次传输包含两个时隙，发送端和干扰节点的信号分别为

$$\boldsymbol{x}_1[t]=\boldsymbol{P}_{1,a}[t]\boldsymbol{v}_{1,a}+\boldsymbol{P}_{1,n}[t]\boldsymbol{v}_{1,n}[t] \tag{3-73}$$

$$\boldsymbol{x}_2[t]=\boldsymbol{P}_{2,a}[t]\boldsymbol{v}_{2,a}+\boldsymbol{P}_{2,n}[t]\boldsymbol{v}_{2,n}[t] \tag{3-74}$$

$$\boldsymbol{z}[t]=\boldsymbol{T}[t]\boldsymbol{u},\quad t=1,2 \tag{3-75}$$

式中：$\boldsymbol{P}_{i,a}[t]\in\mathbb{C}^{M\times l}$——需要被保护的高斯数据流$\boldsymbol{v}_{i,a}\in\mathbb{C}^{l}$的预编码矩阵；

$\boldsymbol{P}_{i,n}[t] \in \mathbb{C}^{M\times(M-N)}$——窃听端不可见的符号 $\boldsymbol{v}_{i,n}[t] \in \mathbb{C}^{M-N}$ 的预编码矩阵；

$\boldsymbol{P}_{1,n}[t]$ 和 $\boldsymbol{P}_{2,n}[t]$——分别选自 $\boldsymbol{G}_2[t]$ 和 $\boldsymbol{G}_1[t]$ 的零空间，其零空间的维度为$(M-N)$。

这样，两时隙的接收信号可以表示为

$$\bar{\boldsymbol{y}}_1 = \bar{\boldsymbol{H}}_1 \bar{\boldsymbol{P}}_{1,a}\boldsymbol{v}_{1,a} + \bar{\boldsymbol{H}}_1 \bar{\boldsymbol{P}}_{1,n} \bar{\boldsymbol{v}}_{1,n} + \bar{\boldsymbol{G}}_1 \bar{\boldsymbol{P}}_{2,a}\boldsymbol{v}_{2,a} + \bar{\boldsymbol{F}}_1 \bar{\boldsymbol{T}}\boldsymbol{u} + \bar{\boldsymbol{n}}_1 \tag{3-76}$$

$$\bar{\boldsymbol{y}}_2 = \bar{\boldsymbol{H}}_2 \bar{\boldsymbol{P}}_{2,a}\boldsymbol{v}_{2,a} + \bar{\boldsymbol{H}}_2 \bar{\boldsymbol{P}}_{2,n} \bar{\boldsymbol{v}}_{2,n} + \bar{\boldsymbol{G}}_2 \bar{\boldsymbol{P}}_{1,a}\boldsymbol{v}_{1,a} + \bar{\boldsymbol{F}}_2 \bar{\boldsymbol{T}}\boldsymbol{u} + \bar{\boldsymbol{n}}_2 \tag{3-77}$$

其中：

$$\bar{\boldsymbol{P}}_{i,n} = \begin{bmatrix} \boldsymbol{P}_{i,n}[1] & \boldsymbol{0}_{M\times(M-N)} \\ \boldsymbol{0}_{M\times(M-N)} & \boldsymbol{P}_{i,n}[2] \end{bmatrix} \in \mathbb{C}^{2M\times2(M-N)}, \bar{\boldsymbol{P}}_{i,a} = \begin{bmatrix} \boldsymbol{P}_{i,a}[1] \\ \boldsymbol{P}_{i,a}[2] \end{bmatrix} \in \mathbb{C}^{2M\times l}$$

$$\bar{\boldsymbol{v}}_{i,n} = \begin{bmatrix} \boldsymbol{v}_{i,n}[1] \\ \boldsymbol{v}_{i,n}[2] \end{bmatrix} \in \mathbb{C}^{2(M-N)}, i \in \{1,2\}$$

为了确保信息安全，这里采用信号对齐的方式，将人工噪声信号对齐至需要被保护的有用信号相同的维度上，即满足条件

$$\underbrace{\begin{bmatrix} \bar{\boldsymbol{G}}_1 & -\bar{\boldsymbol{F}}_1 & \boldsymbol{0}_{2N\times2M} \\ \boldsymbol{0}_{2N\times2M} & \bar{\boldsymbol{F}}_2 & -\bar{\boldsymbol{G}}_2 \end{bmatrix}}_{\bar{\boldsymbol{Q}}} \underbrace{\begin{bmatrix} \bar{\boldsymbol{P}}_{2,a} \\ \bar{\boldsymbol{T}} \\ \bar{\boldsymbol{P}}_{1,a} \end{bmatrix}}_{\bar{\boldsymbol{\Phi}}} = \boldsymbol{0}_{4N\times(2N-M)} \tag{3-78}$$

由式(3-78)可知，$\bar{\boldsymbol{Q}} \in \mathbb{C}^{4N\times2(2M+K)}$ 的零空间的维度为 $2(2M+K-2N)$。为了将干扰信号与有用信号在窃听端处对齐，当 $2(2M+K-2N) \geqslant 2N-M$，即 $K \geqslant \max\{1, \frac{6N-5M}{2}\}$ 时，$\bar{\boldsymbol{\Phi}} \in \mathbb{C}^{2(2M+K)\times(2N-M)}$ 存在。此时，接收信号式(3-76)与式(3-77)重新表示为

$$\begin{aligned} \bar{\boldsymbol{y}}_1 &= \bar{\boldsymbol{H}}_1 \bar{\boldsymbol{P}}_{1,a}\boldsymbol{v}_{1,a} + \bar{\boldsymbol{H}}_1 \bar{\boldsymbol{P}}_{1,n} \bar{\boldsymbol{v}}_{1,n} + \bar{\boldsymbol{G}}_1 \bar{\boldsymbol{P}}_{2,a}(\boldsymbol{v}_{2,a} + \boldsymbol{u}) + \bar{\boldsymbol{n}}_1 = \\ & [\bar{\boldsymbol{H}}_1 \bar{\boldsymbol{P}}_{1,a}\ \bar{\boldsymbol{H}}_1 \bar{\boldsymbol{P}}_{1,n}\ \bar{\boldsymbol{G}}_1 \bar{\boldsymbol{P}}_{2,a}] \begin{bmatrix} \boldsymbol{v}_{1,a} \\ \bar{\boldsymbol{v}}_{1,n} \\ \boldsymbol{v}_{2,a} + \boldsymbol{u} \end{bmatrix} + \bar{\boldsymbol{n}}_1 \end{aligned} \tag{3-79}$$

$$\begin{aligned} \bar{\boldsymbol{y}}_2 &= \bar{\boldsymbol{H}}_2 \bar{\boldsymbol{P}}_{2,a}\boldsymbol{v}_{2,a} + \bar{\boldsymbol{H}}_2 \bar{\boldsymbol{P}}_{2,n} \bar{\boldsymbol{v}}_{2,n} + \bar{\boldsymbol{G}}_2 \bar{\boldsymbol{P}}_{1,a}(\boldsymbol{v}_{1,a} + \boldsymbol{u}) + \bar{\boldsymbol{n}}_2 = \\ & [\bar{\boldsymbol{H}}_2 \bar{\boldsymbol{P}}_{2,a}\ \bar{\boldsymbol{H}}_2 \bar{\boldsymbol{P}}_{2,n}\ \bar{\boldsymbol{G}}_2 \bar{\boldsymbol{P}}_{1,a}] \begin{bmatrix} \boldsymbol{v}_{2,a} \\ \bar{\boldsymbol{v}}_{2,n} \\ \boldsymbol{v}_{1,a} + u \end{bmatrix} + \bar{\boldsymbol{n}}_2 \end{aligned} \tag{3-80}$$

由于矩阵$[\bar{\boldsymbol{H}}_i \bar{\boldsymbol{P}}_{i,a}\ \bar{\boldsymbol{H}}_i \bar{\boldsymbol{P}}_{i,n}\ \bar{\boldsymbol{G}}_i \bar{\boldsymbol{P}}_{j,a}] \in \mathbb{C}^{2N\times2N}$ 是满秩矩阵，接收端 RX_i 能够在两个时隙中解调 $\boldsymbol{v}_{i,a}$ 和$\bar{\boldsymbol{v}}_{i,n}$。此时 $d_{\mathrm{s}} = \frac{2M}{2} = M$。

2. 对于 $0 \leqslant K < \max\left\{1, \frac{6N-5M}{2}\right\}$

在这种情况下，令外部的干扰节点保持空闲，不发人工噪声信号，这样系统就退化为一个两用户 IC 无干扰节点网络，其 SDoF 为$d_{\mathrm{s}} = \frac{4M-2N}{3}$。

3.4.5 $\frac{N}{M}<\frac{1}{2}$

在这种天线配置下，如果简单地保持干扰节点空闲，那么系统就变成了两个用户的 IC 网络，其 SDoF 为 $d_s=2N$。在这里笔者提出了另一种可达方案，其使用外部干扰节点协作来解决 $K\geqslant N$ 时的安全问题。令 $d_1=d_2=N, l_1=l_2=2N-M, d_i=l_i+(M-N), i\in\{1,2\}$，发送端的发送信号为

$$\boldsymbol{x}_1=\boldsymbol{P}_{1,a}\boldsymbol{v}_{1,a}+\boldsymbol{P}_{1,n}\boldsymbol{v}_{1,n} \tag{3-81}$$

$$\boldsymbol{x}_2=\boldsymbol{P}_{2,a}\boldsymbol{v}_{2,a}+\boldsymbol{P}_{2,n}\boldsymbol{v}_{2,n} \tag{3-82}$$

$$\boldsymbol{z}=\boldsymbol{T}_1\boldsymbol{u}_1+\boldsymbol{T}_2\boldsymbol{u}_2 \tag{3-83}$$

式中：$\boldsymbol{T}_1\in\mathbb{C}^{K\times l_2}, \boldsymbol{T}_2\in\mathbb{C}^{K\times l_1}, \boldsymbol{P}_{i,a}\in\mathbb{C}^{M\times l_i}, \boldsymbol{P}_{i,n}\in\mathbb{C}^{M\times(M-N)}$。由于 $\boldsymbol{G}_j$ 的零空间的维度为 $(M-N)$，$\boldsymbol{P}_{i,n}$ 可以从 $\boldsymbol{G}_j, i,j\in\{1,2\}, i\neq j$ 的零空间中得到。为了确保信息安全，$\boldsymbol{P}_{i,a}$ 和 $\boldsymbol{T}_i$ 需要满足条件

$$\underbrace{[\boldsymbol{G}_1\ -\boldsymbol{F}_1]}_{\boldsymbol{w}_1}\begin{bmatrix}\boldsymbol{P}_{2,a}\\ \boldsymbol{T}_1\end{bmatrix}=\boldsymbol{G}_1\boldsymbol{P}_{2,a}-\boldsymbol{F}_1\boldsymbol{T}_1=\boldsymbol{0}_{N\times(2N-M)} \tag{3-84}$$

$$\underbrace{[\boldsymbol{G}_2\ -\boldsymbol{F}2]}_{\boldsymbol{w}_2}\begin{bmatrix}\boldsymbol{P}_{1,a}\\ \boldsymbol{T}_2\end{bmatrix}=\boldsymbol{G}_2\boldsymbol{P}_{1,a}-\boldsymbol{F}_2\boldsymbol{T}_2=\boldsymbol{0}_{N\times(2N-M)} \tag{3-85}$$

注意，$\boldsymbol{W}_i\in\mathbb{C}^N\times(M+K)$ 的零空间的维度为 $M+K-N$，当 $M+K-N\geqslant 2N-M$ 时，即 $K\geqslant\max\{1,N-2M\}=1$，$\boldsymbol{P}_{j,a}$ 和 $\boldsymbol{T}_i$ 的 $N-2M$ 列可以来自于 $\boldsymbol{W}_i$ 的零空间。因此，$\boldsymbol{v}_{j,a}$ 和 $\boldsymbol{u}_i$ 在 $\mathrm{RX}_i, i,j\in\{1,2\}, i\neq j$ 处对齐。这样，接收端的接收信号为

$$\boldsymbol{y}_1=\boldsymbol{H}_1\boldsymbol{P}_{1,a}\boldsymbol{v}_{1,a}+\boldsymbol{H}_1\boldsymbol{P}_{1,n}\boldsymbol{v}_{1,n}+\boldsymbol{G}_1\boldsymbol{P}_{2,a}(\boldsymbol{v}_{2,a}+\boldsymbol{u}_1)+\boldsymbol{F}_1\boldsymbol{T}_2\boldsymbol{u}_2+\boldsymbol{n}_1=$$
$$[\boldsymbol{H}_1\quad \boldsymbol{P}_{1,a}\quad \boldsymbol{H}_1\quad \boldsymbol{P}_{1,n}\quad \boldsymbol{G}_1\quad \boldsymbol{P}_{2,a}\quad \boldsymbol{F}_1\quad \boldsymbol{T}_2]\begin{bmatrix}\boldsymbol{v}_{1,a}\\ \boldsymbol{v}_{1,n}\\ \boldsymbol{v}_{2,a}+\boldsymbol{u}_1\\ \boldsymbol{u}_2\end{bmatrix}+\boldsymbol{n}_1 \tag{3-86}$$

$$\boldsymbol{y}_2=\boldsymbol{H}_2\boldsymbol{P}_{2,a}\boldsymbol{v}_{2,a}+\boldsymbol{H}_2\boldsymbol{P}_{2,n}\boldsymbol{v}_{2,n}+\boldsymbol{G}_2\boldsymbol{P}_{1,a}(\boldsymbol{v}_{1,a}+\boldsymbol{u}_2)+\boldsymbol{F}_2\boldsymbol{T}_1\boldsymbol{u}_1+\boldsymbol{n}_2=$$
$$[\boldsymbol{H}_2\quad \boldsymbol{P}_{2,a}\quad \boldsymbol{H}_2\quad \boldsymbol{P}_{2,n}\quad \boldsymbol{G}_2\quad \boldsymbol{P}_{1,a}\quad \boldsymbol{F}_2\quad \boldsymbol{T}_1]\begin{bmatrix}\boldsymbol{v}_{2,a}\\ \boldsymbol{v}_{2,n}\\ \boldsymbol{v}_{1,a}+\boldsymbol{u}_2\\ \boldsymbol{u}_1\end{bmatrix}+\boldsymbol{n}_2 \tag{3-87}$$

由于$[\boldsymbol{H}_i\quad \boldsymbol{P}_{i,a}\quad \boldsymbol{H}_i\quad \boldsymbol{P}_{i,n}\quad \boldsymbol{G}_i\quad \boldsymbol{P}_{j,a}\quad \boldsymbol{F}_i\quad \boldsymbol{T}_j]\in\mathbb{C}^{N\times(5N-2M)}$ 是满秩矩阵，每一个接收端可以解调 $5N-2M$ 个数据流，并且 RX_i 可以正确地解调信号 $\boldsymbol{v}_i$。因此，$d_s=2N$。当 $K<N$ 时，干扰的符号数总是少于 $\min\{K,N\}=K$。由于有用信号的数目为 N，外部的干扰节点不能够利用 K 个干扰符号保护所有的 N 个有用符号。在这种情况下，外部干扰节点最好处于空闲静默状态。

综上所述，两用户 MIMO 干扰信道带有外部干扰节点系统的 SDoF 的下界值为：

(1) 当 $1 \leqslant \frac{N}{M} < 2$ 时：

$$d_s \geqslant \begin{cases} \min\{\frac{2N}{3}, 2(2M-N)\}, & \text{当 } 0 \leqslant K < \frac{5N}{2} - 2M \text{ 时} \\ N, & \text{当 } K \geqslant \frac{5N}{2} - 2M \text{ 时} \end{cases} \tag{3-88}$$

(2) 当 $\frac{N}{M} \geqslant 2$ 时：

$$d_s \geqslant \begin{cases} 0, & \text{当 } 0 \leqslant K \leqslant N - M \text{ 时} \\ 2(K+M-N), & \text{当 } N - M \leqslant K \leqslant N - \frac{[3M-N]^+}{3} \text{ 时} \\ \min\{2\left\lfloor \frac{N}{3} \right\rfloor, 2M\}, & \text{当 } N - \frac{[3M-N]^+}{3} < K < 2N - M \text{ 时} \\ 2M, & \text{当 } K \geqslant 2N - M \text{ 时} \end{cases} \tag{3-89}$$

(3) 当 $\frac{1}{2} \leqslant \frac{N}{M} < 1$ 时：

$$d_s \geqslant \begin{cases} \frac{4M-2N}{3}, & \text{当 } 0 \leqslant K < \max\{1, \frac{6N-5M}{2}\} \text{ 时} \\ M, & \text{当 } K \geqslant \max\{1, \frac{6N-5M}{2}\} \text{ 时} \end{cases} \tag{3-90}$$

(4) 当 $\frac{N}{M} < \frac{1}{2}$ 时：

$$d_s \geqslant 2N, \forall K \tag{3-91}$$

3.5　主要结论

3.5.1　理论结论

通过上述有关 SDoF 上下界值的分析，首先对其主要结论进行总结。需要注意的是，在本项工作中，系统的 SDoF 分析与系统中各节点的天线数、网络安全性与可靠性的需求条件有关，与各节点的位置无关。由上述分析可以得到以下定理。

定理 3.1　考虑一个两用户 MIMO 干扰网络，其中发送端有 M 根天线，每个接收端有 N 根天线，外部有一个带有 K 根天线的外部干扰节点。系统的 SDoF 的值具体如下。

(1) 对于 $1 \leqslant \frac{N}{M} < 2$，当 $K \geqslant \frac{5N}{2} - 2M$ 时：

$$d_s = N \tag{3-92a}$$

当 $0 \leqslant K < \frac{5N}{2} - 2$ 时：

$$\min\{2(2M-N), \frac{2N}{3}\} \leqslant d_s \leqslant \min\{2(K+2M-N), N, \frac{2N+2N \cdot I_{\{K \geqslant 1\}}}{3+1 \cdot I_{\{K \geqslant 1\}}}\} \tag{3-92b}$$

(2) 对于$\frac{N}{M} \geqslant 2$，

$$d_s = \begin{cases} 0, & \text{当 } 0 \leqslant K \leqslant N-M \text{ 时} \\ 2(K+M-N), & \text{当 } N-M \leqslant K \leqslant N-\frac{[3M-N]^+}{3} \text{ 时} \\ 2M, & \text{当 } K \geqslant 2N-M \text{ 时} \end{cases} \tag{3-93a}$$

当$N-\frac{[3M-N]^+}{3} < K < 2N-M$时：

$$\min\{2\lfloor B \rfloor, 2M\} \leqslant d_s \leqslant \min\{2(K+M-N), 2M\} \tag{3-93b}$$

(3) 对于$\frac{1}{2} \leqslant \frac{N}{M} < 1$，当$K \geqslant \max\left\{1, \frac{6N-5M}{2}\right\}$时：

$$d_s = M \tag{3-94a}$$

当$0 \leqslant K < \max\left\{1, \frac{6N-5M}{2}\right\}$时：

$$\frac{4M-2N}{3} \leqslant d_s \leqslant M \tag{3-94b}$$

(4) 对于$\frac{N}{M} < \frac{1}{2}$，

$$d_s = 2N, \quad \forall K \tag{3-95}$$

其中：$\lfloor B \rfloor$——B的下确界值。当A为真时，$I_{\{A\}} = 1$，否则$I_{\{A\}} = 0$；$[x]^+ = \max\{0, x\}$。

对于上述定理 3.1，可以得到：

(1) 对于 SISO 网络，即$M = N = K = 1$，由定理 3.1 可得，$d_s = 1$，这与文献[29]中的结论相吻合。

(2) 对于特殊情况$K = 0$和$K \to \infty$，SDoF 值的上、下界值是相同的，这表示其精确的 SDoF 值是可以获得的，如表 3-1 和图 3-2 所示。可以看出，当$K = 0$时，通信网络成为了一个两用户干扰信道，并且这个系统的 SDoF 值与文献[78]所得到的结论相吻合。

(3) 从表 3-1 中可得，即使外部干扰节点有无限根天线，SDoF 依然受限于各节点发送或接收的天线数。此外，带有外部协作节点的网络可以比没有外部协作节点的网络获得更大的 SDoF。例如，当$N \geqslant 2M$时，SDoF 从 0 增加到$2M$。

表 3-1　$K = 0$与$K \to \infty$时系统的 SDoF

条 件	K 取值	
	$K = 0$	$K \to \infty$
$\frac{N}{M} < \frac{1}{2}$	$2N$	$2N$
$\frac{1}{2} \leqslant \frac{N}{M} < 1$	$\frac{4M-2N}{3}$	M
$1 \leqslant \frac{N}{M} < 2$	$\min\left\{2(2M-N), \frac{2N}{3}\right\}$	N
$\frac{N}{M} \geqslant 2$	0	$2M$

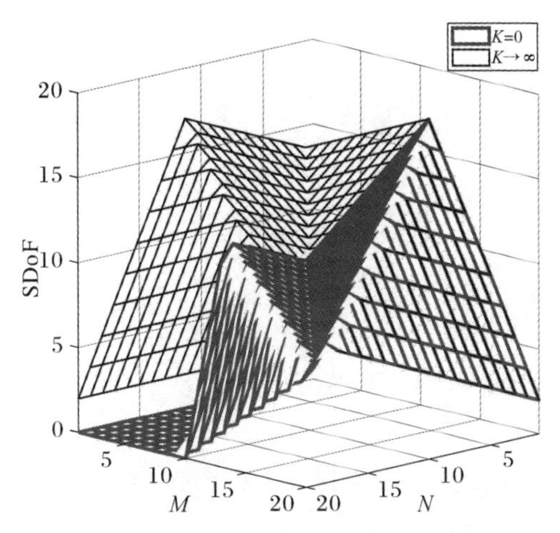

图 3-2　不同(M,N)配置下的精确 SDoF 值

(4) 从定理 3.1 中可以看出，在大多数(M,N,K)的配置下，SDoF 的精确值是可以获得的。而在其他的有关 K 的配置下，存在 SDoF 间隙，其可以被量化为 SDoF 上界与下界的差值。在这里，提出推论 3.1 来表示 SDoF 间隙。

推论 3.1　带有外部干扰节点的两用户 MIMO 干扰网络的 SDoF 间隙为：

对于 $1 \leqslant \frac{N}{M} < 2$ 和 $1 \leqslant K < \frac{5N}{2} - 2M$：

$$d_{\text{gap}} = \min\{2(K+2M-N), N\} - \min\left\{2(2M-N), \frac{2N}{3}\right\} \tag{3-96}$$

对于 $2 \leqslant \frac{N}{M} < 3$ 和 $\frac{4N}{3} - M < K < 2N - M$：

$$d_{\text{gap}} = 2(K+M-N) - 2\left\lfloor \frac{N}{3} \right\rfloor \tag{3-97}$$

对于$\frac{1}{2} \leqslant \frac{N}{M} < 1$ 和 $0 \leqslant K < \max\{1, \frac{6N-5M}{2}\}$：

$$d_{\text{gap}} = \frac{2N-M}{3} \tag{3-98}$$

对于其他的(M,N,K)：

$$d_{\text{gap}} = 0 \tag{3-99}$$

(5) 从推论 3.1 中，注意到 SDoF 间隙存在于式(3-96})～式(3-98})中所示的三个区域。当(M,N)固定时，由于 K 在每一种情况下都是不同的，所以这个差距无法消除。通过调整每种情况下的天线数(M,N,K)，可以使间隙最小化，但会影响相应的 SDoF 界限。对于式(3-99)中的其他天线配置，SDoF 间隙为零，可以得到准确的 SDoF。

推论 3.2　考虑发射天线数目与接收天线数目相同的特殊情况，即 $M=N$。当外部干扰节点有 K 根天线时，系统的 SDoF 值为

$$\frac{2N}{3} \leqslant d_s \leqslant N, 0 \leqslant K < \frac{N}{2} \tag{3-100}$$

$$d_s = N, K \geqslant \frac{N}{2} \tag{3-101}$$

(6) 对于特殊情况 $M=N$，当 $0 \leqslant K < \frac{N}{2}$ 时，SDoF 间隙存在。在其他的天线配置下，精确的 SDoF 值可以获得。

3.5.2 数值结论

目前，有关保密自由度的研究均是通过合理推导 SDoF 的上界值与设计通信方案获得 SDoF 下界值来验证分析性能的，当上下界值之间的差距为零时，认为所求解的 SDoF 值已达到最优。由于保密自由度研究的是网络本身的结构，如天线数等对于安全性能的影响，是一种理论分析结论，并没有实测数据来支撑研究。在这一章节中，分别在图 3-3 ~ 图 3-5 中绘制了 $1 \leqslant \frac{N}{M} < 2$，$\frac{N}{M} \geqslant 2$ 和 $\frac{1}{2} \leqslant \frac{N}{M} < 1$ 情况下的 SDoF 的上界值和下界值。

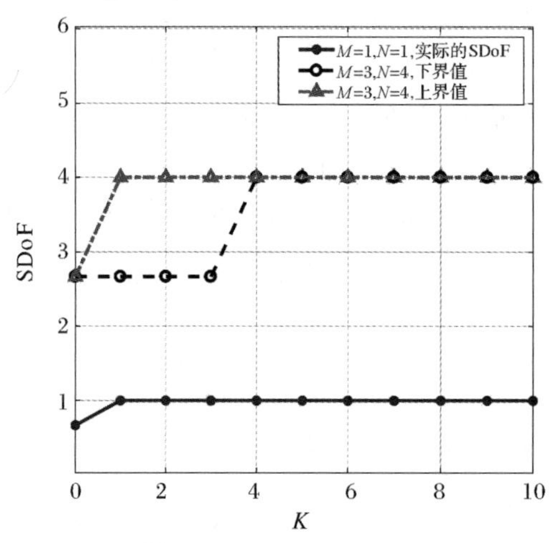

图 3-3　当 $1 \leqslant \frac{N}{M} < 2$ 时，系统的 SDoF 的上界值与下界值

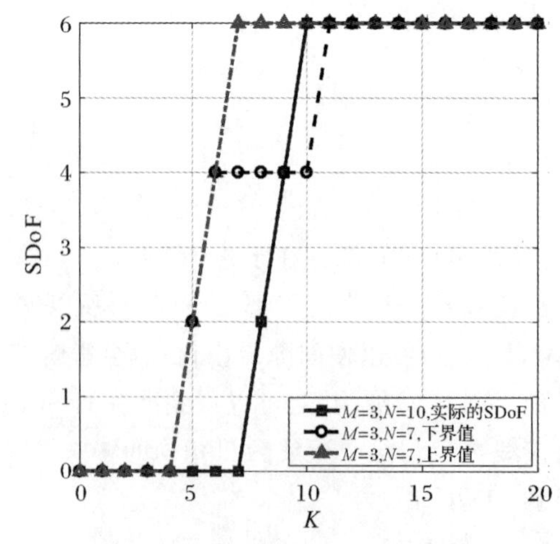

图 3-4　当 $\frac{N}{M} \geqslant 2$ 时，系统的 SDoF 的上界值与下界值

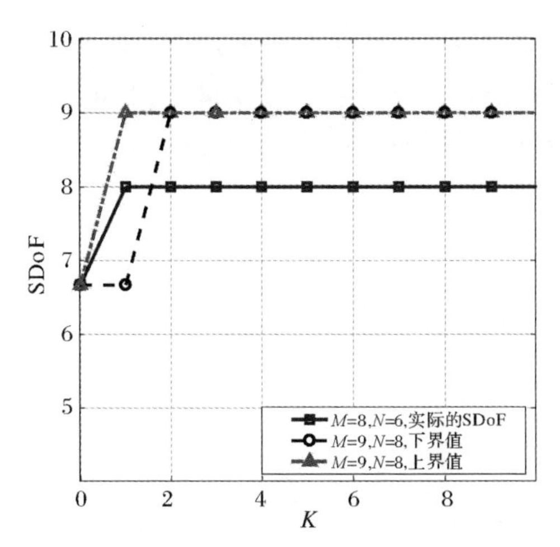

图 3-5　当$\frac{1}{2}\leqslant\frac{N}{M}<1$时,系统的 SDoF 的上界值与下界值

在图 3-3 中,分析了当$1\leqslant\frac{N}{M}<2$时,系统的 SDoF 的上下界值随 K 变化的曲线。当发送端与接收端仅有一根天线时,可以得到确切的 SDoF 值,即当 $K=0$ 时,$d_s=\frac{2}{3}$;当 $K\geqslant 1$ 时,$d_s=1$。当 $M=3,N=4$ 时,上界值与下界值之间存在 SDoF 间隙;而当 $K\geqslant 4$ 时,可以得到准确的 SDoF 值。

图 3-4 分析了当$\frac{N}{M}\geqslant 2$时系统的 SDoF 变化曲线。当$2\leqslant\frac{N}{M}\leqslant 3$时,例如 $M=3,N=7$,系统的 SDoF 在上界 $2M$ 与下界 $2\left\lfloor\frac{N}{3}\right\rfloor$之间变化;当$\frac{N}{M}>3$时,上、下界变紧,准确的 SDoF 可达。

图 3-5 分析了当$\frac{1}{2}\leqslant\frac{N}{M}<1$时系统 SDoF 的变化曲线。当 $K\geqslant 3$ 时,系统最大的 SDoF 为 $d_s=M$。当$\frac{1}{2}\leqslant\frac{N}{M}\leqslant\frac{5}{6}$时,例如,当 $M=8,N=6$ 时,上下界变紧;而当$\frac{5}{6}<\frac{N}{M}<1$时,在区间 $1\leqslant K\leqslant\max\left\{1,\frac{6N-5M}{2}\right\}$上存在 SDoF 间隙。

3.6　本 章 小 结

本节主要讲解了带有外部干扰节点的两用户 MIMO 干扰信道的 SDoF,其中每个发射机有 M 根天线,每个接收机有 N 根天线,外部干扰节点带有 K 根天线。我们得到了 SDoF 在不同天线参数(M,N,K)配置下的 SDoF 的上界值和下界值。通过研究发现,当 $K=0$ 和 $K\rightarrow\infty$ 时,系统可以获得精确的 SDoF 值,这表示本项工作所设计的通信方案的性能达到最优。对于 $K=0$ 的情况,每个发送节点需要分配出相应的维度发送人工噪声信号,从而减少了有用信号可发送的维度。对于 K 值较大的情况,发送端可以充分地利用其维度发送人工噪声信号且不会消耗合法信号的维度,并将人工噪声信号与有用信号在窃听端处进行对齐，从而保护信号。此时，系统可安全通信的符号数达到其网络 SDoF 的上界值，导致上下界重合，从而获得最大的 SDoF。但是，即使外部干扰天线非常多时，系统的 SDoF 也是受限于网络本身的结构的，不会随之趋于无穷。此外，还探讨了 SDoF 间隙作为函数的天线数目，发现通过调节各节点的天线配置，系统的 SDoF 间隙是可以控制缩小的，但是，相应地 SDoF 的上、下界值也会改变。

第4章　在 K 用户 MIMO Y 网络中基于干扰对齐的物理层安全技术

4.1　引　　言

在第3章中，研究了一种存在外部干扰节点的两用户 MIMO 干扰窃听网络的保密自由度。若将中继添加在多用户窃听网络中，也期望干扰对齐技术能够被应用于此窃听模型中来帮助实现抗窃听。目前，X. He 与 A. Yener 研究了带有不可靠中继的双跳窃听通信系统的保密自由度。然而，对多路中继窃听网络的保密自由度的研究还未开展，因此，在本章中，我们重点提出 K 用户 MIMO Y 窃听模型，并且分别将 RIA 与 IA 技术与物理层安全技术相结合，在不同的信号模型下推导出系统的保密自由度，同时在 IA 技术的应用下，提出了一种最大化系统保密容量的算法，最终实现抗窃听。

4.2　系 统 模 型

4.2.1　BWC MIMO Y 窃听模型

系统总共有 K 个用户，每一个用户有 M 根天线，中继处有 N 根天线，存在一个窃听者，如图4-1和图4-2所示。整体 MIMO Y 模型的整个通信过程分为两个阶段：①MAC 阶段。K 个用户分别发送 $K-1$ 个信号给中继 R，中继通过干扰对齐将相互成对的信号分别对齐到一个维度。②BC 阶段。中继广播信号到各个用户，各个用户通过迫零用户间干扰信号及自干扰消除可以获得所需信号。假设窃听端仅能窃听到 BC 阶段的信号，这称为 BWC 窃听模型。

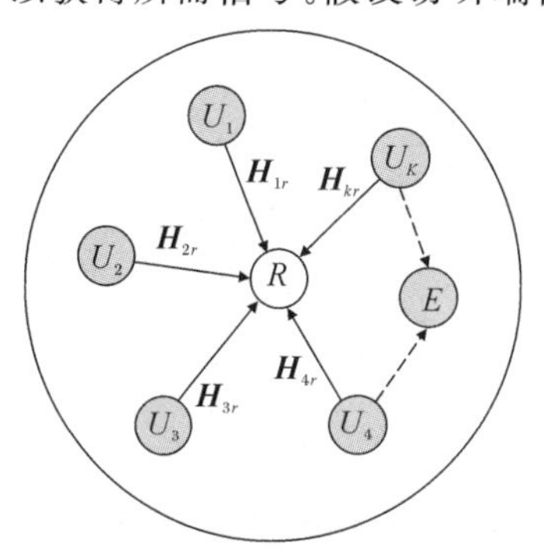

图4-1　BWC 窃听模型中的 MAC 阶段

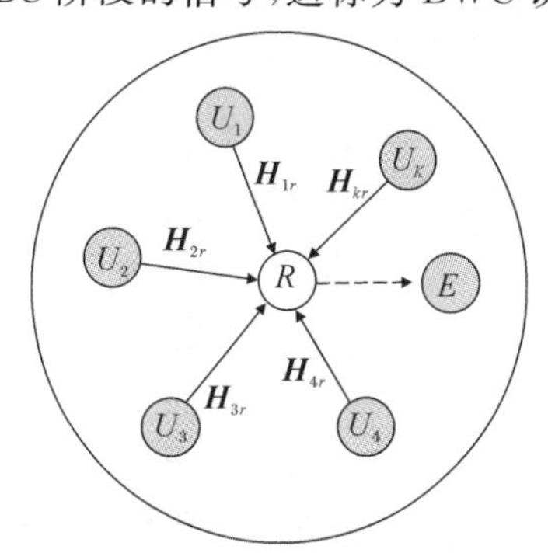

图4-2　BWC 窃听模型中的 BC 阶段

在此模型中，将用户 U_i 发给用户 U_j 的信号记为 $\boldsymbol{X}_i$，$\boldsymbol{X}_i=\sum_{j=1,j\neq i}^{K}\boldsymbol{v}_{ij}\boldsymbol{s}_{ij}$，满足功率限制 $E[\mathrm{tr}(\boldsymbol{X}_i\boldsymbol{X}_i^{\mathrm{H}})]\leqslant P$；$\boldsymbol{v}_{ij}$ 为 $M\times1$ 的预编码向量，$\boldsymbol{s}_{ij}$ 为有用信号。$\boldsymbol{H}_{u_ir}$，$\boldsymbol{H}_{ru_i}$，$i=1,2,\cdots,K$ 和 $\boldsymbol{H}_{re}$ 分别为用户 U_i 到中继，中继到用户 U_i，中继到窃听端的实信道矩阵。另外，假设所有合法节点已知全局信道信息 GCSI，窃听者知道本地 CSI。

具体通信过程如下：

在 MAC 阶段，中继接收到的信号为

$$\boldsymbol{Y}_r=\sum_{i=1}^{K}\boldsymbol{H}_{u_ir}\boldsymbol{X}_i+\boldsymbol{n}_r \tag{4-1}$$

式中：$\mathrm{rank}(\boldsymbol{H}_{u_ir})$—— 信道 $\boldsymbol{H}_{u_ir}$ 的秩，$\mathrm{rank}(\boldsymbol{H}_{u_ir})=\min\{M,N\}$；

$\boldsymbol{n}_r$—— 本地高斯白噪声。

当中继接收到 $K(K-1)$ 个信号后，进行放大转发给所有用户，转发信号为 $\boldsymbol{X}_r=\alpha\boldsymbol{Y}_r$，其中 α 为放大系数，功率限制为 $E[\mathrm{tr}(\boldsymbol{X}_r\boldsymbol{X}_r^{\mathrm{H}})]\leqslant P$，这样，用户 U_j 的接收信号为

$$\begin{aligned}\boldsymbol{Y}_j&=\boldsymbol{H}_{ru_j}\boldsymbol{X}_r+\boldsymbol{n}_j=\\&\boldsymbol{H}_{ru_j}\left[\alpha(\sum_{i=1}^{K}\boldsymbol{H}_{u_ir}\boldsymbol{X}_i+\boldsymbol{n}_r)\right]+\boldsymbol{n}_j=\\&\alpha\boldsymbol{H}_{ru_j}\sum_{i=1}^{K}\boldsymbol{H}_{u_ir}\boldsymbol{X}_i+\tilde{\boldsymbol{n}}_j\end{aligned} \tag{4-2}$$

式中：$\tilde{\boldsymbol{n}}_j$—— 等效噪声，$\tilde{\boldsymbol{n}}_j=\alpha\boldsymbol{H}_{ru_j}\boldsymbol{n}_r+\boldsymbol{n}_j$；

$\boldsymbol{n}_j$—— 本地高斯白噪声，噪声方差为 σ_j^2。

另外，窃听端处的接收信号为

$$\boldsymbol{Y}_e=\boldsymbol{H}_{re}\boldsymbol{X}_r+\boldsymbol{n}_e \tag{4-3}$$

式中：$\boldsymbol{n}_e$—— 本地高斯白噪声，噪声方差为 ${\sigma_e}^2$。

4.2.2 MBWC MIMO Y 窃听模型

考虑另一种窃听模型，如图 4-3 和图 4-4 所示。在 MBWC 模型中，窃听端可以窃听到两个阶段的信号。这样，当窃听端已知本地 CSI 时，其可以完整地解调出有用信号，这就不能够保证系统的安全性，因此，需要结合物理层安全技术 —— 添加人工噪声，从而实现抗窃听。

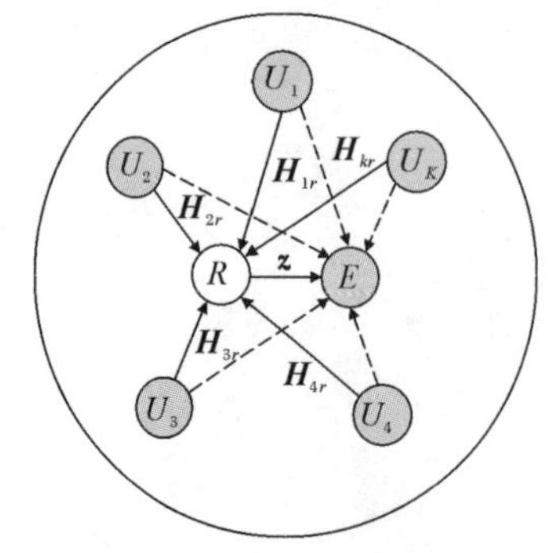

图 4-3 MBWC 窃听模型中的 MAC 阶段

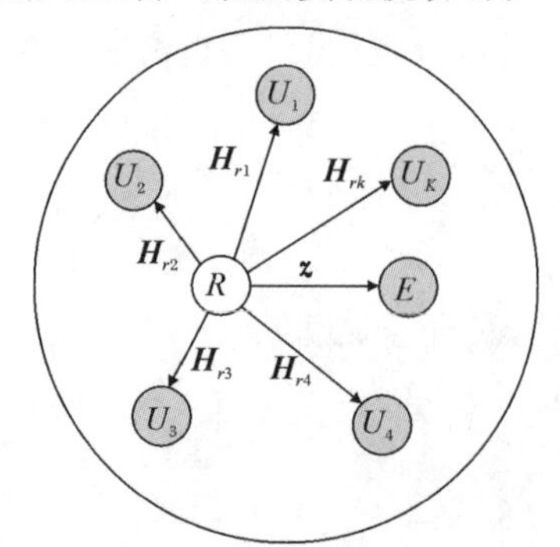

图 4-4 MBWC 窃听模型中的 BC 阶段

具体通信过程如下。

(1) 在第一阶段时，假设所有用户与节点均是全双工模式，当所有用户向中继发送信号时，中继同时广播功率为 βP 的人工噪声 $\boldsymbol{z}$ 向用户及窃听端，此时，用户和窃听端接收到的信号为

$$\boldsymbol{Y}_j^{[1]} = \boldsymbol{H}_{ru_j}\boldsymbol{z} + \boldsymbol{n}_j^{[1]} \quad i = 1,2,\cdots,K \tag{4-4}$$

$$\boldsymbol{Y}_e^{[1]} = \sum_{i=1}^{K}\boldsymbol{H}_{u_ie}\boldsymbol{X}_i + \boldsymbol{H}_{re}\boldsymbol{z} + \boldsymbol{n}_e \tag{4-5}$$

(2) 在第二阶段，中继以功率 $(1-\beta)P$ 广播干扰对齐后的信号，同时，再一次发送与 MAC 阶段相同的干扰信号，此时，各节点的接收信号为

$$\begin{aligned}\boldsymbol{Y}_j^{[2]} &= \boldsymbol{H}_{ru_j}\boldsymbol{X}_r + \boldsymbol{n}_j^{[2]} = \\ &\boldsymbol{H}_{ru_j}\left[\alpha\left(\sum_{i=1}^{K}\boldsymbol{H}_{u_ir}\boldsymbol{X}_i + \boldsymbol{n}_r\right) + \boldsymbol{z}\right] + \boldsymbol{n}_j^{[2]} = \\ &\alpha\boldsymbol{H}_{ru_j}\sum_{i=1}^{K}\boldsymbol{H}_{u_ir}\boldsymbol{X}_i + \boldsymbol{H}_{ru_j}\boldsymbol{z} + \tilde{\alpha}\boldsymbol{H}_{ru_j}\boldsymbol{n}_r + \boldsymbol{n}_j^{[2]}\end{aligned} \tag{4-6}$$

窃听端的接收信号为

$$\boldsymbol{Y}_e^{[2]} = \alpha\boldsymbol{H}_{re}\boldsymbol{U}_r\boldsymbol{S}_r + \boldsymbol{H}_{re}\boldsymbol{z} + \tilde{\boldsymbol{n}}_e \tag{4-7}$$

4.2.3　干扰对齐技术及其可行性条件

1. 干扰对齐可行性条件

在 MAC 阶段，中继接收到了 $K(K-1)$ 个信号。若中继的天线数 N 小于 $K(K-1)$，中继不能够解调出所有信号。为了消除 K 用户间相互通信时所产生的用户间干扰，并且解调来自于其他 $K-1$ 个用户的信号，需要将其他的干扰信号在中继处进行干扰对齐，即将所有成对的信号如 $\boldsymbol{s}_{ij}$ 与 $\boldsymbol{s}_{ji}$ 对齐到一个维度上，其需要满足

$$\boldsymbol{H}_{u_ir}\boldsymbol{v}_{ij} = \boldsymbol{H}_{u_jr}\boldsymbol{v}_{ji} = \boldsymbol{U}_{i,j} \quad i \neq j, \quad i,j = 1,2,\cdots,K \tag{4-8}$$

此时，$K(K-1)$ 个独立的信号会在中继处压缩到原来信号维度的一半，则 $\boldsymbol{Y}_j$ 可以被表示为两组成对信号的叠加形式：

$$\boldsymbol{Y}_j = \alpha\boldsymbol{H}_{ru_j}\boldsymbol{U}_r\boldsymbol{S}_r + \tilde{\boldsymbol{n}}_j = \alpha\boldsymbol{H}_{ru_j}(\tilde{\boldsymbol{U}}_j\tilde{\boldsymbol{S}}_j + \bar{\boldsymbol{U}}_j\bar{\boldsymbol{S}}_j) + \tilde{\boldsymbol{n}}_j \tag{4-9}$$

式中：$\boldsymbol{S}_r = [\tilde{S}_{12}\tilde{S}_{13}...\tilde{S}_{ij}...\tilde{S}_{K-1,K}]^{\mathrm{T}}$——$\dfrac{K(K-1)}{2}\times 1$ 维中继成对信号。

将 $\boldsymbol{S}_r$ 分为两部分：有用信号 $\tilde{\boldsymbol{U}}_j\tilde{\boldsymbol{S}}_j$ 与干扰信号 $\bar{\boldsymbol{U}}_j\bar{\boldsymbol{S}}_j$。在进行空间信号对齐之后，用户 U_j 处用 $(K-1)\times M$ 维接收矩阵 $\boldsymbol{F}_i = [\boldsymbol{f}_{1i}\boldsymbol{f}_{2i}\cdots\boldsymbol{f}_{i-1,i}\boldsymbol{f}_{i+1,i}\cdots\boldsymbol{f}_{Ki}]^{\mathrm{T}}$ 对 $\boldsymbol{Y}_j$ 进行干扰迫零，就可以收到有效信号，即

$$\hat{\boldsymbol{Y}}_j = \alpha\boldsymbol{F}_j\boldsymbol{H}_{ru_j}(\tilde{\boldsymbol{U}}_j\tilde{\boldsymbol{S}}_j + \bar{\boldsymbol{U}}_j\bar{\boldsymbol{S}}_j) + \tilde{\boldsymbol{n}}_j = \alpha\boldsymbol{P}_j\tilde{\boldsymbol{U}}_j\tilde{\boldsymbol{S}}_j + \alpha\boldsymbol{P}_j\bar{\boldsymbol{U}}_j\bar{\boldsymbol{S}}_j + \tilde{\boldsymbol{n}}_j \tag{4-10}$$

式中：$\boldsymbol{P}_j = \boldsymbol{F}_j\boldsymbol{H}_{ru_j}$——$(K-1)\times N$ 维矩阵，并且满足以下条件：

$$\boldsymbol{P}_j \subset \mathrm{Null}\{\bar{\boldsymbol{U}}_j\} \tag{4-11}$$

$$\boldsymbol{P}_j \subset \mathrm{Null}\{\tilde{\boldsymbol{U}}_j\} \tag{4-12}$$

通过在接收机处进行自干扰消除，用户 U_j 可以解调出接收到的信号，即

$$\boldsymbol{Y}_j = \alpha \boldsymbol{P}_j \widetilde{\boldsymbol{U}}_j \boldsymbol{S}_j + \widetilde{\boldsymbol{n}}_j \tag{4-13}$$

其中：$\boldsymbol{S}_j$——$(K-1)\times 1$ 阶合法接收信号。

但是，由于窃听端并不知道发射预编码矩阵，因此其接收到的信号是含有大量用户间干扰的信号，这是无法解调出有用信号的。因此，干扰对齐在BWC窃听模型中自然可以实现抗窃听。

在上述干扰对齐与迫零的过程中，文献[18]引用以下推论，用以证明空间信号对齐实现的条件。

推论：若矩阵 $\boldsymbol{A}_1$ 与矩阵 $\boldsymbol{A}_2$ 均为 $N\times M$ 阶随机矩阵，其各元素均服从高斯分布 $N(0,1)$，则在矩阵 $\boldsymbol{A}_1$ 与矩阵 $\boldsymbol{A}_2$ 的列空间中始终存在 $\max\{0,2M-N\}$ 维重叠空间。

根据上述推论，当各节点的天线数满足 $2M>N$ 条件时，成对信号矩阵的零空间的秩始终大于1。这样，$K(K-1)$ 个有用信号能够被包含在 $\dfrac{K(K-1)}{2}$ 维空间中，因此，干扰对齐的可行性条件为 $N>\dfrac{K(K-1)}{2}$，$M\geqslant K-1$，$2M>N$。

2. 接收干扰抑制可行性条件

为了获得接收抑制可行性条件，这里进行以下证明：

式(4-11)和式(4-12)最关键的是证明是否存在迫零矩阵 $\boldsymbol{F}_j$，这个问题也等价于证明满足上述条件的矩阵 $\boldsymbol{P}_j$ 的存在性。假设各合法节点已知CSI，因此，式(4-11)等价于 $\overline{\boldsymbol{U}}_j^{\mathrm{H}}\boldsymbol{P}_j^{\mathrm{H}}=0$。为了满足这个条件，中继处的天线数必须满足 $N>\dfrac{(K-1)(K-2)}{2}+1$，而此条件已然包含于干扰对齐的可行性条件中，即 $N>\dfrac{K(K-1)}{2}$。因此，式(4-11)在满足干扰对齐条件时一定成立。为了确保式(4-12)存在，注意到 $\mathrm{rank}(\widetilde{\boldsymbol{U}}_j^{\mathrm{H}})=\min\{K-1,N\}=K-1$，这表示在 $\widetilde{\boldsymbol{U}}_j^{\mathrm{H}}$ 矩阵中存在一个 $N\times N-(K-1)$ 维零空间，记为 $\boldsymbol{Q}$。假设 $\boldsymbol{Q}$ 是由一系列 $N\times 1$ 阶零向量 $\boldsymbol{q}$ 所组成，即 $\widetilde{\boldsymbol{U}}_j^{\mathrm{H}}\boldsymbol{q}_j=\boldsymbol{0}$；$\boldsymbol{P}_j$ 可以写为列向量的形式，$\boldsymbol{P}_j=[\boldsymbol{p}_{j,1}\,\boldsymbol{p}_{j,2}\cdots\boldsymbol{p}_{j,K-1}]$。此时，当且仅当存在矩阵 $\boldsymbol{A}$，使其满足 $\boldsymbol{A}=[\boldsymbol{p}_{j,1}\,\boldsymbol{p}_{j,2}\cdots\boldsymbol{p}_{j,K-1}\,\boldsymbol{q}_j]$，$\mathrm{rank}(\boldsymbol{A})=K$ 时，这就表示所选取的矩阵 $\boldsymbol{P}_j$ 是独立于零空间的，即 $\widetilde{\boldsymbol{U}}_j^{\mathrm{H}}\boldsymbol{P}_j\neq\boldsymbol{0}$，式(4-12)得证。综上所述，总会存在一个矩阵 $\boldsymbol{P}_j$ 或 $\boldsymbol{F}_j$，使其在满足干扰对齐条件时，同时满足式(4-11)与式(4-12)。

4.2.4 保密自由度

保密自由度被定义为高信噪比时保密容量的近似表示，可解释为有效安全信道数量：

$$D_{\mathrm{s}}=\lim_{P\to\infty}\frac{C_{\mathrm{s}}}{\log_2 P}=D_{\mathrm{sum}}-D_{\mathrm{eve}} \tag{4-14}$$

式中：D_{sum}—— 合法用户的自由度；

D_{eve}—— 窃听自由度；

R_s—— 保密和速率，被定义为合法速率 R_{sum} 与窃听速率 R_{eve} 的差值，即 $R_s = R_{sum} - R_{eve}$。

4.3　基于实干扰对齐的系统保密自由度

本章节主要研究两种 MIMO Y 窃听模型的保密自由度。在以下分析中，采用 RIA 技术，所有的信道均为实信道矩阵，并且假设发送信号 $\boldsymbol{X}_i$ 取自于一个 PAM 星座 $C(a_U, Q_U)$，即

$$C(a_U, Q_U) = a\{-Q_U, -Q_U+1, \cdots, Q_U-1, Q_U\} \tag{4-15}$$

式中：Q_U—— 一个正值；

a_U—— 为了归一化发送功率的实数。

由文献[63]知，对于任意 $\delta > 0, \gamma > 0$，a_U 与 Q_U 设置为

$$\left.\begin{aligned} Q_U &= P_i^{\frac{1-\delta}{2(K-1+\delta)}} \\ a_U &= \gamma \frac{P_i^{1/2}}{Q_U} \end{aligned}\right\} \tag{4-16}$$

在 MBWC MIMO Y 模型中，假设中继所发送的干扰信号 $\boldsymbol{z}$ 包含 $K(K-1)$ 个符号，即 $\boldsymbol{z} = \sum_{i=1}^{K} \boldsymbol{z}_i = \sum_{i=1}^{K} \boldsymbol{T}_i \boldsymbol{b}_i$，$\boldsymbol{z}, \boldsymbol{z}_i \in \mathbb{R}^{N\times 1}$。$\boldsymbol{T}_i \in \mathbb{R}^{N\times(K-1)}$ 是干扰信号 $\boldsymbol{b}_i$ 的编码矩阵，$\boldsymbol{b}_i \in \mathbb{R}^{(K-1)\times 1}$ 取自于一个 PAM 星座 $C(a_R, Q_R)$，即

$$C(a_R, Q_R) = a\{-Q_R, -Q_R+1, \cdots, Q_R-1, Q_R\} \tag{4-17}$$

其中：Q_R—— 一个正值；

a_R—— 为了归一化发送功率的实数。

对于任意 $\delta > 0, \gamma > 0$，a_R 与 Q_R 设置为

$$\left.\begin{aligned} Q_R &= \beta P^{\frac{1-\delta}{2(K+\delta)}} \\ a_U &= \gamma \frac{(\beta P)^{1/2}}{Q_R} \end{aligned}\right\} \tag{4-18}$$

4.3.1　BWC 窃听模型的保密自由度

定理 4.1　在 K 用户实高斯 BWC MIMO Y 窃听信道中，当 $N > \dfrac{K(K-1)}{2}$，$2M > N$，$M \geqslant K-1$，发送信号来自 PAM 星座 $C(a_U, Q_U)$ 时，系统总保密自由度的下界值为 $K/4$。

证明　合法用户的和速率表示为 $R_{sum} = \sum_{j=1}^{K} R_j$，则每一个用户得到的信息速率为

$$\begin{aligned} R_j = {} & I(\boldsymbol{S}_j; \hat{\boldsymbol{Y}}_j) = \\ & H(\boldsymbol{S}_j) - H(\boldsymbol{S}_j \mid \hat{\boldsymbol{Y}}_j) = \\ & \log_2(2Q_U+1)\, K-1 - H(\boldsymbol{S}_j \mid \hat{\boldsymbol{Y}}_j) \geqslant \\ & \log_2(2Q_U+1)\, K-1 - H(\boldsymbol{S}_j \mid \hat{\boldsymbol{S}}_j) \geqslant \end{aligned}$$

$$\log_2(2Q_U+1)K-1-1-Pr_U(e)\log_2(2Q_U+1)K-1 \tag{4-19}$$

其中：由于 $\boldsymbol{S}_j$ 中的 $K-1$ 个符号是等可能的来自于 PAM 星座 $C(a_U,Q_U)$，因此 $H(\boldsymbol{S}_j)=\log_2(2Q_U+1)^{K-1}$。另外，使用马尔可夫链 $\boldsymbol{S}_j\to\hat{\boldsymbol{Y}}_j\to\hat{\boldsymbol{S}}_j$ 与费诺不等式来限制 $H(\boldsymbol{S}_j|\hat{\boldsymbol{S}}_j)$。由 Prop. 3 知，错误概率的上界为

$$Pr_U(e)=Pr_U(\boldsymbol{S}_j\neq\hat{\boldsymbol{S}}_j)\leqslant\exp(-\eta_\gamma P_i^\delta) \tag{4-20}$$

式中：η_γ—— 与 P_i 无关的正值。在本节中，若假设 $P_i=P/K$，则有

$$R_{\text{sum}}\geqslant K\log_2(2Q_U+1)^{K-1}-K-K\,Pr_U(e)\log_2(2Q_U+1)^{K-1} \tag{4-21}$$

另外，在窃听端的窃听信号式(4-3)可以重新表示为

$$\boldsymbol{Y}_e=\alpha\boldsymbol{H}_{re}\boldsymbol{U}_r\boldsymbol{S}_{r1}+\alpha\boldsymbol{H}_{re}\boldsymbol{U}_r\boldsymbol{S}_{r2}+\tilde{\boldsymbol{n}}_e \tag{4-22}$$

式中：$\boldsymbol{S}_{r1}$ 与 $\boldsymbol{S}_{r2}$—— 中继处在同一维度上相互干扰的成对信号，$\boldsymbol{S}_{r1}=[s_{1,2}\,s_{1,3}\cdots s_{K-1,K}]^{\mathrm{T}}\in\mathbb{R}^{\frac{K(K-1)}{2}\times 1}$，$\boldsymbol{S}_{r2}=[s_{2,1}\,s_{3,1}\,....\,s_{K,K-1}]^{\mathrm{T}}\in\mathbb{R}^{\frac{K(K-1)}{2}\times 1}$。

此时，窃听端所获得的互信息为

$$\begin{aligned}I(\boldsymbol{S}_{r1},\boldsymbol{S}_{r2};\boldsymbol{Y}_e)=&H(\boldsymbol{S}_{r1},\boldsymbol{S}_{r2})-H(\boldsymbol{S}_{r1},\boldsymbol{S}_{r2}|\boldsymbol{Y}_e)\leqslant\\&H(\boldsymbol{S}_{r1})+H(\boldsymbol{S}_{r2}|\boldsymbol{S}_{r1})-H(\boldsymbol{S}_{r1}|\boldsymbol{Y}_e)-H(\boldsymbol{S}_{r2}|\boldsymbol{S}_{r1},\boldsymbol{Y}_e)\leqslant\\&I(\boldsymbol{S}_{r1};\boldsymbol{Y}_e)+H(\boldsymbol{S}_{r2}|\boldsymbol{S}_{r1})=\\&I(\boldsymbol{S}_{r1};\boldsymbol{Y}_e)+H(\boldsymbol{S}_{r2})\leqslant\\&\frac{K(K-1)}{2}\log_2(4Q_U+1)\end{aligned} \tag{4-23}$$

其中：$I(\boldsymbol{S}_{r1};\boldsymbol{Y}_e)$ 的上界值为

$$\begin{aligned}I(\boldsymbol{S}_{r1};\boldsymbol{Y}_e)\leqslant I(\boldsymbol{S}_{r1};&\alpha\boldsymbol{H}_{re}\boldsymbol{U}_r(\boldsymbol{S}_{r1}+\boldsymbol{S}_{r2}))=\\&H(\alpha\boldsymbol{H}_{re}\boldsymbol{U}_r(\boldsymbol{S}_{r1}+\boldsymbol{S}_{r2}))-H(\alpha\boldsymbol{H}_{re}\boldsymbol{U}_r(\boldsymbol{S}_{r1}+\boldsymbol{S}_{r2})|\boldsymbol{S}_{r1})=\\&H(\alpha\boldsymbol{H}_{re}\boldsymbol{U}_r(\boldsymbol{S}_{r1}+\boldsymbol{S}_{r2}))-H(\alpha\boldsymbol{H}_{re}\boldsymbol{U}_r\boldsymbol{S}_{r2})\leqslant\\&\log_2(4Q_U+1)\frac{K(K-1)}{2}-\log_2(2Q_U+1)\frac{K(K-1)}{2}\end{aligned} \tag{4-24}$$

同样，可以推导出 $H(\boldsymbol{S}_{r2})$ 为

$$H(\boldsymbol{S}_{r2})=\log_2(2Q_U+1)^{\frac{K(K-1)}{2}} \tag{4-25}$$

因此，BWC MIMO Y 模型中的保密和速率的下界值为

$$R_{\text{s}}\geqslant\frac{K(K-1)(1-\delta)}{4(K-1+\delta)}\log_2(P)-o_P(1) \tag{4-26}$$

其中：$P\to\infty$ 时，$o_P(1)\to 0$。当 δ 任意小时，可以得到 SDoF 为$\frac{K}{4}$。

4.3.2 MBWC 窃听模型的保密自由度

定理 4.2 在 K 用户实高斯 MBWC MIMO Y 窃听信道中，当 $K>3$，$N>\frac{K(K-1)}{2}$，$2M>N$，$M\geqslant K-1$，有用信号与干扰信号分别来自 PAM 星座 $C(a_U,Q_U)$ 与 $C(a_R,Q_R)$ 时，

系统总保密自由度的下界值为$\frac{K^2-3K}{4(K-1)}$。

证明　在开始推导MBWC模型的SDoF之前，我们首先需要将合法接收端与窃听端分别接收的两次信号进行加权合并。由式(4-4)与式(4-6)可得，通过线性加权在合法用户处接收到的信号表示为

$$\boldsymbol{Y}_j=\boldsymbol{Y}_j^{[2]}-\boldsymbol{Y}_j^{[1]}=\alpha\boldsymbol{H}_{rj}\sum_{i=1}^{K}\boldsymbol{H}_{ir}\boldsymbol{X}_i+\tilde{\boldsymbol{n}}_j \tag{4-27}$$

注意：本地噪声对SDoF并没有影响，将等价本地噪声记作$\tilde{\boldsymbol{n}}_j$。这样，合法用户将不会受噪声干扰信号的影响。采用RIA及接收干扰抑制，系统的和速率与式(4-21)相同，故其合法自由度依然为$K/2$。

考虑窃听端的接收信号，假设窃听者能够利用接收矩阵$\boldsymbol{W}\in\boldsymbol{R}^{N_e\times 2N_e}$合并两次的窃听信号式(4-5)和式(4-7)，用以获得最大的窃听信噪比，即$\boldsymbol{W}=[\boldsymbol{W}_1\boldsymbol{W}_2]$，$\boldsymbol{W}_i\in\boldsymbol{R}^{N_e\times N_e}$，$i=1,2$。令$\boldsymbol{Y}_e=[\boldsymbol{Y}_e^{[1]}\ \boldsymbol{Y}_e^{[2]}]^{\mathrm{T}}$，窃听端的解调信号被表示为

$$\begin{aligned}\hat{\boldsymbol{Y}}_e&=[\boldsymbol{W}_1,\boldsymbol{W}_2]\boldsymbol{Y}_e=\boldsymbol{W}_1\boldsymbol{Y}_e^{[1]}+\boldsymbol{W}_2\boldsymbol{Y}_e^{[2]}=\\&\boldsymbol{W}_1\sum_{i=1}^{K}(\boldsymbol{H}_{u_ie}\boldsymbol{V}_i\boldsymbol{S}_i+\boldsymbol{H}_{re}\boldsymbol{T}_ib_i)+\boldsymbol{W}_2\boldsymbol{H}_{re}\sum_{i=1}^{K}\boldsymbol{z}_i+\alpha\boldsymbol{W}_2\boldsymbol{H}_{re}\boldsymbol{U}_r(\boldsymbol{S}_{r1'}+\boldsymbol{S}_{r2})+\boldsymbol{N}_e\end{aligned} \tag{4-28}$$

式中：$\boldsymbol{V}_i$—— 预编码矩阵，$\boldsymbol{V}_i\in\mathbb{R}^{M\times(K-1)}=\{\boldsymbol{v}_{ij}\}_{i=1,i\neq j}^{K}$；

$\boldsymbol{S}_i$—— 每个用户的发送信号，$\boldsymbol{S}_i\in\mathbb{R}^{(K-1)\times 1}=\{\boldsymbol{s}_{ij}\}_{i=1,i\neq j}^{K}$；

$\boldsymbol{N}_e$—— 窃听端等价本地噪声。

为了保证期望合法信号能够不被窃听，当已知GCSI时，设计$\boldsymbol{T}_i$，使得其满足$\boldsymbol{H}_{u_ie}\boldsymbol{V}_i=\boldsymbol{H}_{re}\boldsymbol{T}_i=\boldsymbol{G}_i\in\mathbb{R}^{N_e\times(K-1)}$，即

$$\boldsymbol{T}_i=\boldsymbol{H}_{re}^{\mathrm{H}}\boldsymbol{H}_{u_ie}\boldsymbol{V}_i \tag{4-29}$$

此时，窃听端的接收信号为

$$\hat{\boldsymbol{Y}}_e=\boldsymbol{W}_1\sum_{i=1}^{K}\boldsymbol{G}_i(\boldsymbol{S}_i+\boldsymbol{b}_i)+\boldsymbol{W}_2\sum_{i=1}^{K}\boldsymbol{G}_i\boldsymbol{b}_i+\alpha\boldsymbol{W}_2\boldsymbol{H}_{re}\boldsymbol{U}_r(\boldsymbol{S}_{r1}+\boldsymbol{S}_{r2})+\boldsymbol{N}_e \tag{4-30}$$

式中：等号右边第一项 —— 干扰信号对于每一个用户信号的影响。我们将信号与干扰对齐到一个维度上，这样窃听端无法辨别出有用信号，无法窃听。此时，窃听信息速率表示为

$$I(\boldsymbol{X}_1,\boldsymbol{X}_2,\cdots,\boldsymbol{X}_K;\hat{\boldsymbol{Y}}_E)=H(\hat{\boldsymbol{Y}}_E)-H((\boldsymbol{W}_1+\boldsymbol{W}_2)\boldsymbol{H}_{re}\boldsymbol{z}) \tag{4-31}$$

当$\boldsymbol{W}_1\neq 0$，$\boldsymbol{W}_2\neq 0$时，$H(\hat{\boldsymbol{Y}}_E)$可以被表示为

$$\begin{aligned}H(\hat{\boldsymbol{Y}}_E)&=H(\boldsymbol{W}_1\sum_{i=1}^{K}\boldsymbol{G}_i(\boldsymbol{S}_i+\boldsymbol{b}_i)+\boldsymbol{W}_2\sum_{i=1}^{K}\boldsymbol{G}_i\boldsymbol{b}_i+\alpha\boldsymbol{W}_2\boldsymbol{H}_{re}\boldsymbol{U}_r(\boldsymbol{S}_{r1}+\boldsymbol{S}_{r2})+\boldsymbol{N}_e)\\&\leqslant\log_2[2(K-1)(Q_U+Q_R)+1]K[2(K-1)Q_R+1]K(4Q_U+1)^{\frac{K(K-1)}{2}})\end{aligned} \tag{4-32}$$

此时：

$$I(\boldsymbol{X}_1,\boldsymbol{X}_2,\cdots,\boldsymbol{X}_K;\hat{\boldsymbol{Y}}_E)\leqslant\log[2(K-1)(Q_U+Q_R)+1]^K(4Q_U+1)^{\frac{K(K-1)}{2}}) \tag{4-33}$$

令$A=\frac{1-\delta}{2(K(K-1)+\delta)}$，$B=\frac{1-\delta}{2(K-1+\delta)}$，窃听自由度的上界值表示为

$$D_{\text{eve}} \leqslant \lim_{P\to\infty} \frac{\log_2 [2(K-1)(Q_U+Q_R)+1]^K (4Q_U+1)^{\frac{K(K-1)}{2}})}{\log P} =$$

$$\lim_{P\to\infty} K(K-1) \frac{2(K-1)(\beta^A A P^A + \frac{1}{K^B} B P^B)}{2(K-1)(\beta^A P^A + \frac{1}{K^B} P^B)+1} + \frac{K(K-1)}{2} \times \frac{1}{2(K-1)} =$$

$$\frac{K}{2(K-1)} + \frac{K}{4} \tag{4-34}$$

因此,K 用户 MBWC 模型的 SDoF 的下界值为

$$D_s \geqslant \frac{K}{2} - \frac{K}{2(K-1)} - \frac{K}{4} = \frac{K^2-3K}{4(K-1)} \tag{4-35}$$

另外,我们分析两种极端情况。当$\boldsymbol{W}_1 \neq \boldsymbol{0}, \boldsymbol{W}_2 = \boldsymbol{0}$时,这表示窃听端仅解调在MAC阶段接收的信号,则窃听信号为

$$\hat{\boldsymbol{Y}}_e = \boldsymbol{W}_1 \sum_{i=1}^{K} \boldsymbol{G}_i (\boldsymbol{S}_i + \boldsymbol{b}_i) + \boldsymbol{N}_e \tag{4-36}$$

其中,$H(\hat{\boldsymbol{Y}}_E)$ 与互信息分别被表示为

$$H(\hat{\boldsymbol{Y}}_E) \leqslant K\log_2[2(K-1)(Q_U+Q_R)+1] \tag{4-37}$$

$$I(\boldsymbol{X}_1, \boldsymbol{X}_2, \cdots, \boldsymbol{X}_K; \hat{\boldsymbol{Y}}_E) = H(\hat{\boldsymbol{Y}}_E) - H(\boldsymbol{W}_1 \boldsymbol{H}_{re} \boldsymbol{z}) \leqslant$$

$$K\log_2[2(K-1)(Q_U+Q_R)+1] - K\log_2[2(K-1)Q_R+1] \leqslant$$

$$K\log_2\left(\frac{Q_U}{Q_R}+1\right) \tag{4-38}$$

在这种情况下,SDoF 的下界值为

$$D_s \geqslant \frac{K}{2} - \frac{K+1}{2(K-1)} = \frac{K^2-2K-1}{2(K-1)} \tag{4-39}$$

当$\boldsymbol{W}_1 = \boldsymbol{0}, \boldsymbol{W}_2 \neq \boldsymbol{0}$时,窃听端收到的信号 $\hat{\boldsymbol{Y}}_e$ 是混合了噪声的重叠信号,此时,系统的 SDoF 下界值依旧为 $K/4$。

综上所述,可以得到以下结论:

(1) 在上述不同的场景下,所推导的 SDoF 的下界值均与 K 有关。

(2) 在 MBWC 模型中,SDoF 的下界值总是比在 BWC 模型中的 SDoF 值要小,即 $\frac{K^2-3K}{4(K-1)} < \frac{K}{4}$,这表明更多的窃听链路将会帮助窃听端窃听到更多的信息。

(3) 当窃听端在 MBWC 模型中仅仅解调 BC 阶段的信号时,所推导出的 SDoF 的值等同于在 BWC 模型中不含协作干扰的情况,这意味着干扰噪声信号并不影响 SDoF;尽管窃听端也接收到两次信号,系统所获得的 SDoF 将始终大于零,这更加显示出添加干扰可以帮助整个系统实现安全通信。

值得一提的是,当 $\boldsymbol{W}_1 = -\boldsymbol{W}_2$ 时,由于所得的信号 $\hat{\boldsymbol{Y}}_e$ 将会混叠,合法信号将无法被解调出来,此时,安全通信依然可以被保证。

4.4　基于干扰对齐的系统保密自由度与功率分配算法

当采用 IA 时，用户所发送的信号及中继发送的噪声信号均为复信号，所有信道均为复高斯信道。

4.4.1　BWC MIMO Y 系统保密自由度

定理 4.3　在复高斯 BWC MIMO Y 窃听信道中，存在带有 M 根天线的 K 个用户，带有 N 根天线的一个中继，以及带有 N_e 根天线的窃听端。当 $N>\frac{K(K-1)}{2}$，$2M>N$，$M\geqslant K-1$ 时，系统总的保密自由度为 KM。

1. 合法用户的自由度

首先考虑用户 U_1 向其他所有联合用户 $U_2, U_3, \cdots, U_{K-1}$ 发送信号 $s_{2,1}, s_{3,1}, \cdots, s_{K,1}$，而所有联合用户也通过中继向用户 U_1 发送信号 $s_{1,2}, s_{1,3}, \cdots, s_{1,K}$，此时，中继的接收信号表示为

$$\boldsymbol{Y}_r=\boldsymbol{H}_{u_1 r}\boldsymbol{X}_1+\widetilde{\boldsymbol{H}}_{u_1 r}\widetilde{\boldsymbol{X}}_1+\boldsymbol{n}_r \tag{4-40}$$

式中：$\widetilde{\boldsymbol{H}}_{u_1 r}$—— 除去用户 U_1 以外的联合信道，$\widetilde{\boldsymbol{H}}_{u_1 r}=[\boldsymbol{H}_{u_2 r}\quad \boldsymbol{H}_{u_3 r}\quad \cdots\quad \boldsymbol{H}_{u_K r}]\in\mathbb{C}^{N\times(K-1)M}$；

$\widetilde{\boldsymbol{X}}_1$—— 除去用户 U_1 以外的联合发送信号，$\widetilde{\boldsymbol{X}}_1=[\boldsymbol{X}_2\quad \boldsymbol{X}_3\quad \cdots\quad \boldsymbol{X}_K]^{\mathrm{T}}$。

此时，在 BC 阶段合法用户的接收信号式(4-2)可以被表示为

$$\boldsymbol{Y}_1=\alpha\boldsymbol{H}_{ru_1}\boldsymbol{Y}_r+\boldsymbol{n}_1 \tag{4-41}$$

其中：$\widetilde{\boldsymbol{H}}_{ru_1}=[\boldsymbol{H}_{ru_2}\boldsymbol{H}_{ru_3}\cdots\boldsymbol{H}_{ru_K}]$—— 表示联合信道。

利用割集定理，信息速率的上界可以被表示为

$$R_{12}+R_{13}+\cdots+R_{1K}\leqslant\min\{I(\boldsymbol{X}_1;\boldsymbol{Y}_r\mid\widetilde{\boldsymbol{X}}_1),I(\boldsymbol{Y}_r;\widetilde{\boldsymbol{Y}}_1)\} \tag{4-43}$$

$$R_{21}+R_{31}+\cdots+R_{K1}\leqslant\min\{I(\widetilde{\boldsymbol{X}}_1;\boldsymbol{Y}_r\mid\boldsymbol{X}_1),I(\boldsymbol{Y}_r;\boldsymbol{Y}_1)\} \tag{4-44}$$

可了便于分析，假设中继和 K 用户的本地噪声方差均为 σ^2。这样，式(4-43)不等号右边的第一项和第二项分别被表示为

$$\begin{aligned}I(\boldsymbol{X}_1;\boldsymbol{Y}_r\mid\widetilde{\boldsymbol{X}}_1)&\leqslant h(\boldsymbol{H}_{u_1 r}\boldsymbol{X}_1+\boldsymbol{n}_r)-h(\boldsymbol{n}_r)=\\&\log_2\left[\det\left(\boldsymbol{I}_N+\frac{\mathrm{SNR}}{\min\{M,N\}}\boldsymbol{H}_{u_1 r}\boldsymbol{H}_{u_1 r}^{\mathrm{H}}\right)\right]=\\&\sum_{j=1}^{\min\{M,N\}}\log_2\left(1+\frac{\mathrm{SNR}\lambda_j^{[u_1 r]}}{\min\{M,N\}}\right)\end{aligned} \tag{4-45}$$

$$\begin{aligned}I(\boldsymbol{Y}_r;\widetilde{\boldsymbol{Y}}_1)&\leqslant h(\widetilde{\boldsymbol{H}}_{ru_1}\boldsymbol{Y}_r+\widetilde{\boldsymbol{n}}_1)-h(\widetilde{\boldsymbol{n}}_1)=\\&\log_2\left[\det\left(I_{(K-1)M}+\frac{\alpha^2\mathrm{SNR}}{\min\{(K-1)M,N\}}\widetilde{\boldsymbol{H}}_{ru_1}\widetilde{\boldsymbol{H}}_{ru_1}^{\mathrm{H}}\right)\right]=\\&\sum_{j=1}^{\min\{(K-1)M,N\}}\log_2\left(1+\frac{\alpha^2\mathrm{SNR}\lambda_j^{[ru_1]}}{\min\{(K-1)M,N\}}\right)\end{aligned} \tag{4-46}$$

其中： SNR—— 发送信噪比，$\mathrm{SNR}=\frac{P}{\sigma^2}$；

$h(\boldsymbol{A})$—— 连续变量 $\boldsymbol{A}$ 的微分熵；

$\lambda_j^{[u_1 r]}$—— 矩阵$\boldsymbol{H}_{u_1 r}\boldsymbol{H}_{u_1 r}^{\mathrm{H}}$ 的第 j 个特征值；

$\lambda_j^{[ru_1]}$—— 矩阵$\widetilde{\boldsymbol{H}}_{ru_1}\widetilde{\boldsymbol{H}}_{ru_1}^{\mathrm{H}}$ 的第 j 个特征值。

因此，由用户 U_1 传送信号给其他 $K-1$ 个联合用户的最大的自由度为

$$d_{12}+d_{13}+\cdots+d_{1K}=$$
$$\lim_{P\to\infty}\frac{R_{12}+\cdots+R_{1K}}{\log_2(P)}=$$
$$\min\{\min\{M,N\},\min\{(K-1)M,N\}\}=M(K\geqslant 3) \tag{4-47}$$

其中：d_{mn}—— 用户 U_m 到用户 U_n 的自由度。

与上述分析方法类似，联合用户发送信号给用户 U_1 的自由度的最大值为

$$d_{21}+d_{31}+\cdots+d_{K1}=$$
$$\lim_{\mathrm{SNR}\to\infty}\frac{R_{21}+\cdots+R_{K1}}{\log_2(P)}=$$
$$\min\{\min\{(K-1)M,N\},\min\{M,N\}\}=M(K\geqslant 3) \tag{4-48}$$

另外，其他用户发送信号的自由度也可以用同样的方法进行推导，因此，所有合法用户的总自由度为

$$D_{\mathrm{sum}}=\sum_{n=1,n\neq m}^{K}\sum_{m=1}^{K}d_{mn}=KM(K\geqslant 3) \tag{4-49}$$

这样，合法用户可以在无干扰的情况下获得所有有用信号，并且每一个用户可以正确解调出 $K-1$ 个符号。

2. 窃听端的自由度

在 BWC MIMO Y 模型中，仅使用空间干扰对齐就可以确保有用信号不被窃听，在本部分，将对这一观点进行数学上的证明。

窃听端的接收信号式(4-3) 被重新表示为

$$\boldsymbol{Y}_e=\alpha\boldsymbol{H}_{re}\boldsymbol{U}_r\boldsymbol{S}_{r1}+\alpha\boldsymbol{H}_{re}\boldsymbol{U}_r\boldsymbol{S}_{r2}+\widetilde{\boldsymbol{n}}_e=\alpha\widetilde{\boldsymbol{H}}_{re}\boldsymbol{S}_{r1}+\alpha\widetilde{\boldsymbol{H}}_{re}\boldsymbol{S}_{r2}+\widetilde{\boldsymbol{n}}_e \tag{4-50}$$

式中：$\boldsymbol{S}_{r1}$ 与 $\boldsymbol{S}_{r2}$—— 相互干扰的成对信号，$\boldsymbol{S}_{r1}=[s_{1,2}\,s_{1,3}\cdots s_{K-1,K}]^{\mathrm{T}}\in\mathbb{C}^{\frac{K(K-1)}{2}\times 1}$，$\boldsymbol{S}_{r2}=[s_{2,1}\,s_{3,1}\cdots s_{K,K-1}]^{\mathrm{T}}\in\mathbb{C}^{\frac{K(K-1)}{2}\times 1}$。

由于成对信号将会对齐在相同的维度上，合法用户可以使用自干扰消除技术得到有用信号而不受其他信号的干扰。但是，对于窃听端，其无法区分 $\boldsymbol{S}_{r1}$ 与 $\boldsymbol{S}_{r2}$，这样，窃听端所获得的互信息：

$$I(\boldsymbol{S}_{r1},\boldsymbol{S}_{r2};\boldsymbol{Y}_e)=I(\boldsymbol{S}_{r1};\boldsymbol{Y}_e)+I(\boldsymbol{S}_{r2};\boldsymbol{Y}_e\,|\,\boldsymbol{S}_{r1}) \tag{4-51}$$

式(4-51) 等号右边第一项与第二项分别表示为

$$I(\boldsymbol{S}_{r1};\boldsymbol{Y}_e)=\log_2\left[\det\left(\boldsymbol{I}_{N_e}+\frac{\mathrm{SNR}_1}{\min\left\{N_e,\frac{K(K-1)}{2}\right\}}\widetilde{\boldsymbol{H}}_{re}\widetilde{\boldsymbol{H}}_{re}^{\mathrm{H}}\right)\right]=$$

$$\sum_{j=1}^{\min\left\{N_e,\frac{K(K-1)}{2}\right\}} \log_2\left(1+\frac{\mathrm{SNR}_1\lambda_j^{[re]}}{\min\left\{N_e,\frac{K(K-1)}{2}\right\}}\right) \tag{4-52}$$

$$\begin{aligned} I(\boldsymbol{S}_{r2};\boldsymbol{Y}_e\,|\,\boldsymbol{S}_{r1}) = I(\boldsymbol{S}_{r2};\alpha\widetilde{\boldsymbol{H}}_{re}\boldsymbol{S}_{r2}+\boldsymbol{n}_e) = \\ \log_2\left[\det\left(\boldsymbol{I}_{N_e}+\frac{\mathrm{SNR}_2}{\min\left\{N_e,\frac{K(K-1)}{2}\right\}}\widetilde{\boldsymbol{H}}_{re}\widetilde{\boldsymbol{H}}\boldsymbol{H}_{re}\right)\right] = \\ \sum_{j=1}^{\min\left\{N_e,\frac{K(K-1)}{2}\right\}} \log_2\left(1+\frac{\mathrm{SNR}_2\lambda_j^{[re]}}{\min\left\{N_e,\frac{K(K-1)}{2}\right\}}\right) \end{aligned} \tag{4-53}$$

其中：$\mathrm{SNR}_1=\dfrac{\alpha^2P}{\alpha^2P+2\sigma_e^2}$，$\mathrm{SNR}_2=\dfrac{P}{2\sigma_e^2}$。

将式(4-52)与式(4-53)代入式(4-51)中，可以推导出系统的窃听自由度：

$$D_{\mathrm{eve}}=\lim_{P\to\infty}\frac{I(\boldsymbol{S}_{r1},\boldsymbol{S}_{r2};\boldsymbol{Y}_e)}{\log_2(P)}=0 \tag{4-54}$$

这表明，窃听端是无法窃听到 $K(K-1)$ 个信号的，因此，BWC 系统所获得的保密自由度为 $KM(M\geqslant K-1)$。

4.4.2 MBWC MIMO Y 系统保密自由度

在 MBWC 模型中，假设窃听端接收到了两次信号，这样仅仅采用干扰对齐将不足以保证系统在 MAC 阶段的安全性。因此，我们又采用了物理层安全技术——协作加扰的方法，通过联合使用干扰对齐与协作加扰，可以保证整个多用户通信系统在任何时候均可以安全通信，获得一定的保密自由度。

定理 4.4　在复高斯 MBWC MIMO Y 窃听信道中，存在带有 M 根天线的 K 个用户，带有 N 根天线的一个中继，以及带有 N_e 根天线的窃听端。当 $N>\dfrac{K(K-1)}{2}$，$2M>N$，$M\geqslant K-1$ 时，系统总的保密自由度为 $KM(0<\beta<1)$；若中继在发送信号时不添加噪声信号，即 $\beta=0$，则可达保密自由度为 $KM-\min\{N_e,K(K-1)\}$；若中继将全部功率用于发送干扰信号，即 $\beta=1$，则可达保密自由度为 $-\min\{N_e,K(K-1)\}$。

1. 中继信号与干扰同发($0<\beta<1$)

$0<\beta<1$，这表示中继将同时发送信号及干扰噪声。与 4.3.2 节相同，合法用户将两次接收到的信号进行线性加权，如式(4-27)所示，合法用户将不会受到噪声信号的影响，因此，其所获得的自由度依然为 KM。

假设窃听端已知 $\boldsymbol{H}_e$ 的统计信息，我们同样将窃听端收到的信号利用接收矩阵 $\boldsymbol{W}$ 进行合并，即如式(4-28)所示。这样，窃听端所获得的 SINR 为

$$\mathrm{SINR}=\frac{\|\boldsymbol{W}_1\|^2P}{(\|\boldsymbol{W}_1\|^2+\|\boldsymbol{W}_2\|^2)\beta P+\widetilde{\alpha}^2\,\|\boldsymbol{W}_2\|^2P+\|\boldsymbol{W}_1\|^2\sigma_e^2+\|\boldsymbol{W}_2\|^2\widetilde{\sigma}_e^2} \tag{4-55}$$

式中：σ_e^2——$\boldsymbol{n}_e$ 的噪声方差；

$\widetilde{\sigma}_e^2$—— $\widetilde{\boldsymbol{n}}_e$ 的噪声方差。

在这种情况下，窃听端的互信息与总的窃听自由度分别可以被推导出：

$$I(\boldsymbol{S};\hat{\boldsymbol{Y}}_e) = \log_2\left[\det\left(\boldsymbol{I}_{N_e} + \frac{\text{SINR}}{\min\{N_e,K(K-1)\}}\boldsymbol{W}_1\boldsymbol{H}_e\boldsymbol{H}_e W_1^{\text{H}}\right)\right] =$$

$$\sum_{j=1}^{\min\{N_e,K(K-1)\}} \log_2\left(1+\frac{\text{SINR}\lambda_j^{[e]}}{\min\{N_e,K(K-1)\}}\right) \tag{4-56}$$

$$D_{\text{eve}} \overset{a_j=\frac{\lambda_j^{[e]}}{\min\{N_e,K(K-1)\}}}{=} \sum_{i=j}^{\min\{N_e,K(K-1)\}} \lim_{P\to\infty}\frac{\log_2(1+\text{SINR}a_i)}{\log_2 P} =$$

$$\sum_{j=1}^{\min\{N_e,K(K-1)\}} \lim_{P\to\infty}\frac{\log_2\frac{\|\boldsymbol{W}_1\|^2 Pa_j+(\|\boldsymbol{W}_1\|^2+\|\boldsymbol{W}_2\|^2)\beta P+(1-\beta)P\ \|\boldsymbol{W}_2\|^2+\|\boldsymbol{W}_1\|^2\sigma^2+\|\boldsymbol{W}_2\|^2\sigma_e^2}{(\|\boldsymbol{W}_1\|^2+\|\boldsymbol{W}_2\|^2)\beta P+(1-\beta)P\ \|\boldsymbol{W}_2\|^2+\|\boldsymbol{W}_1\|^2\sigma^2+\|\boldsymbol{W}_2\|^2\sigma_e^2}}{\log_2 P}$$

$$=0 \tag{4-57}$$

式中：$\lambda_j^{[e]}$——$\boldsymbol{W}_1\boldsymbol{H}_e\boldsymbol{H}_e^{\text{H}}\boldsymbol{W}_1^{\text{H}}$ 的第 j 个特征值。

因此，当 $\beta\|\boldsymbol{W}_1\|^2+\|\boldsymbol{W}_2\|^2\neq 0$ 时，系统的保密自由度为

$$D_s = KM - 0 = KM \tag{4-58}$$

这表明窃听者将无法窃听到有用信号，整个系统可以获得所有的自由度。

2. 中继仅发送信号($\beta=0$)

在本部分，我们将会利用反证法证明中继采用干扰协作技术的必要性。

当中继不发送噪声信号，仅发送有用信号，即 $\beta=0$ 时，窃听端的第一次接收信号式(4-5)将会被表示为 $\boldsymbol{Y}_e^{[1]}=\boldsymbol{H}_e\boldsymbol{S}+\boldsymbol{n}_e$，不含有任何干扰噪声信号；在BC阶段，窃听端接收到的信号为 $\boldsymbol{Y}_e^{[2]}=\alpha\boldsymbol{H}_{re}\boldsymbol{U}_r\boldsymbol{S}_r+\widetilde{\boldsymbol{n}}_e$，其保密自由度已经被证明始终为零。对于窃听端来说，最好的窃听情况是不用考虑第二次接收到的信号而仅仅解调 $\boldsymbol{Y}_e^{[1]}$，即 $\hat{\boldsymbol{Y}}_e=\boldsymbol{Y}_e^{[1]}$，这样，窃听端的SINR为

$$\text{SINR}_\beta^{[0]} = \frac{P}{\sigma_e^2} \tag{4-59}$$

因此，窃听互信息为

$$I(\boldsymbol{S};\hat{\boldsymbol{Y}}_e) = \log_2\left[\det\left(\boldsymbol{I}_{N_e}+\frac{\text{SINR}_\beta^{[0]}}{\min\{N_e,KM\}}\boldsymbol{W}_1\boldsymbol{H}_e\boldsymbol{H}_e^{\text{H}}\boldsymbol{W}_1^{\text{H}}\right)\right] =$$

$$\sum_{j=1}^{\min\{N_e,K(K-1)\}} \log_2\left(1+\frac{\text{SINR}_\beta^{[0]}\lambda_j^{[e]}}{\min\{N_e,KM\}}\right) \tag{4-60}$$

这里可以进一步地推导出系统的窃听自由度

$$D_{\text{eve}} = \sum_{j=1}^{\min\{N_e,K(K-1)\}} \lim_{P\to\infty}\frac{\log_2(1+\text{SINR}_\beta^{[0]}a_j)}{\log_2 P} = \min\{N_e,KM\} \tag{4-61}$$

其中：$a_j=\lambda_j^{[e]}/\min\{K(K-1),N_e\}$，则系统的SDoF为

$$D_s = KM - \min\{N_e,KM\} \tag{4-62}$$

这样，可以发现，当在 MBWC 模型中不添加人工噪声干扰时，系统的保密自由度将会变为 $KM-\min\{N_e, K(K-1)\}$，此时，对于整个通信系统而言，损失了很大一部分自由度，因此，添加人工噪声协作通信是十分必要的。当满足干扰对齐条件时，进一步假设 $N_e > K(K-1)$，此时，系统的保密自由度为 $K(M-K+1)$；当 $M=K-1$ 时，$\mathrm{SDoF}=0$。

3. 中继仅发送噪声($\beta=1$)

考虑 $\beta=1$ 的情况，中继将所有功率用于发送干扰协作噪声。这表明合法链路将被破坏，合法用户无法接收到中继转发的有用信号，此时，系统的合法自由度始终为零，即 $D_{\mathrm{sum}}=0$。另外，窃听端在 MAC 阶段窃听到的信号不变，但在 BC 阶段窃听到的信号变为 $\boldsymbol{Y}_e^{[2]}=\boldsymbol{H}_{re}\boldsymbol{z}+\widetilde{\boldsymbol{n}}_e$。考虑一种最利于窃听端的场景，即 $\boldsymbol{W}_1=-\boldsymbol{I}_{N_e}$，$\boldsymbol{W}_2=\boldsymbol{I}_{N_e}$，此时经过加权合并后，窃听端的信号将写为

$$\hat{\boldsymbol{Y}}_e=\boldsymbol{W}_1\boldsymbol{Y}_e^{[1]}+\boldsymbol{W}_2\boldsymbol{Y}_e^{[2]}=\boldsymbol{H}_e\boldsymbol{S}+\boldsymbol{N}_e \tag{4-63}$$

此时，窃听端的 SINR 为

$$\mathrm{SINR}_{\beta}^{[1]}=\frac{P}{\sigma_e^2} \tag{4-64}$$

并且进一步地推导出窃听端的自由度为 $D_{\mathrm{eve}}=\min\{N_e, KM\}$，因此，系统的保密自由度为

$$D_{\mathrm{s}}=D_{\mathrm{sum}}-D_{\mathrm{eve}}=-\min\{N_e, KM\} \tag{4-65}$$

这表明，在中继仅发送噪声这种极端情况下，系统的安全性与可靠性均不能被保证。

综上所述，这里将复高斯窃听系统中的保密自由度列于表 4-1 中。可以看出，在 BWC 窃听模型中，干扰对齐技术可以获得满窃听自由度；在 MBWC 窃听模型中，通过添加人工噪声等物理层安全技术来保证整个系统的安全性，并且也可以获得满自由度；但若不添加人工噪声，系统的保密自由度为 $KM-\min\{N_e, K(K-1)\}$；当全部发送人工噪声时，系统不能够保证合法用户收到信号，因此有用信号自由度为 0，窃听自由度为 $-\min\{N_e, K(K-1)\}$。

表 4-1　MIMO Y 窃听系统的 SDoF

系统场景		窃听自由度		
		D_{sum}	D_{eve}	D_{s}
BWC		KM	0	KM
MBWC	$0<\beta<1$	KM	0	KM
	$\beta=0$	KM	$\min\{N_e, KM\}$	$KM-\min\{N_e, K(K-1)\}$
	$\beta=1$	0	$\min\{N_e, KM\}$	$-\min\{N_e, KM\}$

4.4.3　MBWC 模型中的功率分配算法

在 MBWC 模型中，我们通过在中继处发送两次相同的噪声信号来确保整个系统的安全通信。当噪声功率增加时，窃听者较难从混叠信号中解调出有用信号。但是，中继处在 BC 阶

段发出的有用信号的功率就会减少，这将降低合法用户的接收信噪比；相反，较低的噪声功率会有益于合法用户，但却降低了整个系统的安全性。因此，在中继处，噪声信号功率与有用信号功率之间存在一个折中，那么，如何在中继处分配好所发送的干扰噪声功率将会对 MBWC 窃听模型的保密容量产生很大的影响。在本小节，重点分析系统的保密容量，研究中继所发的噪声信号的功率对于整个系统保密容量的影响。

假设 $\boldsymbol{Y}_e=\boldsymbol{Y}_e^{[1]}$，$K$ 用户的和速率的上界值可以表示为

$$C_{\text{sum}}\leqslant\frac{K}{2}[\min\{I(\boldsymbol{X}_i;\boldsymbol{Y}_r\mid\widetilde{\boldsymbol{X}}_1),I(\boldsymbol{Y}_r;\widetilde{\boldsymbol{Y}}_i)\}+\min\{I(\widetilde{\boldsymbol{X}}_i;\boldsymbol{Y}_r\mid\boldsymbol{X}_i),I(\boldsymbol{Y}_r;\boldsymbol{Y}_i)\}]\quad(4-66)$$

与式(4-45)和式(4-46)不同，$I(\boldsymbol{X}_i;\boldsymbol{Y}_r\mid\widetilde{\boldsymbol{X}}_1)$ 与 $I(\boldsymbol{Y}_r;\widetilde{\boldsymbol{Y}}_i)$ 中的 SNR 被重新表示为 $\text{SNR}^{[1]}=\frac{P_i}{\sigma^2}$，$\text{SNR}^{[2]}=\frac{(1-\beta)P}{\sigma^2}$。采用相同的算法计算 $I(\widetilde{\boldsymbol{X}}_i;\boldsymbol{Y}_r\mid\boldsymbol{X}_i)$，$I(\boldsymbol{Y}_r;\boldsymbol{Y}_i)$，其中 $\text{SNR}^{[3]}=\frac{(K-1)\boldsymbol{P}_i}{\sigma^2}$，$\text{SNR}^{[4]}=\frac{(1-\beta)\boldsymbol{P}}{\sigma^2}$。另外，由于窃听端的接收信号包含干扰噪声信号，因此，式(4-59)中的窃听 $\text{SINR}_\beta^{[0]}$ 被重新写为 $\text{SINR}_\beta^{[0]}=\frac{P}{\beta P+{\sigma_e}^2}$。对式(4-66)进行化简，可以得出

$$\overline{C}_{\text{sum}}=\frac{K}{2}[I(\boldsymbol{X}_i;\boldsymbol{Y}_r\mid\widetilde{\boldsymbol{X}}_1)+I(\boldsymbol{Y}_r;\boldsymbol{Y}_i)]\quad(4-67)$$

因此，优化问题被建立为

$$\left.\begin{array}{l}\max\limits_{\beta}\overline{C}_{\text{s}}=\overline{C}_{\text{sum}}-C_{\text{eve}}\\ \text{约束条件为：}0<\beta<1\end{array}\right\}\quad(4-68)$$

在开始求解这个优化问题之前，我们首先要证明它是一个凸优化问题。

假设所有的合法用户以功率 $P_i=P/K(i=1,2,\cdots,K)$ 发送信号，并且所有节点的噪声方差均为 σ^2(包括窃听端)。为了简化计算，令 $\gamma=P/\sigma^2$，$b_j=\lambda_j^{[u_i\tilde{r}]}/\min\{M,N\}$，$f(\beta)=-\overline{C}_{\text{s}}$，则上述优化问题的目标函数则变为 $\min f(\beta)$。

很明显，上述优化问题的限制条件是一个凸集。对其目标函数 $f(\beta)$ 求关于 β 的一阶导数，可得

$$\frac{\mathrm{d}f(\beta)}{\mathrm{d}\beta}=\frac{K}{2\text{In}2}\sum_{j=1}^{\min\{M,N\}}\frac{\gamma b_j}{1+(1-\beta)\gamma b_j}-\frac{1}{\text{In}2}\sum_{j=1}^{\min\{K(K-1),N_e\}}\frac{\gamma^2a_j}{(\beta\gamma+a_j\gamma+1)(\beta\gamma+1)}\quad(4-69)$$

其二阶导数表示为

$$\frac{\mathrm{d}^2f(\beta)}{\mathrm{d}\beta^2}=\frac{K}{2\text{In}2}\sum_{j=1}^{\min\{M,N\}}\frac{\gamma^2{b_j}^2}{[1+(1-\beta)\gamma b_j]^2}+\frac{1}{\text{In}2}\sum_{j=1}^{\min\{K(K-1),N_e\}}\frac{\gamma^2a_j(2\beta\gamma^2+a_j\gamma^2+2\gamma)}{(\beta\gamma+a_j\gamma+1)^2(\beta\gamma+1)^2}>0$$

(4-70)

从式(4-69)和式(4-70)中可以看出，$f(\beta)$ 的二阶导中的第一项与第二项始终为正值，故其目标函数也是凸函数，因此，此优化问题是个凸优化问题。根据凸函数理论，当目标函数和限制条件均是凸的时，此优化问题可以采用 CVX 工具包求解。

令$\frac{\mathrm{d}f(\beta)}{\mathrm{d}\beta}=0$，我们希望可以得到此优化问题的闭式解$\beta_1$。但是，即使选取使得上述方程阶数最低的天线参数，即$K=3$，$M=2$，$N=6$，$N_e=6$，上述方程至少为六阶方程，很难求解，因此，我们采用 CVX 工具包可以得到β_1。另外，我们分别采取了遍历法得到了β的遍历近似解β_2；通过使用软件工具 Matlab，得到了计算值β_3。在以下的仿真中，我们将对这三种不同方案所得的功率分配系数β进行仿真，观察其对保密容量的影响。

4.5　仿真分析

在本节中，将进行次数为 10 000 的蒙特卡洛仿真，分析所提功率分配算法对于系统保密性能的影响。假设用户数$K=3$至$K=6$，并且各节点天线数满足干扰对齐条件与接收抑制条件。

图 4-5 主要分析了不同β下的保密容量。可以看出，随着发送信噪比的增加，系统的保密容量也随之增加。另外，遍历解β_2所获得的保密容量较其他两种方案略大，但其计算复杂度也是最高的，一般选取β_1或β_3来保障系统的安全性；当 SNR 固定时，合法用户数增加，保密容量也会增加。值得一提的是，当发送信噪比低于 6 dB 时，保密容量将会是一个负值，这表明无论分配多少的噪声功率，整个系统依然是不安全的；但在高 SNR 时，整个系统的保密容量始终大于 0，均保密。

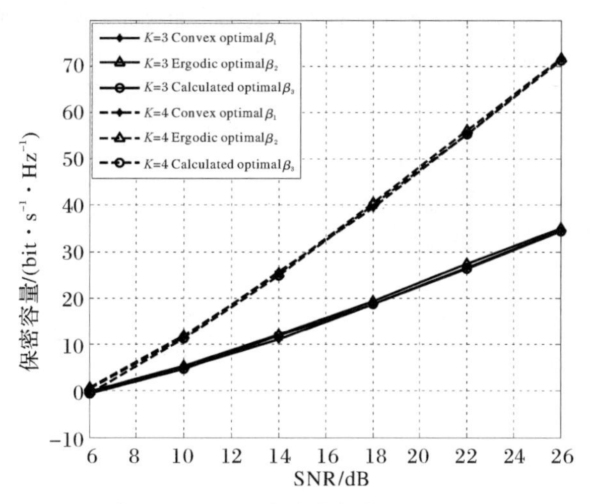

图 4-5　在不同β下，保密容量与发射信噪比之间的关系

图 4-6 中主要分析了不同发射信噪比下，保密容量与噪声系数之间的关系，仿真条件为$K=4$，$M=3$，$N=6$，$N_e=14$。任意选择一种方案的β，如β_1，观察四种不同的β_1对于保密容量的影响。可以看出，当β_1取 0.2 与 0.8 时，系统的保密容量相差无几；当β_1取极限情况

0.01 或 0.99 时，系统的保密容量较小，当信噪比低于 14 dB 时，保密容量基本为负值，系统不安全。因此，选取一个合适的功率分配方案不仅有利于系统性能的提升，更加可以确保系统的安全性。

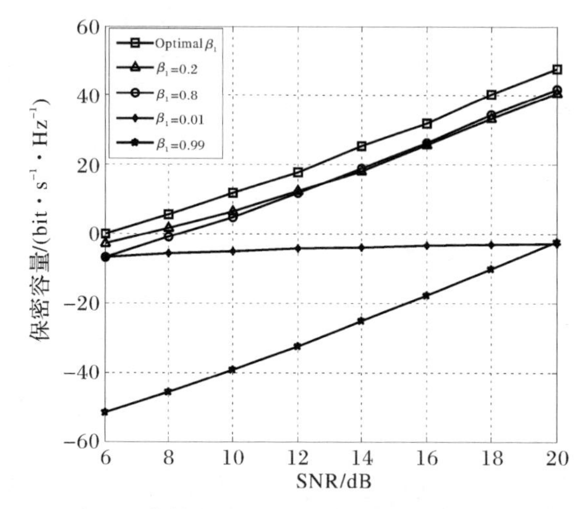

图 4-6　在不同发射信噪比下，保密容量与噪声系数之间的关系

在图 4-7 中，比较了三种不同功率分配方案下，用户数与噪声系数 β 之间的关系。假设 $K=3\sim6$，$M=8$，$N=15$，$N_e=30$，图 4-7 中可以观察到三组曲线分别仿真于 $\gamma=10$ dB，15 dB，50 dB。当 K 固定时，噪声系数会随着 SNR 的增大而增大；当 SNR 固定时，噪声系数会随着用户数的增大而减小。当固定 SNR 并增加用户数时，每个用户信号的 SNR 将会变低，这抵抗了一部分窃听，故对干扰信号功率的要求也会变低。而固定用户数，增加 SNR 将会产生更高的有用信号功率，故 β 也须提高。

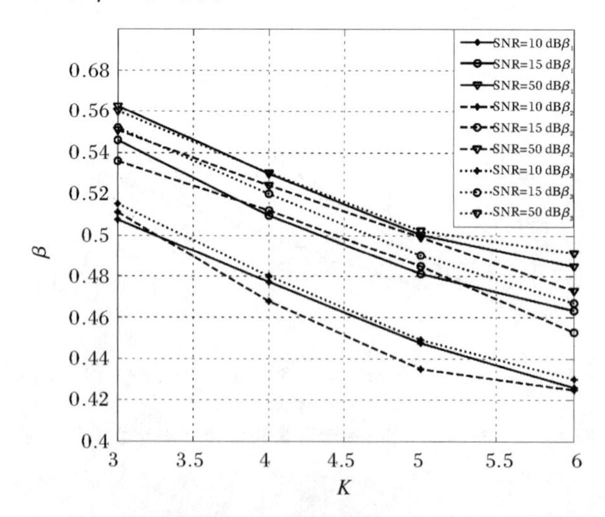

图 4-7　在不同发射信噪比下，噪声系数 β 与用户数 K 之间的关系

图 4-8 分析了噪声系数与用户天线数在不同发送信噪比下的关系。假设 $K=3$，$N=3$，$N_e=6$，当 SNR 固定时，发射天线数的增加将会减少所需的干扰功率；SNR 的增加会使 β

增加，但增幅不大。

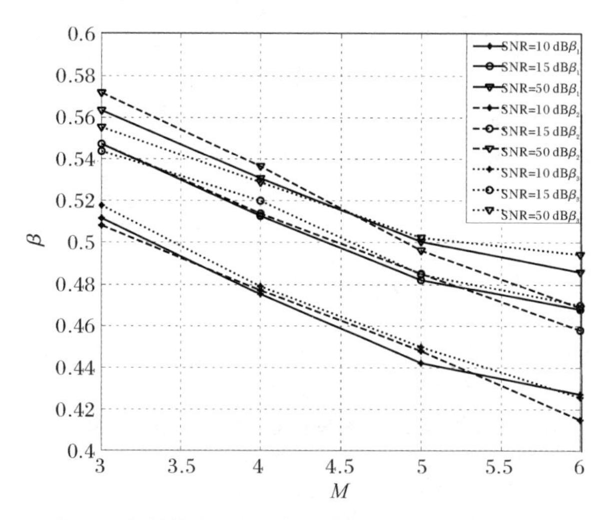

图 4-8　在不同发射信噪比下，噪声系数 β 与用户天线数 M 之间的关系

图 4-9 分析了在三组不同的发送信噪比条件下，噪声系数与中继天线数的关系。假设 $K=5, M=7, N_e=20$，可以看到，中继天线数对所需干扰功率的影响很小，但是，发送端 SNR 对 β 的影响则是很大的。

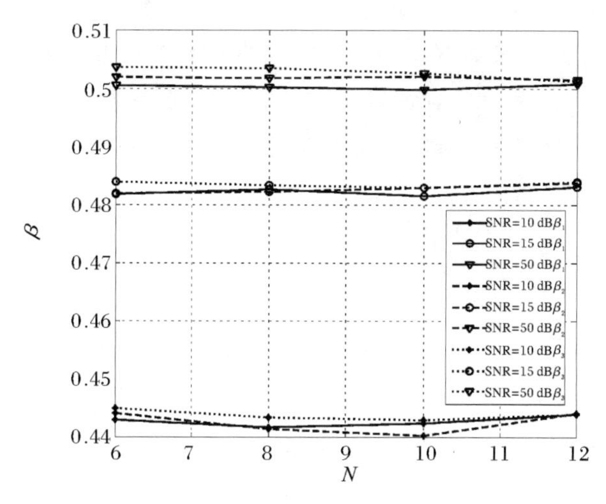

图 4-9　在不同发射信噪比下，噪声系数 β 与中继天线数 N 之间的关系

图 4-10 中，主要研究了噪声系数与窃听端天线数之间的关系。假设 $K=5, M=4, N=10$。可以看到，SNR 的值将会显著影响噪声系数的值，这也使得三种方案的差别较为显著。此外，噪声系数随着 N_e 的增加而增加，因为更多的窃听天线意味着更高的窃听容量，进而需要更高的干扰功率。

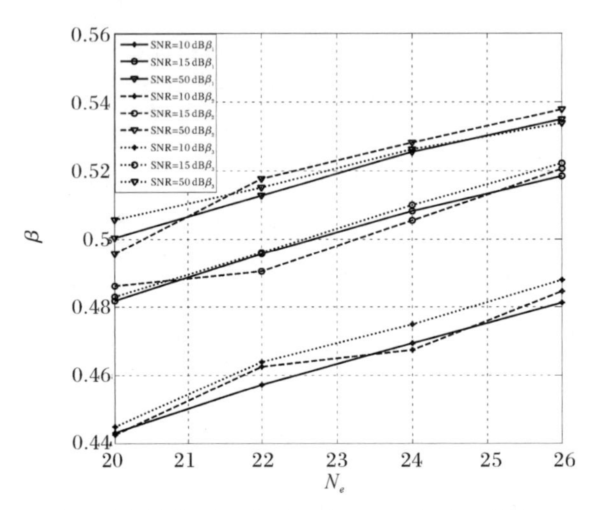

图 4-10　在不同发射信噪比下，噪声系数 β 与窃听端天线数 N_e 之间的关系

4.6　本章小结

在本节中，以线性空间的干扰对齐技术为基础理论，提出了两种 K 用户 MIMO Y 窃听模型，即 BWC 模型与 MBWC 模型，并且主要研究如何将 RIA 或 IA 技术与物理层安全技术相结合，使得在 MIMO Y 信道窃听模型中实现安全通信。除此以外，当可以安全通信时，我们分别采用 RIA 技术与 IA 技术，在理论上面推导窃听模型的可达保密自由度，同时提出了一种中继处功率分配算法，旨在将保密容量最大化。通过仿真发现：随着用户数与用户天线数的增加，所需的干扰噪声功率就越大；窃听天线数增加时，所需的干扰噪声功率会减小；中继天线数对噪声功率的影响较小。

第5章　基于双向 $2\times2\times2$MIMO 网络的 SDoF 的研究

5.1　引　　言

信息理论物理层安全性是近十年来研究的热点。除了对单向单跳网络的 SDoF 进行研究以外，现有研究主要集中在单向多跳网络的安全传输和 SDoF 分析中。例如，在文献[88]中，作者研究了一个具有完美 CSIT 的双跳分层网络，其中两个发射机试图通过实干扰对齐技术与它们的目标接收机进行可靠和安全的通信；在文献[90]中，学者研究了具有延迟 CSIT 的两用户 SISO 双跳 X 信道的 SDoF。在文献[91]和文献[92]中，学者对高斯钻石窃听信道的 SDoF 进行了分析，在未知窃听者 CSI 的情况下，文献[92]提出了一种有效利用广播链路的方案，该方案将消息与源处发送的人工噪声符号的设计相结合。

此外，有学者对双向多跳中继网络的安全性能进行了分析。例如，在文献[93]中，学者研究了双向不可靠中继网络的安全问题，其中，发送端采用添加人工噪声技术，通过联合设计发送端信号、AN 预编码向量和中继预编码向量来最大限度地提高保密速率。对于相同的网络，文献[94]提出了一种利用星座旋转的方法来防止中继的窃听。文献[95]考虑了一个具有外部窃听者的双向 MIMO 中继网络，并证明了通过增加人工噪声和联合采用天线选择策略可以获得更好的保密性能。此外，文献[96]提出了不同的中继策略，通过使用已知干扰信号形式的密钥来增加可达 SDoF。

一种典型的多跳网络称为 $2\times2\times2$ 干扰网络，其包含两个源节点、两个中继节点和两个接收端。目前，关于 $2\times2\times2$ 网络的研究大多集中在自由度上。例如，在文献[97]中，学者研究了单向 $2\times2\times2$ 干扰网络的 DoF 的上界值，并提出采用干扰中和技术在传输的每一跳中进行信号对齐，进而干扰信号在最后一跳中被抵消；进一步地，文献[98]中研究了双向 $2\times2\times2$ 网络的 DoF，其中每个用户节点有 M 根天线，每个中继节点有 N 根天线。对于任意天线配置下的 DoF 问题，文献[99]进行了相关的研究，并提出了一种新的干扰抵消方案。考虑该网络的安全性时，文献[100]研究了单向 $2\times2\times2$ SISO 网络的 SDoF，其主要分析了存在保密消息和延迟 CSIT 情况下的安全方案，并得到一对通信用户的 SDoF 为 1。另外，在文献[101]中，作者研究了带有不可靠中继和机密消息的多天线多跳网络的自由度问题，并研究了 SISO 网络中 SDoF 的取值范围为$\frac{1}{3}\sim 1$。可以看出，上述有关 $2\times 2\times 2$ 网络安全性的研究均对单向 $2\times 2\times 2$ 网络的SDoF进行了研究，而任意天线配置和不同保密约束下的网络SDoF的研究仍是一个未解决的问题。因此，在本节中，本书尝试考虑三种可能的保密约束条件，并在此条件下研究双向 $2\times 2\times 2$MIMO 干扰信道的 SDoF。

5.2 系统模型

考虑一个双向$2\times 2\times 2$MIMO 干扰信道，如图5-1所示，其包含四个发送接收节点和两个中继节点。其中，发送端 S_i（也是接收端 D_j，当 $i=1,2$ 时，$j=i+2$；当 $i=3,4$ 时，$j=i-2$）带有 $M_i(i\in\{1,2,3,4\})$ 根天线，中继节点 R_k 带有 $N_k(k\in\{1,2\})$ 根天线。系统中包含两对双向传输对，即 $S_1(D_3)\Leftrightarrow D_1(S_3)$ 和 $S_2(D_4)\Leftrightarrow D_2(S_4)$。每一次传输过程分为两个阶段。

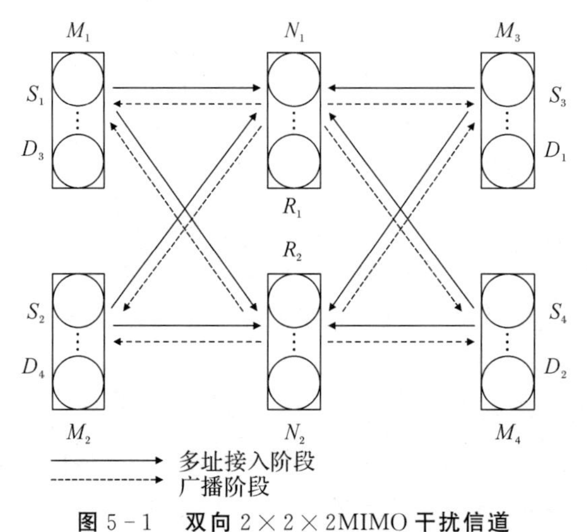

图 5-1　**双向** $2\times 2\times 2$MIMO **干扰信道**

在第一阶段中，即多址接入(Multiple Access，MA)阶段，S_i 通过中继 R_1 和 R_2 向 D_i 发送一个来自于集合 $w_i=\{1,2,\cdots,2^{nR_i}\}$ 的信息 w_i。S_i 使用一个随机函数 $f_i:w_i\rightarrow \boldsymbol{x}_i$ 来编码信息，其中 $\boldsymbol{x}_i$ 是发送端 S_i 处的一个长度为 n 的信道输入信号，$\boldsymbol{x}_i\in\mathbb{C}^{M_i}$，$i\in\{1,2,3,4\}$，其功率限制为 $E[\|\boldsymbol{x}_i\|^2]\leqslant P$。这样，在时隙 m 时，中继 R_k 处的接收信号为

$$\boldsymbol{y}_{R_k}[m]=\sum_{i=1}^{4}\boldsymbol{H}_{R_k,i}\boldsymbol{x}_i[m]+\boldsymbol{n}_{R_k}[m],\quad m=1,2,\cdots,n \tag{5-1}$$

式中：$\boldsymbol{y}_{R_k}[m]\in\mathbb{C}^{N_k}$——$R_k$ 处的接收信号；

$\boldsymbol{n}_{R_k}[m]\sim \mathrm{CN}(\boldsymbol{0},\boldsymbol{I}_{N_k})\in\mathbb{C}^{N_k}$——包含独立同分布(independent and identically distributed，i. i. d.)的复加性高斯白噪声信号；

$\boldsymbol{H}_{R_k,i}\in\mathbb{C}^{N_k\times M_i}$——从 S_i 到 S_k 的复信道矩阵，其每一个元素是独立同分布的，并且其幅值受限于 $H_{\max}$。

在第二阶段，即广播(Broadcast Channel，BC)阶段，R_k 向所有接收端广播信号 $\boldsymbol{x}_{R_k}[m]\in\mathbb{C}^{N_k}$，

其功率约束为 $E[\|\boldsymbol{x}_{R_k}[m]\|^2]\leqslant P$。然后，在时隙 m 中，$D_i(i\in\{1,2,3,4\})$ 处接收到的信号表示为

$$\boldsymbol{y}_i[m]=\boldsymbol{H}_{i,R_1}\boldsymbol{x}_{R_1}[m]+\boldsymbol{H}_{i,R_2}\boldsymbol{x}_{R_2}[m]+\boldsymbol{n}_i[m] \tag{5-2}$$

式中：$\boldsymbol{y}_i[m]\in\mathbb{C}^{M_j}$ —— D_i 的接收信号（当 $i=1,2$ 时，$j=i+2$；当 $i=3,4$ 时，$j=i-2$）；

$\boldsymbol{n}_i[m]\sim \mathrm{CN}(\boldsymbol{0},\boldsymbol{I}_{M_j})\in\mathbb{C}^{M_j}$ —— D_i 处的 AWGN 白噪声；

$\boldsymbol{H}_{i,R_1}\in\mathbb{C}^{M_j\times N_1}$ 和 $\boldsymbol{H}_{i,R_2}\in\mathbb{C}^{M_j\times N_2}$ —— 从 R_1,R_2 到 D_i 的复信道矩阵，其中每一个元素服从一个幅值受 $H_{\max}$ 限制的连续分布。

在这里，$\boldsymbol{x}_{R_k}[m]$ 是根据过去接收的信号所构建的，是因果的并且可以被表示为 $\boldsymbol{x}_{R_k}[m]=f(\boldsymbol{Y}_{R_k}^{m-1})$，其中 $\boldsymbol{Y}_{R_k}^{m-1}\overset{\text{def}}{=\!=}(\boldsymbol{y}_{R_k}[1],\cdots,y_{R_k}[m-1])$，$f(x)$ 是 x 的确定且线性函数。在下面的分析中，假设每一个发送端 S_i 知道本地信道状态信息 $\{\boldsymbol{H}_{R_k,i},k=1,2\}$，并且每一个接收端 D_i 和中继已知信道信息 $\{\boldsymbol{H}_{R_k,i},\boldsymbol{H}_{i,R_k},k=1,2,i=1,2,3,4\}$。

对于双向 2×2×2MIMO 干扰信道，这里提出了三种窃听模型：① 机密消息（CM）模型，其中每个传输对尝试从中继广播的信号中窃听另一个传输对的消息；② 不可信中继（UR）模型，其中两个中继都打算在 MAC 阶段窃听来自发射机的有用信息；③CM-UR 模型，其中各接收端与中继均会从两个接收端窃听信号。令 $\boldsymbol{X}_i\overset{\text{def}}{=\!=}(\boldsymbol{x}_i[1],\boldsymbol{x}_i[2],\cdots,\boldsymbol{x}_i[n])$，$\boldsymbol{Y}_i\overset{\text{def}}{=\!=}(\boldsymbol{y}_i[1],\boldsymbol{y}_i[2],\cdots,\boldsymbol{y}_i[n])$，$\boldsymbol{N}_i\overset{\text{def}}{=\!=}(\boldsymbol{n}_i[1],\cdots,\boldsymbol{n}_i[n])$，$\boldsymbol{X}_{R_k}\overset{\text{def}}{=\!=}(\boldsymbol{x}_{R_k}[1],\boldsymbol{x}_{R_k}[2],\cdots,\boldsymbol{x}_{R_k}[n])$，$\boldsymbol{X}_R\overset{\text{def}}{=\!=}[\boldsymbol{X}_{R_1},\boldsymbol{X}_{R_2}]$，$\boldsymbol{Y}_{R_k}\overset{\text{def}}{=\!=}(\boldsymbol{y}_{R_k}[1],\boldsymbol{y}_{R_k}[2],\cdots,\boldsymbol{y}_{R_k}[n])$，$\boldsymbol{Y}_R\overset{\text{def}}{=\!=}[\boldsymbol{Y}_{R_1},\boldsymbol{Y}_{R_2}]$，$\boldsymbol{H}_{R,i}\overset{\text{def}}{=\!=}[\boldsymbol{H}_{R_1,i},\boldsymbol{H}_{R_2,i}]$，$\boldsymbol{N}_{R_k}\overset{\text{def}}{=\!=}(\boldsymbol{n}_{R_k}[1],\cdots,\boldsymbol{n}_{R_k}[n])$ 和 $\boldsymbol{N}_R\overset{\text{def}}{=\!=}[\boldsymbol{N}_{R_1},\boldsymbol{N}_{R_2}]$。每一个接收端 D_i 会根据 $\boldsymbol{Y}_i$ 来估计 W_i，估计符号记为 $\hat{W}_i$。若速率组(R_1,R_2,R_3,R_4)可达，则对于很大 n 与任意 $\grave{o}>0$，通信需要满足以下可靠性限制条件：

$$Pr[\hat{W}_i\neq W_i]\leqslant\grave{o},\quad i=1,2,3,4 \tag{5-3}$$

对于 CM 模型，其也需要满足以下的安全限制条件

$$I(W_2,W_4;\boldsymbol{Y}_i)\leqslant n\grave{o},\quad i=1,3 \tag{5-4}$$

$$I(W_1,W_3;\boldsymbol{Y}_j)\leqslant n\grave{o},\quad j=2,4 \tag{5-5}$$

对于 UR 模型，根据文献[102][103]，下面的安全限制条件应该被满足：

$$I(W_1,W_2,W_3,W_4;\boldsymbol{Y}_R)\leqslant n\grave{o} \tag{5-6}$$

对于 CM-UR 模型，上述所有的安全限制条件都需要被满足。注意，上文中提到的安全限制条件也能从“极限”的角度理解，即，当 $n\rightarrow\infty$ 时，信息的泄露为零。

将 S_i 到 D_i 之间的可达 SDoF 表示为 $d_i\overset{\text{def}}{=\!=}\lim\limits_{P\rightarrow\infty}\dfrac{R_i}{\log_2 P}$，则系统的总可达保密自由度 d_s^* 被定义为

$$d_s^*=\lim_{P\rightarrow\infty}\sum_{i=1}^{4}\frac{R_i}{\log_2 P}=\sum_{i=1}^{4}d_i \tag{5-7}$$

式中：d_s^* —— 系统可达 d_s 的最大值。

5.3 一般情况下的 SDoF 上界分析

在本节中，将在不同的窃听模型下，提出两个系统的 SDoF 上界值。

5.3.1 第一上界

由于双向 2×2×2 MIMO 干扰网络的 SDoF 值不大于无保密约束的系统的 DoF，因此，根据文献[99]，我们可以得到三种窃听模型下的 SDoF 的第一个上界值：

$$d_s \leqslant \min\{\frac{2}{3}(\max\{M_1+M_3, N_1+N_2\}+ \max\{M_2+M_4, N_1+N_2\}), 2(N_1+N_2), \sum_{i=1}^{4} M_i\} \tag{5-8}$$

5.3.2 第二上界

1. CM 模型

若将 D_1 当做是潜在窃听端，且其企图窃听相邻链路 S_2 - D_2 信道中传递的符号 $\{W_2, W_4\}$。此时，系统总的有关 $\{W_2, W_4\}$ 的安全速率为

$$\begin{aligned} n(R_2+R_4) = H(W_2, W_4) &= H(W_2) - H(W_2 \mid \boldsymbol{Y}_1) + H(W_2 \mid \boldsymbol{Y}_1) - \\ & H(W_2 \mid \boldsymbol{Y}_2) + H(W_2 \mid \boldsymbol{Y}_2) + H(W_4 \mid W_2) - H(W_4 \mid \boldsymbol{Y}_1, W_2) + \\ & H(W_4 \mid \boldsymbol{Y}_1, W_2) - H(W_4 \mid \boldsymbol{Y}_4) + H(W_4 \mid \boldsymbol{Y}_4) \leqslant & (5-9a) \\ & I(W_2; \boldsymbol{Y}_1) + H(W_2 \mid \boldsymbol{Y}_1) - H(W_2 \mid \boldsymbol{Y}_2) + I(W_4; \boldsymbol{Y}_1 \mid W_2) + \\ & H(W_4 \mid \boldsymbol{Y}_1, W_2) - H(W_4 \mid \boldsymbol{Y}_4) + 2n\delta \leqslant & (5-9b) \\ & I(W_2, W_4; \boldsymbol{Y}_1) + H(W_2 \mid \boldsymbol{Y}_1) - H(W_2 \mid \boldsymbol{Y}_1, \boldsymbol{Y}_2) + \\ & H(W_4 \mid \boldsymbol{Y}_1) - H(W_4 \mid \boldsymbol{Y}_1, \boldsymbol{Y}_4) + 2n\delta \leqslant & (5-9c) \\ & I(W_2; \boldsymbol{Y}_2 \mid \boldsymbol{Y}_1) + I(W_4; \boldsymbol{Y}_4 \mid \boldsymbol{Y}_1) + nc_1 & (5-9d) \end{aligned}$$

其中：式(5-9b)根据可靠性条件(5-3)利用费诺不等式所得；δ—— 与 $\dot{o}$ 相关的常数，与发送功率 P 无关。式(5-9c)主要是根据互信息的链式法则和条件不会降低系统的熵所得；式(5-9d)是根据保密限制条件式(5-4)，即 $I(W_2, W_4; \boldsymbol{Y}_1) \leqslant n\dot{o}$ 所得。$c_1 = \dot{o} + 2\delta$。在下面的分析中，我们将使用 c_i 来表示一些与发送功率 P 无关的常数。

为了计算式(5-9d)中的 $I(W_2; \boldsymbol{Y}_2 \mid \boldsymbol{Y}_1)$，我们利用一个马尔科夫链 $W_2 \rightarrow \boldsymbol{Y}_R \rightarrow \boldsymbol{Y}_2$，并通过互信息不等式来分析中继节点对于 SDoF 的影响。这样，可以推导为

$$\begin{aligned} I(W_2; \boldsymbol{Y}_2 \mid \boldsymbol{Y}_1) \leqslant I(W_2; \boldsymbol{Y}_R \mid \boldsymbol{Y}_1) &= \\ & h(\boldsymbol{Y}_R \mid \boldsymbol{Y}_1) - h(\boldsymbol{Y}_R \mid \boldsymbol{Y}_1, W_2) = & (5-10a) \\ & h(\boldsymbol{Y}_R) + h(\boldsymbol{Y}_1 \mid \boldsymbol{Y}_R) - h(\boldsymbol{Y}_1) - h(\boldsymbol{Y}_R \mid \boldsymbol{Y}_1, W_2) \leqslant & (5-10b) \\ & h(\boldsymbol{Y}_{R_1}) + h(\boldsymbol{Y}_{R_1}) - h(\boldsymbol{Y}_1) - h(\boldsymbol{Y}_R \mid \boldsymbol{Y}_1, W_2) + nc_2 & (5-10c) \end{aligned}$$

其中：式(5-10b)依赖于去掉条件熵不会减少熵的准则；$nc_2 = h(\boldsymbol{Y}_1 \mid \boldsymbol{Y}_R) = h(N_1)$，其中 $\boldsymbol{Y}_1$

是有关 $\boldsymbol{Y}_R$ 的确定性函数。在本章节附录 A 中，将证明

$$h(\boldsymbol{Y}_{R_1})+h(\boldsymbol{Y}_{R_2})\leqslant(N_1+N_2)\log_2(2\pi e(4H_{\max}^2P+1))^n \tag{5-11}$$

为了简便起见，这里表示 $\boldsymbol{W}_1^4=(W_1,W_2,W_3,W_4)$ 和 $\boldsymbol{X}_1^4=(\boldsymbol{X}_1,\boldsymbol{X}_2,\boldsymbol{X}_3,\boldsymbol{X}_4)$。这样，式(5-10c) 中的最后一项的下界可以推导为

$$\begin{aligned}
h(\boldsymbol{Y}_R\mid\boldsymbol{Y}_1,W_2)&=I(W_1,W_3,W_4;\boldsymbol{Y}_R\mid\boldsymbol{Y}_1,W_2)+h(\boldsymbol{Y}_R\mid\boldsymbol{Y}_1,\boldsymbol{W}_1^4)\geqslant &(5-12a)\\
&H(W_1,W_3,W_4\mid\boldsymbol{Y}_1,W_2)-H(W_1,W_3,W_4\mid\boldsymbol{Y}_R,\boldsymbol{Y}_1,W_2)+\\
&h(\boldsymbol{Y}_R\mid\boldsymbol{Y}_1,\boldsymbol{W}_1^4,\boldsymbol{X}_1^4)= &(5-12b)\\
&H(W_1,W_3,W_4)-I(W_1,W_3,W_4;\boldsymbol{Y}_1\mid W_2)-\\
&H(W_1,W_3,W_4\mid\boldsymbol{Y}_R,\boldsymbol{Y}_1,W_2)+h(\boldsymbol{Y}_R\mid\boldsymbol{Y}_1,\boldsymbol{W}_1^4,\boldsymbol{X}_1^4)= &(5-12c)\\
&H(W_1,W_3,W_4)-h(\boldsymbol{Y}_1\mid W_2)+h(\boldsymbol{Y}_1\mid\boldsymbol{W}_1^4)-\\
&H(W_1,W_3,W_4\mid\boldsymbol{Y}_R,\boldsymbol{Y}_1,W_2)+h(\boldsymbol{Y}_R\mid\boldsymbol{Y}_1,\boldsymbol{W}_1^4,\boldsymbol{X}_1^4)\geqslant &(5-12d)\\
&H(W_1,W_3,W_4)-h(\boldsymbol{Y}_1\mid W_2)-\\
&H(W_1,W_3,W_4\mid\boldsymbol{Y}_R,\boldsymbol{Y}_1,W_2)+nc_3 &(5-12e)
\end{aligned}$$

其中：式(5-12e) 来自于 $h(\boldsymbol{Y}_R\mid\boldsymbol{Y}_1,\boldsymbol{W}_1^4,\boldsymbol{X}_1^4)+h(\boldsymbol{Y}_1\mid\boldsymbol{W}_1^4)=h(\boldsymbol{Y}_1\mid\boldsymbol{W}_1^4)+h(\boldsymbol{Y}_R\mid\boldsymbol{W}_1^4,\boldsymbol{X}_1^4)-h(\boldsymbol{Y}_1\mid\boldsymbol{W}_1^4,\boldsymbol{X}_1^4)+h(\boldsymbol{Y}_1\mid\boldsymbol{Y}_R,W_1^4,\boldsymbol{X}_1^4)=I(\boldsymbol{Y}_1;\boldsymbol{X}_1^4\mid\boldsymbol{W}_1^4)+h(\boldsymbol{N}_R)+h(\boldsymbol{Y}_1\mid\boldsymbol{Y}_R,\boldsymbol{W}_1^4,\boldsymbol{X}_1^4)\geqslant h(\boldsymbol{N}_R)+h(\boldsymbol{N}_1)=nc_3$ 和 $I(\boldsymbol{Y}_1;\boldsymbol{X}_1^4\mid\boldsymbol{W}_1^4)\geqslant0$，$c_3$ 与发送功率 P 无关。

将式(5-12) 代入式(5-10c) 中，可以得到

$$\begin{aligned}
I(W_2,\boldsymbol{Y}_2\mid\boldsymbol{Y}_1)\leqslant{}&h(\boldsymbol{Y}_{R_1})+h(\boldsymbol{Y}_{R_2})-h(\boldsymbol{Y}_1)+h(\boldsymbol{Y}_1\mid W_2)-H(W_1,W_3,W_4)+\\
&H(W_1,W_3,W_4\mid\boldsymbol{Y}_R,\boldsymbol{Y}_1,W_2)+nc_4= &(5-13a)\\
&h(\boldsymbol{Y}_{R_1})+h(\boldsymbol{Y}_{R_2})-I(W_2;\boldsymbol{Y}_1)-H(W_1,W_3,W_4)+\\
&H(W_1,W_3,W_4\mid\boldsymbol{Y}_R,\boldsymbol{Y}_1,W_2)+nc_4\leqslant &(5-13b)\\
&(N_1+N_2)\log_2(^2\pi e(4P+1))n-H(W_1,W_3,W_4)+\\
&H(W_1,W_3,W_4\mid\boldsymbol{Y}_R,\boldsymbol{Y}_1,W_2)+nc_4 &(5-13c)
\end{aligned}$$

其中：式(5-13c) 来自于 $I(W_2;\boldsymbol{Y}_1)\geqslant0$。

为了进一步推导式(5-13c) 中的项 $H(W_1,W_3,W_4\mid\boldsymbol{Y}_R,\boldsymbol{Y}_1,W_2)$，我们将在发送信号 $\boldsymbol{x}_i[m]$ 中引入相互独立的高斯变量 $\tilde{\boldsymbol{n}}_i[m]\sim CN(\boldsymbol{0},\rho^2\boldsymbol{I}_{M_i})$，$i\in\{1,2,3,4\}$，得到 $\tilde{\boldsymbol{x}}_i[m]=\boldsymbol{x}_i[m]+\tilde{\boldsymbol{n}}_i[m]$，其中，$\rho$ 与功率 P 无关。定义 $\tilde{\boldsymbol{X}}_i\overset{\text{def}}{=}(\tilde{\boldsymbol{x}}_i[1],\tilde{\boldsymbol{x}}_i[2],\cdots,\tilde{\boldsymbol{x}}_i[n])$，$\tilde{\boldsymbol{n}}_i\overset{\text{def}}{=}(\tilde{\boldsymbol{n}}_i[1],\tilde{\boldsymbol{n}}_i[2],\cdots,\tilde{\boldsymbol{n}}_i[n])$，$\tilde{\boldsymbol{\Phi}}_{R_k}\overset{\text{def}}{=}\sum\limits_{i=1,3}\tilde{\boldsymbol{H}}_{R_k,i}\tilde{\boldsymbol{X}}_i$，$\tilde{\boldsymbol{\Phi}}_R\overset{\text{def}}{=}[\tilde{\boldsymbol{\Phi}}_{R_1},\tilde{\boldsymbol{\Phi}}_{R_2}]$，$\tilde{\boldsymbol{H}}_{R_k,i}$ 中的每一个元素独立地取自于 $\boldsymbol{H}_{R,i}$ 同一连续分布。这样，

$$\begin{aligned}
H(W_1,W_3,W_4\mid\boldsymbol{Y}_R,\boldsymbol{Y}_1,W_2)={}&H(W_4\mid\boldsymbol{Y}_1,\boldsymbol{Y}_R,W_2)+\\
&H(W_1,W_3\mid\boldsymbol{Y}_1,\boldsymbol{Y}_R,W_2,W_4)\leqslant &(5-14a)\\
&H(W_4\mid\boldsymbol{Y}_R)+H(W_1,W_3\mid\boldsymbol{Y}_R)\leqslant &(5-14b)\\
&H(W_4\mid\boldsymbol{Y}_4)+I(\tilde{\boldsymbol{\Phi}}_R,\boldsymbol{X}_2,\boldsymbol{X}_4;W_1,W_3\mid\boldsymbol{Y}_R)+\\
&H(W_1,W_3\mid\boldsymbol{Y}_R,\tilde{\boldsymbol{\Phi}}_R,\boldsymbol{X}_2,\boldsymbol{X}_4)\leqslant &(5-14c)
\end{aligned}$$

$$n\delta + I(\widetilde{\boldsymbol{\Phi}}_R; W_1, W_3 \mid \boldsymbol{Y}_R) + H(W_1, W_3 \mid \sum_{i=1,3} \boldsymbol{H}_{R_1,i}\boldsymbol{X}_i + \boldsymbol{N}_{R_1},$$

$$\sum_{i=1,3} \boldsymbol{H}_{R_2,i}\boldsymbol{X}_i + \boldsymbol{N}_{R_2}, \widetilde{\boldsymbol{\Phi}}_R) = \tag{5-14d}$$

$$h(\widetilde{\boldsymbol{\Phi}}_R \mid \boldsymbol{Y}_R) - h(\widetilde{\boldsymbol{\Phi}}_R \mid \boldsymbol{Y}_R, W_1, W_3) + 2n\delta \leqslant \tag{5-14e}$$

$$h(\widetilde{\boldsymbol{\Phi}}_R) - h(\widetilde{\boldsymbol{\Phi}}_R \mid \boldsymbol{Y}_R, W_1, W_3, \boldsymbol{X}_1, \boldsymbol{X}_3) + 2n\delta = \tag{5-14f}$$

$$h(\widetilde{\boldsymbol{\Phi}}_R) - h(\sum_{i=1,3} \widetilde{\boldsymbol{H}}_{R_1,i} \widetilde{\boldsymbol{N}}_i, \sum_{i=1,3} \widetilde{\boldsymbol{H}}_{R_2,i} \widetilde{\boldsymbol{N}}_i) + 2n\delta \leqslant \tag{5-14g}$$

$$[M_1 + M_3 - N_1 - N_2]^+ \log_2(2\pi e\,(2H_{\max}^2(P + \rho^2))^n + n\grave{o}' \tag{5-14h}$$

其中:式(5-14c)依据马尔可夫链$W_4 \rightarrow \boldsymbol{Y}_R \rightarrow \boldsymbol{Y}_4$;式(5-14d)依据费诺不等式及$(\boldsymbol{X}_2, \boldsymbol{X}_4)$与$(W_1, W_3)$相互独立;(5-14d)中的最后一项依据$H(X \mid Y) = H(X \mid Y, g(Y)) \leqslant H(X \mid g(Y))$,其中$g(Y)$是关于$Y$的线性函数。在这里,注意到式(5-14d)的最后一项中需要被解调的信息符号为W_1和W_3,其来自于$M_1 + M_3$根天线。为了确保这些信息的可解性,这里引入另外的$[M_1 + M_3 - N_1 - N_2]^+$个等式,这些等式构建了矩阵$\widetilde{\boldsymbol{\Phi}}_R$,与$\sum_{i=1,3} \boldsymbol{H}_{R_1,i}\boldsymbol{X}_i + \boldsymbol{N}_{R_1}$,$\sum_{i=1,3} \boldsymbol{H}_{R_2,i}\boldsymbol{X}_i + \boldsymbol{N}_{R_2}$中的$N_1 + N_2$个等式一起,总共有$M_1 + M_3$个等式来解调$M_1 + M_3$个符号。因此,利用费诺不等式,式(5-14e)成立。除此以外,式(5-14f)取决于$\sum_{i=1,3} \widetilde{\boldsymbol{H}}_{R_1,i} \widetilde{\boldsymbol{N}}_i$,$\sum_{i=1,3} \widetilde{\boldsymbol{H}}_{R_2,i} \widetilde{\boldsymbol{N}}_i$与$\{\boldsymbol{Y}_R, W_1, W_3, \boldsymbol{X}_1, \boldsymbol{X}_3\}$相互独立;式(5-14h)取决于类似于附录A中相似的推导,其中$E[\| \widetilde{\boldsymbol{x}}_i[m] \|^2] \leqslant P + \rho^2$,$n\grave{o}' = -h(\sum_{i=1,3} \widetilde{\boldsymbol{H}}_{R_1,i} \widetilde{\boldsymbol{N}}_i, \sum_{i=1,3} \widetilde{\boldsymbol{H}}_{R_2,i} \widetilde{\boldsymbol{N}}_i) + 2n\delta$。根据文献[85][87],之所以引入噪声版本的信号$\widetilde{\boldsymbol{x}}_i = \boldsymbol{x}_i + \widetilde{\boldsymbol{n}}_i$是因为无论发送信号$\boldsymbol{x}_i$是连续的还是离散的,上述式(5-14b)(5-14h)中的推导过程均会成立。

因此,式(5-13c)中的项$I(W_2; Y_2 \mid Y_1)$可以推导为

$$(W_2; \boldsymbol{Y}_2 \mid \boldsymbol{Y}_1) \leqslant (N_1 + N_2)\log_2(2\pi e(4H_{\max}^2 P + 1))^n - H(W_1, W_3, W_4) +$$
$$[M_1 + M_3 - N_1 - N_2]^+ (\log_2(2\pi e\,(2H_{\max}^2(P + \rho^2))^n) + nc_5 \tag{5-15}$$

类似地,在式(5-9d)中的第二项可以推导为

$$I(W_4; \boldsymbol{Y}_4 \mid \boldsymbol{Y}_1) \leqslant (N_1 + N_2)\log_2(2\pi e(4H_{\max}^2 P + 1))^n - H(W_1, W_2, W_3) +$$
$$[M_1 + M_3 - N_1 - N_2]^+ (\log_2(2\pi e\,(2H_{\max}^2(P + \rho^2))^n) + nc_6 \tag{5-16}$$

通过将式(5-15)和式(5-16)代入式(5-9d)中,并且使用$n(R_1 + R_3 + R_4) = H(W_1, W_3, W_4)$和$n(R_1 + R_2 + R_3) = H(W_1, W_2, W_3)$,我们可以得到

$$2n\sum_{i=1}^{4} R_i \leqslant 2(N_1 + N_2)\log_2(2\pi e(4H_{\max}^2 P + 1))^n +$$
$$2[M_1 + M_3 - N_1 - N_2]^+ \log_2(2\pi e(2H_{\max}^2(P + \rho^2)))^n + nc_7 \tag{5-17}$$

将式(5-17)不等号两侧同时除以$n\log P$,并且使得$n \rightarrow \infty$和$P \rightarrow \infty$,系统的SDoF将受限为

$$d_s \leqslant (N_1 + N_2) + 2[M_1 + M_3 - N_1 - N_2]^+ = \max\{N_1 + N_2, M_1 + M_3\} \tag{5-18}$$

类似地，当 D_3 被认为是窃听者时，系统的 SDoF 可以通过上述同样的推导过程获得，并且得到式(5-18)；当 D_2 和 D_4 分别被当做窃听者时，系统的 SDoF 为

$$d_s \leqslant \max\{N_1+N_2, M_2+M_4\} \tag{5-19}$$

最后，将式(5-8)与式(5-18)、(5-19)相结合考虑，可以得到系统的 SDoF 的上界值为

$$d_s \leqslant \min\left\{\frac{2}{3}(\max\{M_1+M_3, N_1+N_2\}+\max\{M_2+M_4, N_1+N_2\}, \right.$$
$$2(N_1+N_2), \sum_{i=1}^{4} M_i, \max\{N_1+N_2, M_1+M_3\},$$
$$\left.\max\{N_1+N_2, M_2+M_4\}\right\} \tag{5-20}$$

由以上分析可知，当在式(5-9c)中考虑保密约束式(5-4)时，推导出的上界式(5-9d)为在 D_1 窃听下 W_2 和 W_4 的保密速率；此外，由于 D_1 是潜在的窃听者，式(5-14)中的项 $H(W_1, W_3, W_4 \mid \boldsymbol{Y}_R, \boldsymbol{Y}_1, W_2)$ 通过在式(5-14a)的条件下将 W_4 与 $\{W_1, W_3\}$ 分开处理，这样避免了与保密约束条件的冲突。通过引入额外的信号 $\widetilde{\boldsymbol{\Phi}}_R$，费诺不等式可用于式(5-14e)，进而约束了式(5-15)中的项。

2. UR 模型

当中继是不可靠的且去窃听 W_i 时，可以得到

$$nR_i = H(W_i) = H(W_i) - H(W_i \mid \boldsymbol{Y}_i) + H(W_i \mid \boldsymbol{Y}_i) \leqslant$$
$$I(W_i; \boldsymbol{Y}_i) + n\delta \leqslant I(W_i; \boldsymbol{Y}_i, \boldsymbol{Y}_R) + n\delta \leqslant I(W_i; \boldsymbol{Y}_i \mid \boldsymbol{Y}_R) + n(\delta + \dot{o}) \tag{5-21}$$

其中：第一个不等式依据费诺不等式；第三个不等式依据安全限制条件式(5-4)，即 $I(W_i; \boldsymbol{Y}_R) \leqslant n\dot{o}$。

之后，以式(5-21)中的 $I(W_1; \boldsymbol{Y}_1 \mid \boldsymbol{Y}_R)$ 为例，当中继企图窃听信号 W_1 时，可以得到

$$I(W_1; \boldsymbol{Y}_1 \mid \boldsymbol{Y}_R) = h(\boldsymbol{Y}_1 \mid \boldsymbol{Y}_R) - h(\boldsymbol{Y}_1 \mid \boldsymbol{Y}_R, W_1) = \tag{5-22a}$$
$$h(\boldsymbol{Y}_1 \mid \boldsymbol{Y}_R) - h(\boldsymbol{Y}_1, \boldsymbol{Y}_R \mid W_1) + h(\boldsymbol{Y}_R \mid W_1) \leqslant \tag{5-22b}$$
$$h(\boldsymbol{Y}_1 \mid \boldsymbol{Y}_R) - I(W_2, W_3, W_4; \boldsymbol{Y}_1, \boldsymbol{Y}_R \mid W_1) -$$
$$h(\boldsymbol{Y}_1, \boldsymbol{Y}_R \mid W_1^4) + h(\boldsymbol{Y}_R) \leqslant \tag{5-22c}$$
$$h(\boldsymbol{Y}_{R_1}) + h(\boldsymbol{Y}_{R_2}) + nc_2 - H(W_2, W_3, W_4) +$$
$$H(W_2, W_3, W_4 \mid \boldsymbol{Y}_1, \boldsymbol{Y}_R, W_1) - h(\boldsymbol{Y}_1, \boldsymbol{Y}_R \mid W_1^4, X_1^4) = \tag{5-22d}$$
$$h(\boldsymbol{Y}_{R_1}) + h(\boldsymbol{Y}_{R_2}) - H(W_2, W_3, W_4) +$$
$$H(W_2, W_3, W_4 \mid \boldsymbol{Y}_1, \boldsymbol{Y}_R, W_1) + nc_8 \tag{5-22e}$$

其中：

$$nc_8 = nc_2 - h(\boldsymbol{Y}_1, \boldsymbol{Y}_R \mid W_1^4, \boldsymbol{X}_1^4) = nc_2 - h(\boldsymbol{Y}_R \mid W_1^4, \boldsymbol{X}_1^4) - h(\boldsymbol{Y}_1 \mid Y_R, W_1^4, \boldsymbol{X}_1^4) =$$
$$nc_2 - h(\boldsymbol{N}_R) - h(\boldsymbol{N}_1)$$

与功率 P 无关。

令 $\widetilde{\boldsymbol{\Psi}}_{R_k} \stackrel{\text{def}}{=\!=} \sum_{i=2,4} \widetilde{\boldsymbol{H}}_{R_k,i} \widetilde{\boldsymbol{X}}_i, k \in \{1,2\}, \widetilde{\boldsymbol{\Psi}}_R = [\widetilde{\boldsymbol{\Psi}}_{R_1}, \widetilde{\boldsymbol{\Psi}}_{R_2}]$，其中 $\widetilde{\boldsymbol{H}}_{R_k,i}(k \in \{1,2\})$ 中的元素

来自于与 $\boldsymbol{H}_{R_k,i}$ 相同的分布。此时，式(5 - 22e) 中的项 $H(W_2,W_3,W_4 \mid \boldsymbol{Y}_1,\boldsymbol{Y}_R,W_1)$ 能够采用与式(5 - 14) 相同的分析方法，即

$$H(W_2,W_3,W_4 \mid \boldsymbol{Y}_1,\boldsymbol{Y}_R,W_1) = H(W_2,W_3,W_4 \mid \boldsymbol{Y}_1,\boldsymbol{Y}_R) \leqslant \tag{5-23a}$$

$$H(W_3 \mid \boldsymbol{Y}_R) + H(W_2,W_4 \mid \boldsymbol{Y}_R) \leqslant \tag{5-23b}$$

$$n\delta + I(\widetilde{\boldsymbol{\Psi}}_R,\boldsymbol{X}_1,\boldsymbol{X}_3;W_2,W_4 \mid \boldsymbol{Y}_R) +$$

$$H(W_2,W_4 \mid \widetilde{\boldsymbol{\Psi}}_R,\boldsymbol{Y}_R,\boldsymbol{X}_1,\boldsymbol{X}_3) \leqslant \tag{5-23c}$$

$$I(\widetilde{\boldsymbol{\Psi}}_R;W_2,W_4 \mid \boldsymbol{Y}_R) + H(W_2,W_4 \mid \sum_{i=2,4}\boldsymbol{H}_{R_1,i}\boldsymbol{X}_i + \boldsymbol{N}_{R_1},$$

$$\sum_{i=2,4}\boldsymbol{H}_{R_2,i}\boldsymbol{X}_i + \boldsymbol{N}_{R_2},\widetilde{\boldsymbol{\Psi}}_R) + n\delta \leqslant \tag{5-23d}$$

$$h(\widetilde{\boldsymbol{\Psi}}_R) - h(\sum_{i=2,4}\widetilde{\boldsymbol{H}}_{R_1,i}\widetilde{\boldsymbol{N}}_i,\sum_{i=2,4}\widetilde{\boldsymbol{H}}_{R_2,i}\widetilde{\boldsymbol{N}}_i) + 2n\delta \leqslant \tag{5-23e}$$

$$[M_2 + M_4 - N_1 - N_2]^+ \log_2(2\pi e(2H_{\max}^2(P+\rho^2)))^n + n\grave{o}'' \tag{5-23f}$$

在式(5 - 23c) 中，$\widetilde{\boldsymbol{\Psi}}_R$ 被用来提供$[M_2 + M_4 - N_1 - N_2]^+$ 个方程，这样，与式(5 - 23d) 中的项 $\sum_{i=2,4}\boldsymbol{H}_{R_1,i}\boldsymbol{X}_i + \boldsymbol{N}_{R_1}$，$\sum_{i=2,4}\boldsymbol{H}_{R_2,i}\boldsymbol{X}_i + \boldsymbol{N}_{R_2}$ 所提供的 $N_1 + N_2$ 个方程一起，就可以用来解调信息 W_2,W_4。这样，根据费诺不等式，式(5 - 23e) 成立。$n\grave{o}'' = -h\left(\sum_{i=2,4}\widetilde{\boldsymbol{H}}_{R_1,i}\widetilde{\boldsymbol{N}}_i,\sum_{i=2,4}\widetilde{\boldsymbol{H}}_{R_2,i}\widetilde{\boldsymbol{N}}_i\right) + n\delta$。

将式(5 - 23) 引入式(5 - 22) 中，并且使用 $n(R_2 + R_3 + R_4) = H(W_2,W_3,W_4)$ 和式(5 - 7)，可以得到与式(5 - 19) 相同的结论；类似地，对于其他的有用信息，可以获得与式(5 - 18) 相同的结论。因此，与式(5 - 8) 中的第一上界相结合，可以得到 CM 模型最终的 SDoF 上界。由于存在安全限制条件，式(5 - 21) 中考虑了中继的影响，并且根据马尔可夫链与费诺不等式，将安全速率在式(5 - 22) 和式(5 - 23) 中进行推导与分析。由于在 CM-UR 模型中，有关 CM 与 UR 模型的安全限制条件均需要被考虑，因此，CM-UR 模型的 SDoF 不会超过 CM 模型和 UR 模型的 SDoF，这样，其 SDoF 的上界也可以用式(5 - 20) 表示。

5.4 一般情况下的 SDoF 下界分析

在本节中，将通过添加人工噪声与采用预编码技术，提供在不同的窃听模型下双向 $2 \times 2 \times 2$MIMO IC 网络的一般性可达方案，确保指定的接收端能够成功解码其信号，而窃听者不能解码有用信号。这里，假设可达方案中的有用信号与人工噪声信号为高斯信号，通信对 $S_i - D_i$ 的保密自由度记做 d_i，其为非负整数。

首先，我们从系统 DoF 的角度提出可达方案的适用条件，用来给出系统的 SDoF 区域，这些条件适用于所提的三种窃听模型。具体地，由于每个链接的 SDoF 不会超过该链接的 DoF，根据文献[99]，系统的 SDoF 也不会超过发送、接收以及链路之间的中继天线的数量，并且在每一个传输方向上的 SDoF 都不会超过中继的天线数，即各用户的 SDoF d_i 的配置需要满足以下条件：

$$d_1,d_3 \leqslant \min\{M_1,M_3,N_1 + N_2\} \tag{A}$$

$$d_2, d_4 \leqslant \min\{M_2, M_4, N_1 + N_2\} \tag{B}$$

$$d_1 + d_2 \leqslant N_1 + N_2, d_3 + d_4 \leqslant N_1 + N_2 \tag{C}$$

上述 3 个条件为获得系统可达 SDoF 的基础条件，当在不同的窃听模型中引入安全限制条件时，需要添加新的可达条件，并提出具体的可达方案。

5.4.1 CM 模型的可达方案

为了实现 CM 窃听模型的安全通信，除了满足上述(A)、(B)、(C) 条件外，各通信对的 SDoF 还需要满足以下条件：

$$(M_1 + M_3)(d_2 + d_4) + (M_2 + M_4)(d_1 + d_3) \leqslant N_1^2 + N_2^2 - 1 \tag{D}$$

这个条件来源于以下具体的可达方案，方案如下：

当 R_k 接收到来自所有用户的信号时，其采用放大转发(Amplify-and-Forward，AF) 策略，其中，预编码矩阵为 $\boldsymbol{V}_k \in \mathbb{C}^{N_k \times N_k}$，即 $\boldsymbol{x}_{R_k}[m] = \boldsymbol{V}_k \boldsymbol{y}_{R_k}[m] \in \mathbb{C}^{N_k}, k \in \{1,2\}$。之后，需要设计预编码矩阵 $\boldsymbol{V}_k, k = 1,2$，使得在接收端处非期望信号能够被完全消除，从而不会被潜在窃听者窃听。为了达到这个目的，这里采用干扰中和策略。具体地，式(5-2) 中的 $\boldsymbol{y}_i[m](i \in \{1,2,3,4\})$ 可以被重新写为

$$\boldsymbol{y}_i[m] = \sum_{k=1}^{4} (\underbrace{\boldsymbol{H}_{i,R_1} \boldsymbol{V}_1 \boldsymbol{H}_{R_1,k} + \boldsymbol{H}_{i,R_2} \boldsymbol{V}_2 \boldsymbol{H}_{R_2,k}}_{\boldsymbol{G}_{i,k} \in \mathbb{C}^{M_j \times M_k}}) \boldsymbol{x}_k[m] + \underbrace{\boldsymbol{H}_{i,R_1} \boldsymbol{V}_1 \boldsymbol{n}_{R_1}[m] + \boldsymbol{H}_{i,R_2} \boldsymbol{V}_2 \boldsymbol{n}_{R_2}[m] + \boldsymbol{n}_i[m]}_{\boldsymbol{z}_i[m] \in \mathbb{C}^{M_j}} \tag{5-24}$$

其中：$\boldsymbol{G}_{i,k} \in \mathbb{C}^{M_j \times M_k}$——$S_k$ 到 D_i 的等价信道。

令 $\boldsymbol{x}_i[m] = [x_i^{(1)}[m], \cdots, x_i^{(d_i)}[m], 0, \cdots, 0]^{\mathrm{T}}$，其前 d_i 个元素表示为向量 $\bar{\boldsymbol{x}}_i[m]$，即 $\bar{\boldsymbol{x}}_i[m] = [x_i^{(1)}[m], \cdots, x_i^{(d_i)}[m]]^{\mathrm{T}} \sim CN(\boldsymbol{0}, \eta P \boldsymbol{I}_{d_i})$，其中 η 是一个常数，用于满足 S_i 处的发送功率限制，与发送功率 P 无关。以 D_1 为例，$\boldsymbol{y}_1[m]$ 中的干扰信号表示为 $\boldsymbol{G}_{1,2}\boldsymbol{x}_2[m]$ 和 $\boldsymbol{G}_{1,4}\boldsymbol{x}_4[m]$。为了确保信息安全，中继处的预编码矩阵 $\boldsymbol{V}_1$ 和 $\boldsymbol{V}_2$ 被设计用来消除在 D_1 处接收到的 $\boldsymbol{x}_2[m]$ 中所有的 d_2 个数据流和 $\boldsymbol{x}_4[m]$ 中所有的 d_4 个数据流。这样，以下干扰中和条件需被满足：

$$\boldsymbol{G}_{1,2}[1:M_3, 1:d_2] = 0 \tag{5-25}$$

$$\boldsymbol{G}_{1,4}[1:M_3, 1:d_4] = 0 \tag{5-26}$$

式中：$\boldsymbol{X}[a:b, c:d]$——$\boldsymbol{X}$ 的一个子矩阵，其包含 $\boldsymbol{X}$ 的第 a 行到第 b 行与第 c 列至第 d 列。

注意式(5-25) 与(5-26) 中包含 $M_3(d_2 + d_4)$ 个有关 $\boldsymbol{V}_1$ 和 $\boldsymbol{V}_2$ 的线性方程。

类似地，对于 $\boldsymbol{y}_2[m]$，非期望信号 $\boldsymbol{x}_1[m]$ 和 $\boldsymbol{x}_3[m]$ 需要在 D_2 处被消除，这就需要满足条件

$$\boldsymbol{G}_{2,1}[1:M_4, 1:d_1] = 0 \tag{5-27}$$

$$\boldsymbol{G}_{2,3}[1:M_4, 1:d_3] = 0 \tag{5-28}$$

其包含 $M_4(d_1 + d_3)$ 个有关 $\boldsymbol{V}_1$ 和 $\boldsymbol{V}_2$ 的线性方程。

对于 $\boldsymbol{y}_3[m]$，非期望信号 $\boldsymbol{x}_2[m]$ 和 $\boldsymbol{x}_4[m]$ 需要在 D_3 处被消除，即

$$\boldsymbol{G}_{3,2}[1:M_1,1:d_2]=0 \tag{5-29}$$

$$\boldsymbol{G}_{3,4}[1:M_1,1:d_4]=0 \tag{5-30}$$

其包含 $M_1(d_2+d_4)$ 个有关 $\mathbf{V}_1$ 和 $\mathbf{V}_2$ 的线性方程。

最后，对于 $\boldsymbol{y}_4[m]$，非期望信号 $\boldsymbol{x}_1[m]$ 和 $\boldsymbol{x}_3[m]$ 需要在 D_4 处被消除，即需要满足条件

$$\boldsymbol{G}_{4,1}[1:M_2,1:d_1]=0 \tag{5-31}$$

$$\boldsymbol{G}_{4,3}[1:M_2,1:d_3]=0 \tag{5-32}$$

式(5-25)～式(5-32)中，总共含有 $K=(M_1+M_3)(d_2+d_4)+(M_2+M_4)(d_1+d_3)$ 个有关 $\mathbf{V}_1$ 和 $\mathbf{V}_2$ 中 $N_1^2+N_2^2$ 个元素的线性方程。当条件(D)成立时，即 $K\leqslant N_1^2+N_2^2-1$，一定存在矩阵($\mathbf{V}_1$，$\mathbf{V}_2$)，使得所有的信号能在非期望接收端处被消除。

为了在每一个接收端处解调有用信号，例如在 D_1，接收信号变为

$$\boldsymbol{y}_1[m]=\boldsymbol{G}_{1,1}\boldsymbol{x}_1[m]+\boldsymbol{G}_{1,3}\boldsymbol{x}_3[m]+\boldsymbol{n}_1[m] \tag{5-33}$$

定义 $\boldsymbol{G}_{1,i}=[\overline{\boldsymbol{G}}_{1,i},\widetilde{\boldsymbol{G}}_{1,i}]$，其中 $\overline{\boldsymbol{G}}_{1,i}\in\mathbb{C}^{M_3\times d_i}$，$\widetilde{\boldsymbol{G}}_{1,i}\in\mathbb{C}^{M_3\times(M_i-d_i)}$，当干扰信号 $\boldsymbol{x}_3[m]$ 在 D_1 被消除时，$\boldsymbol{y}_1[m]$ 能够被写为 $\boldsymbol{y}_1[m]=\boldsymbol{G}_{1,1}\boldsymbol{x}_1[m]+z_1[m]=\overline{\boldsymbol{G}}_{1,1}\overline{\boldsymbol{x}}_1[m]+\boldsymbol{z}_1[m]$。明显地，窃听互信息 $I(\boldsymbol{x}_2,\boldsymbol{x}_4;\boldsymbol{y}_1)=0$，这样，安全限制条件式(5-4)被满足。因为 $M_3>d_1$，D_1 利用其前 d_1 根天线来解调期望信号 $\overline{\boldsymbol{x}}_1$，此时，将矩阵 $\boldsymbol{y}_1[m]$ $\overline{\boldsymbol{G}}_{1,1}$ 和 $\boldsymbol{z}_1[m]$ 的前 d_1 行分别表示为 $\hat{\boldsymbol{y}}_1[m]$，$\hat{\boldsymbol{G}}_{1,1}$ 和 $\hat{\boldsymbol{z}}_1[m]$，则用于解调的信号为 $\hat{\boldsymbol{y}}_1[m]=\hat{\boldsymbol{G}}_{1,1}\overline{\boldsymbol{x}}_1[m]+\hat{\boldsymbol{z}}_1[m]$。定义矩阵 $\hat{\boldsymbol{H}}_{1,R_k}\in\mathbb{C}^{d_1\times N_k}$ 是由 $\boldsymbol{H}_{1,R_k}$ 的前 d_1 行构成，$\overline{\boldsymbol{H}}_{R_k,1}\in\mathbb{C}^{N_k\times d_1}$ 是由 $\boldsymbol{H}_{R_k,1}$ 的前 d_1 列构成，这样，

$$\hat{\boldsymbol{G}}_{1,1}=\hat{\boldsymbol{H}}_{1,R_1}\mathbf{V}_1\overline{\boldsymbol{H}}_{R_1,1}+\hat{\boldsymbol{H}}_{1,R_2}\mathbf{V}_2\overline{\boldsymbol{H}}_{R_2,1}=[\hat{\boldsymbol{H}}_{1,R_1},\hat{\boldsymbol{H}}_{1,R_2}]\begin{bmatrix}\mathbf{V}_1 & \mathbf{0}\\ \mathbf{0} & \mathbf{V}_2\end{bmatrix}\begin{bmatrix}\overline{\boldsymbol{H}}_{R_1,1}\\ \overline{\boldsymbol{H}}_{R_2,1}\end{bmatrix} \tag{5-34}$$

其中：矩阵 $[\hat{\boldsymbol{H}}_{1,R_1},\hat{\boldsymbol{H}}_{1,R_2}]$ 和 $[\overline{\boldsymbol{H}}_{R_1,1}^{\mathrm{T}},\overline{\boldsymbol{H}}_{R_2,1}^{\mathrm{T}}]^{\mathrm{T}}$ 中的元素是来自于独立且随机的连续分布的，并且与 $\mathbf{V}_1$ 和 $\mathbf{V}_2$ 相关的中间矩阵是满秩的。通过在式(5-34)应用文献[85]中的引理1，当 $d_1<N_1+N_2$ 时，可以得到 $\overline{\boldsymbol{G}}_{1,1}$ 是满秩矩阵。然后，根据文献[38]中的引理4，高斯向量的微分熵计算如下：

引理 5.1 给定矩阵 $\boldsymbol{H}\in\mathbb{C}^{N\times M}$ 和独立随机向量 $\boldsymbol{x}\in\mathbb{C}^{M}$ 和 $\boldsymbol{n}\in\mathbb{C}^{N}$，其中 $\boldsymbol{x}\sim\mathrm{CN}(\mathbf{0},P\boldsymbol{I})$，$\boldsymbol{n}\sim\mathrm{CN}(\mathbf{0},\sigma^2\boldsymbol{I})$。当 $r=\mathrm{rank}(\boldsymbol{H})$，则 $h(\boldsymbol{Hx}+\boldsymbol{n})=r\log_2 P+o(\log_2 P)$。证明过程将在附录 B 中呈现。

利用引理 5.1，互信息 $I(\boldsymbol{x}_1,\boldsymbol{y}_1)$ 被推导为

$$I(\boldsymbol{x}_1,\boldsymbol{y}_1)\overset{\text{def}}{=\!=\!=}I(\overline{\boldsymbol{x}}_1,\hat{\boldsymbol{y}}_1)=d_1\log_2 P+o(\log_2 P) \tag{5-35}$$

由于窃听信息量被证明为零，通过使用 SDoF 的定义式，当 P 趋于无穷时，传输链路 S_1-D_1 之间的 SDoF 为 d_1，这表示 D_1 可以解调所有 d_1 个符号。对于其他的接收端，有用信号的互信息与窃听互信息能够通过类似于在 D_1 处的方式获得，因此，式(5-4)和式(5-5)被满足。综上所述，当条件(A)(D)成立时，系统总的 SDoF 为 $d_s=\sum\limits_{i=1}^{4}d_i$ 可达。

5.4.2 UR 模型的可达方案

对于 UR 模型，以下将提出两种不同的可达方案，每一个方案均需要满足条件(A)～(C)。

1. 第一方案

本小节将提出一种适应于一般性天线配置下系统的可达方案，并且添加以下条件，用来帮助可达方案成立：

$$d_1 = d_3, d_2 = d_4 \tag{E}$$

$$2(d_2 + d_4)(d_1 + d_3) \leqslant N_1^2 + N_2^2 - 1 \tag{F}$$

基于上述条件(A)～(C)，条件(E)(F)，系统的可达方案如下。

为了保护所有信号不受不可靠中继的窃听，每个发射端将在同一维度上同时传输有用信息和干扰信号。具体来说，S_i 处的发射信号为

$$\boldsymbol{x}_i[m] = \boldsymbol{v}_i[m] + \boldsymbol{u}_i[m], \quad i \in \{1,2,3,4\}$$

其中

$$\boldsymbol{v}_i[m] = [v_i^{(1)}, \cdots, v_i^{(d_i)}, 0, \cdots, 0]^{\mathrm{T}} \in \mathbb{C}^{M_i}$$
$$\boldsymbol{u}_i[m] = [u_i^{(1)}, \cdots, u_i^{(d_i)}, 0, \cdots, 0]^{\mathrm{T}} \in \mathbb{C}^{M_i}$$

定义信息流向量

$$\bar{\boldsymbol{v}}_i[m] = [v_i^{(1)}, v_i^{(2)}, \cdots, v_i^{(d_i)}] \sim CN(\mathbf{0}, \gamma P \boldsymbol{I}_{d_i})$$

干扰信号流向量

$$\bar{\boldsymbol{u}}_i[m] = [u_i^{(1)}, u_i^{(2)}, \cdots, u_i^{(d_i)}] \sim CN(\mathbf{0}, \gamma P \boldsymbol{I}_{d_i})$$

被用来满足 S_i 处的功率限制，与功率 P 无关。注意，这里令 $d_1 = d_3, d_2 = d_4$。记 $\boldsymbol{H}_{R_k,i} = [\overline{\boldsymbol{H}}_{R_k,i}, \widetilde{\boldsymbol{H}}_{R_k,i}]$，其中$\overline{\boldsymbol{H}}_{R_k,i} \in \mathbb{C}^{N_k \times d_i}, \widetilde{\boldsymbol{H}}_{R_k,i} \in \mathbb{C}^{N_k \times (M_i - d_i)}$，则在 R_k 处的接收信号为

$$\begin{aligned}
\boldsymbol{y}_{R_k}[m] = & \sum_{i=1}^{4} \boldsymbol{H}_{R_k,i}(\boldsymbol{v}_i[m] + \boldsymbol{u}_i[m]) + \boldsymbol{n}_{R_k}[m] = \\
& \sum_{i=1}^{4} \overline{\boldsymbol{H}}_{R_k,i}(\bar{\boldsymbol{v}}_i[m] + \bar{\boldsymbol{u}}_i[m]) + \boldsymbol{n}_{R_k}[m] = \\
& \underbrace{[\overline{\boldsymbol{H}}_{R_k,1}, \overline{\boldsymbol{H}}_{R_k,2}, \overline{\boldsymbol{H}}_{R_k,3}, \overline{\boldsymbol{H}}_{R_k,4}]}_{\overline{\boldsymbol{H}}_{R_k} \in \mathbb{C}^{N_k \times \sum_{i=1}^{4} d_i}} \left\{ \underbrace{\begin{bmatrix} \bar{\boldsymbol{v}}_1[m] \\ \bar{\boldsymbol{v}}_2[m] \\ \bar{\boldsymbol{v}}_3[m] \\ \bar{\boldsymbol{v}}_4[m] \end{bmatrix}}_{\bar{\boldsymbol{v}}[m] \in \mathbb{C}^{\sum_{i=1}^{4} d_i}} + \underbrace{\begin{bmatrix} \bar{\boldsymbol{u}}_1[m] \\ \bar{\boldsymbol{u}}_2[m] \\ \bar{\boldsymbol{u}}_3[m] \\ \bar{\boldsymbol{u}}_4[m] \end{bmatrix}}_{\bar{\boldsymbol{u}}[m] \in \mathbb{C}^{\sum_{i=1}^{4} d_i}} \right\} + \boldsymbol{n}_{R_k}[m] = \\
& \overline{\boldsymbol{H}}_{R_k}(\bar{\boldsymbol{v}}[m] + \bar{\boldsymbol{u}}[m]) + \boldsymbol{n}_{R_k}[m]
\end{aligned} \tag{5-36}$$

为了得到了 $\bar{\boldsymbol{v}}$ 和 $\boldsymbol{y}_R$ 之间的窃听速率的上界值，假设中继节点协同窃听。此时，

$$\boldsymbol{y}_R[m]=\begin{bmatrix}\boldsymbol{y}_{R_1}[m]\\ \boldsymbol{y}_{R_2}[m]\end{bmatrix}=\underbrace{\begin{bmatrix}\overline{\boldsymbol{H}}_{R_1}[m]\\ \overline{\boldsymbol{H}}_{R_2}[m]\end{bmatrix}}_{\overline{\boldsymbol{H}}_R[m]}(\bar{\boldsymbol{v}}[m]+\bar{\boldsymbol{u}}[m])+\underbrace{\begin{bmatrix}\boldsymbol{n}_{R_1}[m]\\ \boldsymbol{n}_{R_2}[m]\end{bmatrix}}_{\boldsymbol{n}_R[m]} \tag{5-37}$$

证明上述通信方案满足安全约束条件式(5-6)，具体如下：考虑 n 次信道使用的信号$\overline{\boldsymbol{V}}_i$和$\overline{\boldsymbol{U}}_i$，$i\in\{1,2,3,4\}$，其中$\overline{\boldsymbol{V}}_i=\{\bar{\boldsymbol{v}}_i[1],\bar{\boldsymbol{v}}_i[2],\cdots,\bar{\boldsymbol{v}}_i[n]\}$和$\overline{\boldsymbol{U}}_i=\{\bar{\boldsymbol{u}}_i[1],\bar{\boldsymbol{u}}_i[2],\cdots,\bar{\boldsymbol{u}}_i[n]\}$是独立同分布的有用信号与噪声序列，并随时间独立变化。在这种情况下，定义 $l=\min\{\sum_{i=1}^{4}d_i,N_1+N_2\}$，则在 n 次信道使用中信息泄露可以表示为

$$\begin{aligned}\lim_{n\to\infty}\frac{1}{n}I(\overline{\boldsymbol{V}},\boldsymbol{Y}_R)&=\lim_{n\to\infty}\frac{1}{n}[h(\boldsymbol{Y}_R)-h(\boldsymbol{Y}_R\mid\overline{\boldsymbol{V}})]=\\&\lim_{n\to\infty}\frac{1}{n}[h(\overline{\boldsymbol{H}}_R(\overline{\boldsymbol{V}}+\overline{\boldsymbol{U}})+\boldsymbol{N}_R)-\\&h(\overline{\boldsymbol{H}}_R\overline{\boldsymbol{U}}+\boldsymbol{N}_R)]=\lim_{n\to\infty}\frac{1}{n}\left[\log_2\frac{\det(\boldsymbol{I}_l+8n\gamma P\,\overline{\boldsymbol{H}}_R^H\,\overline{\boldsymbol{H}}_R)}{\det(\boldsymbol{I}_l+4n\gamma P\,\overline{\boldsymbol{H}}_R^H\,\overline{\boldsymbol{H}}_R)}\right]=\\&\lim_{n\to\infty}\frac{1}{n}\left[\log_2\frac{\det\left(\frac{1}{n}\boldsymbol{I}_l+8\gamma P\,\overline{\boldsymbol{H}}_R^H\,\overline{\boldsymbol{H}}_R\right)}{\det\left(\frac{1}{n}\boldsymbol{I}_l+4\gamma P\,\overline{\boldsymbol{H}}_R^H\,\overline{\boldsymbol{H}}_R\right)}\right]=\\&\lim_{n\to\infty}\frac{\log_2\frac{\det(8\gamma P\,\overline{H}_R^H\,\overline{\boldsymbol{H}}_R)}{\det(4\gamma P\,\overline{H}_R^H\,\overline{\boldsymbol{H}}_R)}}{n}=0\end{aligned} \tag{5-38}$$

可以看出，当 n 趋于无穷时，信息泄露趋于零，因此，安全限制条件式(5-6)可以被满足，此时，中继无法从混合信号 $\boldsymbol{v}_i[m]+\boldsymbol{u}_i[m]$ 中解调有用信号。

当中继将接收到的信号进行放大和转发后，用户 D_i 处的接收信号为

$$\boldsymbol{y}_i[m]=\sum_{k=1}^{4}\boldsymbol{G}_{i,k}(\boldsymbol{v}_k[m]+\boldsymbol{u}_k[m])+\boldsymbol{z}_i[m] \tag{5-39}$$

为了解码所需的信号，首先要消除每个接收机的干扰信号。与CM模型中提出的在每个接收端处消除所有非期望信号的方案不同，只需要保证在D_i处所有的d_i个有用信号不受到非期望信号的干扰即可。因此，基于文献[99]，以下条件需要被满足：

$$\boldsymbol{G}_{i,2}[1:d_i,1:d_2]=\boldsymbol{0},\quad i=1,3 \tag{5-40}$$

$$\boldsymbol{G}_{i,4}[1:d_i,1:d_4]=\boldsymbol{0},\quad i=1,3 \tag{5-41}$$

$$\boldsymbol{G}_{j,1}[1:d_j,1:d_1]=\boldsymbol{0},\quad j=2,4 \tag{5-42}$$

$$\boldsymbol{G}_{j,3}[1:d_j,1:d_3]=\boldsymbol{0},\quad j=2,4 \tag{5-43}$$

其中：式(5-40)、式(5-41)表示干扰信号 $\boldsymbol{x}_2[m]$ 和 $\boldsymbol{x}_4[m]$ 在 D_i，$i\in\{1,3\}$ 处的前 d_i 根天线上被消除，式(5-42)、式(5-43)表示干扰信号 $\boldsymbol{x}_1[m]$ 和 $\boldsymbol{x}_3[m]$ 在 $D_j(j\in\{2,4\})$ 处的前 d_j 根天线上被消除。上述条件共包含 $2(d_1d_2+d_1d_4+d_2d_3+d_3d_4)=2(d_2+d_4)(d_1+d_3)$ 个关于矩阵 $\boldsymbol{V}_1$ 和 $\boldsymbol{V}_2$ 中的 $N_1^2+N_2^2$ 个元素的线性等式。这样，当条件F满足时，总会存在非零

矩阵($\boldsymbol{V}_1,\boldsymbol{V}_2$),使得在 $D_i(i \in \{1,2,3,4\})$ 处,非期望信号不会干扰有用信号的接收。

最后,为了使每个接收机在对有用信号进行解码之前能够消除干扰信号,假设每对干扰信号中的干扰信号是相同的,即 $\boldsymbol{u}_1[m]=\boldsymbol{u}_3[m]$ 和 $\boldsymbol{u}_2[m]=\boldsymbol{u}_4[m]$。这样,接收端 D_i 在消除掉自干扰信号之后,能够如同在 CM 模型中一样,利用前 d_i 根天线来解调期望信号,其接收信号表示为

$$\hat{\boldsymbol{y}}_i[m]=\hat{\boldsymbol{G}}_{i,i}\bar{\boldsymbol{x}}_i[m]+\hat{\boldsymbol{z}}_i[m]$$

这样,式(5-35)成立。另外,由式(5-37)可得,信息泄露 $I(\bar{\boldsymbol{v}},\boldsymbol{y}_R)$ 的下界值可以通过与式(5-38)类似的方式推导得到

$$I(\bar{\boldsymbol{v}},\boldsymbol{y}_R)=\log_2\frac{\det(\boldsymbol{I}_l+8\gamma P\,\overline{\boldsymbol{H}}_R^H\,\overline{\boldsymbol{H}}_R)}{\det(\boldsymbol{I}_l+4\gamma P\,\overline{\boldsymbol{H}}_R^H\,\overline{\boldsymbol{H}}_R)}=\log_2\frac{2^l\det\left(\frac{1}{2}\boldsymbol{I}_l+4\gamma P\,\overline{\boldsymbol{H}}_R^H\,\overline{\boldsymbol{H}}_R\right)}{\det(\boldsymbol{I}_l+4\gamma P\,\overline{\boldsymbol{H}}_R^H\,\overline{\boldsymbol{H}}_R)}\leqslant l$$

在这种情况下,结合 $I(\boldsymbol{x}_i,\boldsymbol{y}_i)=d_i\log_2 P+o(\log_2 P)$,可以得到 $\sum_{i=1}^{4}R_i\geqslant\sum_{i=1}^{4}d_i\log_2 P+o(\log_2 P)-l$,并且系统的 SDoF 为

$$d_s\geqslant\lim_{P\to\infty}\frac{\sum_{i=1}^{4}d_i\log_2 P+o(\log_2 P)-l}{\log_2 P}=\sum_{i=1}^{4}d_i$$

因此,当上述条件(A)~(C)及(E),(F)成立时,本节所提的可达方案可以获得系统的 SDoF。

2. 第二方案

当系统的天线配置满足 $N_1+N_2<\min\{M_1+M_3,M_2+M_4\}$ 时,对于 UR 窃听模型,提出一种基于干扰对齐的可达方案,其核心思想是将信号 $\boldsymbol{x}_1[m]$ 和 $\boldsymbol{x}_3[m]$,$\boldsymbol{x}_2[m]$ 和 $\boldsymbol{x}_4[m]$ 在中继处对齐至相同的维度上,使得中继无法辨别每一个有用信号。为了实现上述方案,d_i 还需要满足以下条件:

$$d_1,d_3\leqslant(M_2+M_4)-(N_1+N_2) \tag{G}$$

$$d_2,d_4\leqslant(M_1+M_3)-(N_1+N_2) \tag{H}$$

$$4d_1d_2\leqslant N_1^2+N_2^2-1 \tag{I}$$

在上述条件的基础上,可达方案具体如下:

令 $\boldsymbol{x}_i[m]=\boldsymbol{P}_i(\boldsymbol{v}_i[m]+\boldsymbol{u}_i[m]),i\in\{1,2,3,4\}$。其中,$d_1=d_3$,$d_2=d_4$;$\boldsymbol{v}_i[m]\in\mathbb{C}^{d_i}\sim\mathrm{CN}(\boldsymbol{0},\delta P\boldsymbol{I}_{d_i})$ 表示信息向量;$\boldsymbol{u}_1[m]=\boldsymbol{u}_3[m]\in\mathbb{C}^{d_1}\sim\mathrm{CN}(\boldsymbol{0},\delta P\boldsymbol{I}_{d_1})$ 和 $\boldsymbol{u}_2[m]=\boldsymbol{u}_4[m]\in\mathbb{C}^{d_2}\sim\mathrm{CN}(\boldsymbol{0},\delta P\boldsymbol{I}_{d_2})$ 表示人工噪声信号,$\boldsymbol{u}_2[m]=\boldsymbol{u}_4[m]\in\mathbb{C}^{d_2}\sim\mathrm{CN}(\boldsymbol{0},\delta P\boldsymbol{I}_{d_2})$ 用来满足 S_i 处的发送功率限制,且与 P 无关;$P_i\in\mathbb{C}^{M_i\times d_i}$ 是 $\boldsymbol{v}_i[m]$ 的预编码矩阵。为了在中继处实现信号 $\{\boldsymbol{v}_1[m],\boldsymbol{v}_3[m]\}$ 和 $\{\boldsymbol{v}_2[m],\boldsymbol{v}_4[m]\}$ 对齐,各信号的预编码向量需要满足条件

$$\boldsymbol{H}_{R_1,1}\boldsymbol{P}_1=\boldsymbol{H}_{R_1,3}\boldsymbol{P}_3 \tag{5-44}$$

$$\boldsymbol{H}_{R_1,2}\boldsymbol{P}_2=\boldsymbol{H}_{R_1,4}\boldsymbol{P}_4 \tag{5-45}$$

$$\boldsymbol{H}_{R_2,1}\boldsymbol{P}_1=\boldsymbol{H}_{R_2,3}\boldsymbol{P}_3 \tag{5-46}$$

$$\boldsymbol{H}_{R_2,2}\boldsymbol{P}_2 = \boldsymbol{H}_{R_2,4}\boldsymbol{P}_4 \tag{5-47}$$

其可以被变形为

$$\underbrace{\begin{bmatrix}\boldsymbol{H}_{R_1,1} & -\boldsymbol{H}_{R_1,3}\\ \boldsymbol{H}_{R_2,1} & -\boldsymbol{H}_{R_2,3}\end{bmatrix}}_{\boldsymbol{Q}_1\in\mathbb{C}^{(N_1+N_2)\times(M_1+M_3)}}\begin{bmatrix}\boldsymbol{P}_1\\ \boldsymbol{P}_3\end{bmatrix} = \boldsymbol{0}_{(N_1+N_2)\times d_1} \tag{5-48}$$

$$\underbrace{\begin{bmatrix}\boldsymbol{H}_{R_1,2} & -\boldsymbol{H}_{R_1,4}\\ \boldsymbol{H}_{R_2,2} & -\boldsymbol{H}_{R_2,4}\end{bmatrix}}_{\boldsymbol{Q}_2\in\mathbb{C}^{(N_1+N_2)\times(M_2+M_4)}}\begin{bmatrix}\boldsymbol{P}_2\\ \boldsymbol{P}_4\end{bmatrix} = \boldsymbol{0}_{(N_1+N_2)\times d_2} \tag{5-49}$$

当 $M_1+M_3-(N_1+N_2)\geqslant d_1$ 时，预编码矩阵$[\boldsymbol{P}_1^{\mathrm{T}},\boldsymbol{P}_3^{\mathrm{T}}]^{\mathrm{T}}$ 的 d_1 列向量可以从Q_1 的零空间中选择；类似地，当 $M_2+M_4-(N_1+N_2)\geqslant d_2$ 时，预编码矩阵$[\boldsymbol{P}_2^{\mathrm{T}},\boldsymbol{P}_4^{\mathrm{T}}]^{\mathrm{T}}$ 的 d_2 列向量可以从 $\boldsymbol{Q}_2$ 的零空间中选择。因此，当条件(G) 和(F) 成立时，所有的预编码矩阵 $\boldsymbol{P}_i$ 将会存在。

在对齐之后，$R_k(k\in\{1,2\})$ 的接收信号变为

$$\begin{aligned}\boldsymbol{y}_{R_k}[m] &= \boldsymbol{H}_{R_k,1}\boldsymbol{P}_1(\boldsymbol{v}_1[m]+\boldsymbol{v}_3[m]+2\boldsymbol{u}_1[m])+\boldsymbol{H}_{R_k,2}\boldsymbol{P}_2(\boldsymbol{v}_2[m]+\\ &\quad \boldsymbol{v}_4[m]+2\boldsymbol{u}_2[m])+\boldsymbol{n}_{R_k}[m]=\underbrace{[\boldsymbol{H}_{R_k,1}\boldsymbol{P}_1,\boldsymbol{H}_{R_k,2}\boldsymbol{P}_2]}_{\boldsymbol{Q}_1\in\mathbb{C}^{N_k\times(d_1+d_2)}}\\ &\quad \Bigg(\underbrace{\begin{bmatrix}\boldsymbol{v}_1[m]\\ \boldsymbol{v}_2[m]\end{bmatrix}}_{\boldsymbol{v}_{1,2}[m]}+\underbrace{\begin{bmatrix}\boldsymbol{v}_3[m]\\ \boldsymbol{v}_4[m]\end{bmatrix}}_{\boldsymbol{v}_{3,4}[m]}+2\underbrace{\begin{bmatrix}\boldsymbol{u}_1[m]\\ \boldsymbol{u}_2[m]\end{bmatrix}}_{\boldsymbol{u}[m]}\Bigg)+\boldsymbol{n}_{R_k}[m]\end{aligned} \tag{5-50}$$

通过协作，中继处的信号可以写为

$$\boldsymbol{y}_R[m] = \begin{bmatrix}\boldsymbol{y}_{R_1}[m]\\ \boldsymbol{y}_{R_2}[m]\end{bmatrix} = \underbrace{\begin{bmatrix}\boldsymbol{Q}_1[m]\\ \boldsymbol{Q}_2[m]\end{bmatrix}}_{\boldsymbol{Q}[m]}(\boldsymbol{v}_{1,2}[m]+\boldsymbol{v}_{3,4}[m]+2\boldsymbol{u}[m])+\boldsymbol{n}_R[m] \tag{5-51}$$

因为 $d_1+d_2<N_1+N_2$，可以得到 $I(\boldsymbol{v}_{1,2},\boldsymbol{v}_{3,4};\boldsymbol{y}_R)\leqslant d_1+d_2$。此时，当 P 趋于无穷时，系统的窃听 DoF 为 0。与式(5-38) 类似，我们可以得到系统的安全限制条件式(5-6) 成立，故中继无法窃听信号。

这样，$D_i(i\in\{1,2,3,4\})$ 的接收信号为

$$\begin{aligned}\boldsymbol{y}_i[m] &= \boldsymbol{G}_{i,1}\boldsymbol{P}_1(\boldsymbol{v}_1[m]+\boldsymbol{v}_3[m]+2\boldsymbol{u}_1[m])+\boldsymbol{G}_{i,2}\boldsymbol{P}_2(\boldsymbol{v}_2[m]+\\ &\quad \boldsymbol{v}_4[m]+2\boldsymbol{u}_2[m])+\boldsymbol{z}_i[m]\end{aligned} \tag{5-52}$$

在对信息信号进行解码之前，需要消除干扰 D_i 前 d_i 根天线的干扰信号，即

$$\boldsymbol{G}_{i,2}\boldsymbol{P}_2[1:d_i,1:d_2]=\boldsymbol{0},\quad i=1,3 \tag{5-53}$$

$$\boldsymbol{G}_{j,1}\boldsymbol{P}_1[1:d_j,1:d_1]=\boldsymbol{0},\quad j=2,4 \tag{5-54}$$

上述条件中，总共会存在 $4d_1d_4$ 个与预编码矩阵 $\mathbf{V}_1$ 和 $\mathbf{V}_2$ 相关的方程。当条件(I) 成立时，非零矩阵 $\mathbf{V}_1$ 和 $\mathbf{V}_2$ 将会存在。这样，干扰信号 $\boldsymbol{v}_2[m]+\boldsymbol{v}_4[m]+2\boldsymbol{u}_2[m]$ 的顶部 d_i 个符号

在 $D_i(i\in\{1,3\})$ 处被消除，干扰信号 $\boldsymbol{v}_1[m]+\boldsymbol{v}_3[m]+2\boldsymbol{u}_1[m]$ 的前 d_j 个符号在 $D_j(j\in\{2,4\})$ 处被消除。

更进一步地，当接收端将自身干扰信号进行消除后，其待解调信号变成

$$\hat{\boldsymbol{y}}_i[m]=\boldsymbol{G}_{i,1}'\boldsymbol{P}_1\boldsymbol{v}_i[m]+\hat{\boldsymbol{z}}_i[m],\quad i=1,3 \tag{5-55}$$

$$\hat{\boldsymbol{y}}_j[m]=\boldsymbol{G}_{j,2}'\boldsymbol{P}_2\boldsymbol{v}_j[m]+\hat{\boldsymbol{z}}_j[m],\quad j=2,4 \tag{5-56}$$

式中：$\boldsymbol{G}_{i,1}'\in\mathbb{C}^{d_1\times M_i}$ 和 $\boldsymbol{G}_{j,2}'\in\mathbb{C}^{d_2\times M_j}$——$\boldsymbol{G}_{i,1}$ 和 $\boldsymbol{G}_{j,2}$ 的前 d_1 和 d_2 行。

可以看出，D_i 的前 d_i 根天线与 D_j 的前 d_j 根天线被分别用来解调有用信号 $\boldsymbol{v}_i[m]$ 和 $\boldsymbol{v}_j[m]$。因为 $d_i<M_i$，$d_j<M_j$，矩阵 $\boldsymbol{G}_{i,1}'\boldsymbol{P}_1$ 和 $\boldsymbol{G}_{j,2}'\boldsymbol{P}_2$ 是满秩矩阵，我们可以得到 $I(\boldsymbol{v}_i,\hat{\boldsymbol{y}}_i)=d_i\log_2P+o(\log_2P)$ 和 $I(\boldsymbol{v}_j,\hat{\boldsymbol{y}}_j)=d_j\log_2P+o(\log_2P)$。通过 SDoF 的定义式(5-7)，系统总的 SDoF 为 $d_s\geqslant\sum_{i=1}^{4}d_i$。

5.4.3　CM-UR 模型的可达方案

对于 CM-UR 模型，我们将提出两种不同的可达方案，每一个方案均需要满足条件(A)，(B) 和(C)。

1. 第一方案

当 d_i 满足条件(A) ~ (E) 时，我们提出一种添加人工噪声的抗窃听方案。具体来说，每个用户发送的信号与 UR 模型中的第一方案相同，即 $\boldsymbol{x}_i[m]=\boldsymbol{v}_i[m]+\boldsymbol{u}_i[m]$，$i\in\{1,2,3,4\}$，此时，$R_k$ 接收到的信号与式(5-36) 相同，这样，保密约束条件式(5-6) 仍然成立。对于式(5-39) 中接收到的信号，所有非期望的信号可以用条件式(5-25) ~ 式(5-32) 来消除，这样窃听者就无法窃听它们。与 UR 模型中的第一方案类似，每个接收机接收到的信号为 $\hat{\boldsymbol{y}}_i[m]=\hat{\boldsymbol{G}}_{i,i}\bar{\boldsymbol{x}}_i[m]+\hat{\boldsymbol{z}}_i[m]$，从而得到 $I(\boldsymbol{x}_i,\boldsymbol{y}_i)\overset{\text{def}}{=\!=}I(\bar{x}_i,\hat{\boldsymbol{y}}_i)=d_i\log P+o(\log P)$，即 D_i 可以解调 d_i 个有用信息流。因此，利用式(5-7)，系统的可达 SDoF 为 $d_s\geqslant\sum_{i=1}^{4}d_i$。

2. 第二方案

当 $N_1+N_2<\min\{M_1+M_3,M_2+M_4\}$ 时，这里提出了一种基于干扰对齐的可达方案，其需要满足条件(A) ~ (C)，(E)，(G)，(H)，以及条件

$$(M_1+M_3)d_2+(M_2+M_4)d_1\leqslant N_1^2+N_2^2-1 \tag{J}$$

具体方案如下：

在这里，发送信号与 UR 模型的第二方案相同，则中继处的接收信号为式(5-36)、式(5-37)，通过上述证明，安全限制条件(5-6) 可以满足。但是，与 UR 中方案中仅在接收端处消除部分干扰信号不同的是，对于每一个用户的接收信号式(5-38)，在 CM-UR 模型中，所有的干扰信号需要被消除，即以下条件需要成立：

$$\boldsymbol{G}_{1,2}\boldsymbol{P}_2[1:M_3,1:d_2]=\boldsymbol{0} \tag{5-57}$$

$$\boldsymbol{G}_{2,1}\boldsymbol{P}_1[1:M_4,1:d_1]=\boldsymbol{0} \tag{5-58}$$

$$\boldsymbol{G}_{3,2}\boldsymbol{P}_2[1:M_1,1:d_2]=\boldsymbol{0} \tag{5-59}$$

$$\boldsymbol{G}_{4,1}\boldsymbol{P}_1[1:M_2,1:d_1]=\boldsymbol{0} \tag{5-60}$$

当条件(J)成立时，预编码矩阵($\boldsymbol{V}_1,\boldsymbol{V}_2$)将会存在。这样，$D_i$ 处的所有天线上不会收到干扰信号，所以安全限制条件式(5-4)和式(5-5)成立。消除掉自干扰信号后，D_i 利用其前 d_i 根天线去解调期望信号式(5-56)和式(4-56)，这样 $I(\boldsymbol{v}_i,\hat{\boldsymbol{y}}_i)=d_i\log P+o(\log_2 P)$，$i\in\{1,2,3,4\}$。因此，系统总的 SDoF 为 $d_s\geqslant\sum_{i=1}^{4}d_i$。

5.4.4 通用可达方案

在此方案中，我们提出了一种特殊的可达方案，其中只有一个通信对是活跃的，用来传递信息，而另一对保持沉默，仅窃听信号。此方案适用于三种窃听模型其中的任何一种。为了使得传输方案可行，条件(A)～(C)和(E)均需要被满足。

为了确保信息安全，活跃的通信对同时发送有用信号和干扰信号。具体地，当 S_1 和 S_3 为活跃的传输对，S_2 和 S_4 为窃听者时，S_1 和 S_3 的传输信号分别为 $\boldsymbol{x}_1[m]=\boldsymbol{P}_1(\boldsymbol{v}_1[m]+\boldsymbol{u}[m])$ 和 $\boldsymbol{x}_3[m]=\boldsymbol{P}_3(\boldsymbol{v}_3[m]+\boldsymbol{u}[m])$。其中，$\boldsymbol{P}_i\in\mathbb{C}^{M_i\times d_i}(i\in\{1,3\})$ 是 S_i 的预编码矩阵；$\boldsymbol{v}_i[m]\in\mathbb{C}^{d_i}$ 是有用信号；$\boldsymbol{u}[m]\in\mathbb{C}^{d_i}$ 是人工噪声信号。注意 $d_1=d_3$，$d_2=d_4=0$。这样，在传输的第一阶段，$R_k(k\in\{1,2\})$ 的接收信号为

$$\begin{aligned}\boldsymbol{y}_{R_k}[m]&=\boldsymbol{H}_{R_k,1}\boldsymbol{P}_1(\boldsymbol{v}_1[m]+\boldsymbol{u}[m])+{}_{R_k,3}\boldsymbol{P}_3(\boldsymbol{v}_3[m]+\boldsymbol{u}[m])+\boldsymbol{n}_{R_k}[m]=\\&\underbrace{[\boldsymbol{H}_{R_k,1}\boldsymbol{P}_1,\boldsymbol{H}_{R_k,3}\boldsymbol{P}_3]}_{\boldsymbol{Q}_2\in\mathbb{C}^{N_k\times(d_1+d_3)}}\left(\underbrace{\begin{bmatrix}\boldsymbol{v}_1[m]\\\boldsymbol{v}_3[m]\end{bmatrix}}_{\boldsymbol{v}_{1,3}[m]}+\underbrace{\begin{bmatrix}\boldsymbol{u}[m]\\\boldsymbol{u}[m]\end{bmatrix}}_{\boldsymbol{q}[m]}\right)+\boldsymbol{n}_{R_k}[m]\end{aligned} \tag{5-61}$$

这与式(5-36)相类似，其互信息 $I(\boldsymbol{v}_{1,3};\boldsymbol{y}_R)$ 为 $I(\boldsymbol{v}_{1,3};\boldsymbol{y}_R)\leqslant\min\{d_1+d_3,N_1+N_2\}$。除此以外，采用与 UR 模型第一方案类似的考虑，安全限制条件式(5-6)成立。

在第二传输阶段中，$R_k(k\in\{1,2\})$ 经过预编码后广播信号 $\boldsymbol{x}_{R_k}[m]=\boldsymbol{y}_{R_k}[m]$。这样，$D_i(i\in\{1,2,3,4\})$ 的接收信号为

$$\begin{aligned}\boldsymbol{y}_i[m]&=\boldsymbol{H}_{i,R_1}\boldsymbol{y}_{R_1}[m]+\boldsymbol{H}_{i,R_2}\boldsymbol{y}_{R_2}[m]+\boldsymbol{n}_i[m]=\\&\boldsymbol{G}_{i,1}(P)_1(\boldsymbol{v}_1[m]+\boldsymbol{u}[m])+\boldsymbol{G}_{i,3}\boldsymbol{P}_3(\boldsymbol{v}_3[m]+\boldsymbol{u}[m])+\boldsymbol{z}_i[m]\end{aligned} \tag{5-62}$$

对于 D_1 和 D_3，其可以在解调信号前消除自干扰信息和人工噪声信号。这样，其最终的接收信号为

$$\tilde{\boldsymbol{y}}_i[m]=\boldsymbol{G}_{i,i}\boldsymbol{P}_i\boldsymbol{v}_i[m]+\boldsymbol{z}_i[m] \tag{5-63}$$

其中：$\boldsymbol{v}_i[m]$ 可以采用与式(5-55)相同的方式解调信号，因此 $I(\boldsymbol{v}_i,\hat{\boldsymbol{y}}_i)=d_i\log_2 P+o(\log_2 P)$ 成立。这样，系统总的SDoF为 $d_s\geqslant\sum_{i=1}^{4}d_i=d_1+d_3$，其中 $d_2=d_4=0$。对于用户 D_2 和 D_4，由于人工噪声信号 $\boldsymbol{u}[m]$ 对齐在有用信号上，即 $\boldsymbol{y}_j[m]=[\boldsymbol{G}_{j,1}\boldsymbol{P}_1,\boldsymbol{G}_{j,3}\boldsymbol{P}_3](\boldsymbol{v}_{1,3}[m]+q[m])$，$j\in\{2,4\}$，并且通过推导发现，$I(\boldsymbol{v}_{1,3};\boldsymbol{y}_j)\leqslant d_1+d_3$，因此其不能解调 $\boldsymbol{v}_1[m]$ 或

$\boldsymbol{v}_3[m]$。这样，安全限制条件式(5-4)成立。基于条件(A)，(C)和(E)，系统的可达 SDoF 为 $d_s \geqslant d_1 + d_3 = 2\min\{M_1, M_3, N_1 + N_2\}$。类似地，若通信对 S_2 和 S_4 发送有用信号，S_1 和 S_3 是窃听端，则系统的 SDoF 为 $d_s \geqslant d_2 + d_4 = 2\min\{M_2, M_4, N_1 + N_2\}$。

综上所述，上述方案均能保证各窃听模型中信息信号的安全性，并且满足相应的保密约束条件式(5-4)～式(5-6)。同时，在不存在干扰信号混叠的情况下，可以对目标的期望信号进行解码。请注意，对于 CM 模型和 CM-UR 模型，在非预期目标处的泄露互信息始终为零，实现了信息的完全保密。

5.5　特殊情况 SDoF 分析

在任意天线配置下，上述所推导的 SDoF 上下界值给出了不同窃听模型的 SDoF 区域。为了得到各用户发送的准确的 SDoF 值，将以特殊情况为例，即 $M_i = M, N_k = N$，给出完整的 SDoF 的分析方法，这些方法可以应用于其他的天线配置中，具有普适性。

5.5.1　CM 模型的特殊情况

在本节中，利用上一节中的 CM 模型的可达方案与通用可达方案，推导出系统的可达 SDoF 的最大值。因为 SDoF 的上界值遵循 $d_s \leqslant \min\{\max\{2M, 2N\}, 4N, 4M\}$，我们重点关注不同的天线配置，即 $M < \frac{N}{2}$，$\frac{N}{2} \leqslant M < N$ 和 $M \geqslant N$ 情况下的 SDoF 的下界值。

1. $M < \frac{N}{2}$

在这种情况下，每个中继比每个传输对有更多的天线。根据 CM 模型的可达方案的成立条件，要使得 $d_1 + d_2 + d_3 + d_4$ 最大，则 d_i 需要满足条件

$$d_i \leqslant M \tag{5-64}$$

$$d_1 + d_2, d_3 + d_4 \leqslant 2N \tag{5-65}$$

$$2M(d_1 + d_3 + d_2 + d_4) \leqslant 2N^2 - 1 \tag{5-66}$$

接下来，我们将使用以下引理：

引理 5.2　对于常数 a 和 b，若 $x \leqslant a$，$y \leqslant a$ 和 $x + y \leqslant b$，则 $\max\{x + y\} = \min\{2a, b\}$，并且最大的变量为 $x_0 = \min\{a, b\}$ 和 $y_0 = \min\{a, b - x_0\}$。

利用上述引理 5.2，根据式(5-64)和式(5-65)来最大化 $d_1 + d_2$ 和 $d_3 + d_4$，可以得到 $d_1 = d_3 = \min\{M, 2N\} = M$，$d_2 = \min\{2N - d_1, M\}$，$d_4 = \min\{2N - d_3, M\}$。这样，条件式(5-64)～式(5-66)变形为

$$d_2 \leqslant \min\{2N - d_1, M\} \tag{5-67}$$

$$d_4 \leqslant \min\{2N - d_3, M\} \tag{5-68}$$

$$d_2 + d_4 \leqslant \left\lfloor \frac{2N^2 - 1}{2M} \right\rfloor - (d_1 + d_3) \tag{5-69}$$

再次使用引理 5.2，可以得到

$$d_2 = \min\{\left\lfloor \frac{2N^2-1}{2M} \right\rfloor - 2M, 2N - \min\{M,2N\}, M\} \tag{5-70}$$

$$d_4 = \min\{\left\lfloor \frac{2N^2-1}{2M} \right\rfloor - 2M - d_2, 2N - \min\{M,2N\}, M\} \tag{5-71}$$

注意，当 $M < \frac{N}{2}$ 时，有 $\left\lfloor \frac{2N^2-1}{2M} \right\rfloor - 3M > M$，所以，$d_2 = d_4 = M$，系统总的可达 SDoF 为 $d_s = 4M$。另外，当通用可达方案被应用后，我们同样可以得到 $4M$ 的 SDoF。由于系统的 SDoF 上界也为 $4M$，可以得到系统总的 SDoF 为 $d_s^* = 4M$。

2. $\frac{N}{2} \leqslant M < N$

在此天线配置下，我们应用 CM 模型的可达方案。具体地，当 $M < N$ 时，由式(5-64) ~ (5-66) 得出 $d_1 = d_3 = M$，并且式(5-70) ~ 式(5-71) 变形为

$$d_2 = \min\{\left\lfloor \frac{2N^2-1}{2M} \right\rfloor - 2M, M\} \tag{5-72}$$

$$d_4 = \min\{\left\lfloor \frac{2N^2-1}{2M} \right\rfloor - 2M - d_2, M\} \tag{5-73}$$

当 $\frac{N}{2} \leqslant M < N$ 时，$\left\lfloor \frac{2N^2-1}{2M} \right\rfloor - 2M \geqslant 0$。为了得到准确的 d_2 和 d_4，需要讨论以下两种情况：若 $0 \leqslant \left\lfloor \frac{2N^2-1}{2M} \right\rfloor - 2M \leqslant M$，则 $d_2 = \left\lfloor \frac{2N^2-1}{2M} \right\rfloor - 2M$ 和 $d_4 = 0$，从而 $d_s = \left\lfloor \frac{2N^2-1}{2M} \right\rfloor$；若 $\left\lfloor \frac{2N^2-1}{2M} \right\rfloor - 2M > M$，则 $d_2 = M$ 和 $d_4 = \min\{\left\lfloor \frac{2N^2-1}{2M} \right\rfloor - 3M, M\}$。由于 $M \geqslant \frac{N}{2}$，所以 $\left\lfloor \frac{2N^2-1}{2M} \right\rfloor - 3M < M$，从而 $d_4 = \left\lfloor \frac{2N^2-1}{2M} \right\rfloor - 3M$。因此，$d_s = \left\lfloor \frac{2N^2-1}{2M} \right\rfloor$。综上所述，在此天线配置中，$d_s = \left\lfloor \frac{2N^2-1}{2M} \right\rfloor$。

为了得到最大的可达 SDoF，我们需要对上述所得 d_i 值进行检查。当 N 为一个固定值且 M 从 $\frac{N}{2}$ 增加至 N 时，发现 $d_s = \left\lfloor \frac{2N^2-1}{2M} \right\rfloor$ 随着 M 的增加而降低。我们的目标是为了获得最大的 SDoF，可以激活部分的发送天线并且令其他的天线空闲。具体地，当 N 为偶数时，发送端仅激活 $M = \frac{N}{2}$ 根天线，并且 $\left\lfloor \frac{2N^2-1}{2M} \right\rfloor - 2M = N - 1 \geqslant M = \frac{N}{2}$。因此，$d_1 = d_2 = d_3 = \frac{N}{2}$，$d_4 = \frac{N}{2} - 1 d_s = 2N - 1$，并且 $d_s = 2N - 1$，其中 $N \geqslant 2$。当 N 为奇数时，发送端仅激活 $M = \frac{N+1}{2}$ 根天线。当 $M = \frac{N+1}{2}$ 且 $\left\lfloor \frac{2N^2-1}{2M} \right\rfloor - 2M \leqslant M$，即 $3 \leqslant N \leqslant 7$ 时，可以得到 $d_1 = d_3 = \frac{N+1}{2}$，$d_2 = N - 3$ 和 $d_4 = 0$；当 $\left\lfloor \frac{2N^2-1}{2M} \right\rfloor - 2M > M$，即 $N > 7$ 时，$d_1 = d_2 = d_3 = \frac{N+1}{2}$，$d_4 = \frac{N-7}{2}$。因此，当 N 为奇数时，$d_s = 2N - 2$。

另外，还需要考虑另一种适用于 CM 模型的 SDoF 可达方案——通用可达方案。当仅有

一对通信对在传递有用信息时，系统的可达 SDoF 为 $d_s = 2M$。与之前采用 CM 模型的可达方案相比，CM 模型的可达方案所获得的 SDoF 比通用可达方案要多。即：当 $\frac{N}{2} \leqslant M < N$ 时，若 N 是奇数，$2M \leqslant 2(N-1)$；若 N 是偶数，$2M \leqslant 2N-1$。因此，系统 SDoF 的界为

$$2N \geqslant d_s^* \geqslant \begin{cases} 2N-2, 当\frac{N}{2} \leqslant M < N 时, N 是奇数 \\ 2N-1, 当\frac{N}{2} \leqslant M < N 时, N 是偶数 \end{cases} \tag{5-74}$$

3. $M \geqslant N$

在这种情况下，当考虑 CM 模型的可达方案时，条件式(5-69)中的项 $\left\lfloor \frac{2N^2-1}{2M} \right\rfloor - (d_1 + d_3) = \left\lfloor \frac{2N^2-1}{2M} \right\rfloor - 2\min\{M, 2N\}$ 总是负值。即：当 $N \leqslant M \leqslant 2N$ 时，$\left\lfloor \frac{2N^2-1}{2M} \right\rfloor \leqslant \frac{2N^2-1}{2M} \leqslant \frac{2M^2-1}{2M} < d_1 + d_3 = 2M$；若 $M > 2N$，$\left\lfloor \frac{2N^2-1}{2M} \right\rfloor \leqslant \frac{2N^2-1}{2M} < \frac{2N^2-1}{4N} < d_1 + d_3 = 4N$。这表明这两对通信对不能够同时安全地传递信息。因此，考虑通用可达方案。若 S_1 和 S_3 仅发送有用信号，可得 $d_1 = d_3 = \min\{M, 2N\}$ 和 $d_2 = d_4 = 0$；若 S_2 和 S_4 仅发送有用信号，则 $d_2 = d_4 = \min\{M, 2N\}$ 和 $d_1 = d_3 = 0$。此时，$d_s = 2\min\{M, 2N\}$，这与在 $M \geqslant N$ 条件下系统的 SDoF 上界值相吻合。因此，根据通用可达方案可得系统的精确 SDoF 为 $d_s^* = 2\min\{M, 2N\}$。

综上所述，得到最大可达 SDoF 主要是通过三个步骤完成的：第一，根据 CM 模型的可达方案与通用可达方案的成立条件得到可能的 d_i 值；然后，在每一种天线配置下，我们提出一个修正过程，用以实现各配置下的最大 SDoF；最后，我们比较了不同方案下的可达 SDoF，从而确定系统最大的可达 SDoF。上述步骤也可以应用于 UR 模型与 CM-UR 模型的最大可达 SDoF 的求解中。

5.5.2　UR 模型的特殊情况

在本节中，我们将考虑 UR 模型的两个方案与通用可达方案。由于 SDoF 的上界值可以从之前的分析中直接得到，即 $d_s \leqslant \min\{\max\{2M, 2N\}, 4N, 4M\}$，主要分析四种天线配置 $M < N \leqslant 2M$，$N > 2M$，$\frac{M}{2} < N \leqslant M$ 和 $N \leqslant \frac{M}{2}$ 下系统的 SDoF 的下界值，并且证明系统的 SDoF 的上、下界值可以在 $N > 2M$，$N < \frac{M}{2}$ 和 $M = N$ 配置下相吻合。

$M < N \leqslant 2M$：当 $M_i = M$，$N_k = N$，$d_1 = d_3$，$d_2 = d_4$ 时，UR 模型第一方案中的条件可以被写为

$$d_i \leqslant \min\{M, 2N\} \tag{5-75}$$

$$d_1 + d_2 \leqslant 2N \tag{5-76}$$

$$d_1d_2 \leqslant \frac{2N^2-1}{8} \tag{5-77}$$

这里利用不等式 $xy \leqslant \left(\frac{x+y}{2}\right)^2$ 来放松式(5-77)，得到 $d_1d_2 \leqslant \left(\frac{d_1+d_2}{2}\right)^2 \leqslant \frac{2N^2-1}{8}$。这样，式(5-77)可以用 $d_1+d_2 \leqslant \left\lfloor \sqrt{\frac{2N^2-1}{2}} \right\rfloor = N-1$ 来替换。因此，采用引理5.2。

1. $M < N \leqslant 2M$

此时系统的 d_i 为

$$d_1 = d_3 = \min\{M, \min\{2N, N-1\}\} = \min\{M, N-1\} = M \tag{5-78}$$

$$d_2 = d_4 = \min\{M, \min\{2N, N-1\} - d_1\} = \min\{M, N-1-M\} = N-1-M \tag{5-79}$$

所以，系统总的可达 SDoF 为 $d_s = 2(N-1)$。

另外，当使用通用可达方案时，系统的可达 SDoF 为 $d_s = 2M \leqslant 2(N-1)$。通过将上述几种可达 SDoF 进行比较，可得系统的 SDoF 的最大下界为 $d_s^* \geqslant 2(N-1)$。

2. $N > 2M$

在这种情况下，使用 UR 第一方案与通用可达方案，我们可以得到系统的总的可达 SDoF 为 $d_s = 4M$，这与此天线配置下的 SDoF 的上界值相吻合。因此，$d_s^* = 4M$。

3. $\frac{M}{2} < N \leqslant M$

由于 $N \leqslant M$，考虑采用 UR 第二方案，其中 $d_1 = d_3$，$d_2 = d_4$，并且 d_1 和 d_2 需要满足条件

$$d_i \leqslant \min\{M, 2(M-N), 2N\}, \quad i = 1, 2 \tag{5-80}$$

$$d_1 + d_2 \leqslant 2N \tag{5-81}$$

$$d_1d_2 \leqslant \frac{2N^2-1}{4} \tag{5-82}$$

式(5-82)可以被放松为 $d_1 + d_2 \leqslant \lfloor \sqrt{2N^2-1} \rfloor$。这样，采用引理5.2，可以得到

$$d_1 = d_3 = \min\{M, 2(M-N), \min\{2N, \lfloor \sqrt{2N^2-1} \rfloor\} = \min\{2(M-N), \lfloor \sqrt{2N^2-1} \rfloor\} \tag{5-83}$$

$$d_2 = d_4 = \min\{M, 2(M-N), \min\{2N, \lfloor \sqrt{2N^2-1} \rfloor\} - d_1\} = \min\{2(M-N), \lfloor \sqrt{2N^2-1} \rfloor - d_1\} \tag{5-84}$$

其可达 SDoF 为 $d_s = 2\min\{4(M-N), \lfloor \sqrt{2N^2-1} \rfloor\}$。

接下来，将核查并修正上述结果，期望获得最大的 SDoF。当 $N = M$ 时，$d_s = 0$。在区间 $\frac{M}{2} < N < M$，定义函数 $f(N) = 4(M-N) - \lfloor \sqrt{2N^2-1} \rfloor$。由于 $f\left(\frac{M}{2}\right) > 0$，$f(M) < 0$，并且当

M不变时，$f(N)$随着N的增加而减小，则在区间$\frac{M}{2}<N<M$中，存在一个转折点N^*，使得

$$f(N^*)\geqslant 0 \Rightarrow 4(M-N^*)\geqslant \lfloor \sqrt{2N^{*2}-1} \rfloor \tag{5-85}$$

$$f(N^*+1)<0 \Rightarrow 4[M-(N^*+1)]<\lfloor \sqrt{2(N^*+1)^2-1} \rfloor,\ \frac{M}{2}<N\leqslant N^* \tag{5-86}$$

这意味着当$\frac{M}{2}<N\leqslant N^*$时，$f(N)\geqslant 0$，$d_s=2\lfloor\sqrt{2N^2-1}\rfloor$；当$N^*<N<M$时，$f(N)<0$，$d_s=8(M-N)$。注意，当$N$从$N^*+1$增加至$M$时，仅在中继处激活$N^*+1$根天线来获得最大的 SDoF。这样，当$\frac{M}{2}<N\leqslant N^*$时，$d_1=d_3=\min\{2(M-N),\lfloor\sqrt{2N^2-1}\rfloor\}$，$d_2=d_4=\min\{2(M-N),\lfloor\sqrt{2N^2-1}\rfloor-d_1\}$，$d_s=2\lfloor\sqrt{2N^2-1}\rfloor$；当$N^*+1\leqslant N<M$时，$d_1=d_3=\min\{2(M-N^*),\lfloor\sqrt{2N^{*2}-1}\rfloor\}$，$d_2=d_4=\min\{2(M-N^*),\lfloor\sqrt{2N^{*2}-1}\rfloor-d_1\}$，$d_s=\max\{2\lfloor\sqrt{2N^{*2}-1}\rfloor,8(M-N^*-1)\}$。

另外，当使用通用可达方案时，系统的可达 SDoF 为$d_s=2M$。综上所述，当$N=M$时，系统精确的 SDoF 为$d_s^*=2M$；当$\frac{M}{2}<N\leqslant N^*$时，$d_s^*\geqslant\max\{2\lfloor\sqrt{2N^2-1}\rfloor,2M\}$；当$N^*<N<M$时，$d_s^*\geqslant\max\{2\lfloor\sqrt{2N^{*2}-1}\rfloor,8(M-N^*-1),2M\}$。

4. $N\leqslant\frac{M}{2}$

根据 UR 模型第一方案，即d_i满足条件式(5-75)～式(5～77)，可以得到$d_1=d_3=N-1$，$d_2=d_4=0$，$d_s=2(N-1)$；采用UR第二方案，即d_i满足条件式(5-80)～式(5-82)，$d_1=d_3=\lfloor\sqrt{2N^2-1}\rfloor$，$d_2=d_4=0$，$d_s=2\lfloor\sqrt{2N^2-1}\rfloor$；当采用通用可达方案时，$d_s=4N$，这与系统的上界值相吻合。因此，系统精确的 SDoF 为$d_s^*=4N$。

5.5.3 CM-UR 模型的特殊情况

这种窃听模型中，将使用 CM-UR 的两种方案与通用方案来获得系统的 SDoF。其中，SDoF 的上界值仍然为$d_s\leqslant\min\{\max\{2M,2N\},4N,4M\}$。在这里，将讨论在区间$M<N\leqslant 2M$，$N>2M$，$N\leqslant\frac{M}{2}$，$\frac{M}{2}<N\leqslant M$下的 SDoF 的下界值。

1. $M<N\leqslant 2M$

根据 CM-UR 模型第二方案，基于以下条件来求解可达 SDoF：

$$d_1\leqslant\min\{M,2N\},d_2\leqslant\min\{M,2N\} \tag{5-87}$$

$$d_1+d_2\leqslant\min\{\left\lfloor\frac{2N^2-1}{4M}\right\rfloor,2N\} \tag{5-88}$$

这样，采用引理 5.2，可以得到

$$d_1=d_3=\min\{M,\min\{\left\lfloor\frac{2N^2-1}{4M}\right\rfloor,2N\}\} \tag{5-89}$$

$$d_1 = d_3 = \min\{M, \min\{\left\lfloor \frac{2N^2-1}{4M} \right\rfloor, 2N\}\} \tag{5-90}$$

因为当$M < N \leqslant 2M$时，$\left\lfloor \frac{2N^2-1}{4M} \right\rfloor \leqslant M < N$，则式(5-89)、式(5-90)可以被写为$d_1 = d_3 = \left\lfloor \frac{2N^2-1}{4M} \right\rfloor$，$d_2 = d_4 = 0$，所以$d_s = 2\left\lfloor \frac{2N^2-1}{4M} \right\rfloor$。但是，系统的可达SDoF $2\left\lfloor \frac{2N^2-1}{4M} \right\rfloor$将随着$M$的增加而减少，因此，为了得到最大可达SDoF，仅激活$M = \left\lceil \frac{N}{2} \right\rceil$根天线而令剩余的$M - \left\lceil \frac{N}{2} \right\rceil$根天线空闲，其中$\lceil\ \rceil$为向上取整函数。此时，系统可达SDoF为$d_s = 2(N-1)$。

当采用通用可达方案时，可以得到$d_s = 2M \leqslant 2(N-1)$。因此，在此天线配置下，系统的SDoF的下界值表示为$d_s^* \geqslant 2(N-1)$。

2. $N > 2M$

在这种情况下，应用CM-UR第一方案，可以由条件式(5-89)、式(5-90)得到$d_1 = d_3 = M$，$d_2 = d_4 = M$，从而$d_s = 4M$。此外，通用可达方案也可以得到同样的结论，并且与上界值一致。因此，$d_s^* = 4M$。

3. $N \leqslant \frac{M}{2}$

当采用通用可达方案时，$d_s = 4N$，与上界值相一致。因此，$d_s^* = 4N$。

4. $\frac{M}{2} < N \leqslant M$

在这种情况下，考虑CM-UR模型的两种方案与通用方案，得到系统的最大的SDoF。

当采用CM-UR第一方案时，我们可以得到与$M < N \leqslant 2M$情况下相同的结论，即$d_1 = d_3 = \left\lfloor \frac{2N^2-1}{4M} \right\rfloor$，$d_2 = d_4 = 0$，$d_s = 2\left\lfloor \frac{2N^2-1}{4M} \right\rfloor$。注意，当$N$固定时，$2\left\lfloor \frac{2N^2-1}{4M} \right\rfloor$随着$M$的增加而减少。因此，当$\frac{M}{2} < N \leqslant M$，在每一个接收端处仅有$N$根天线被激活，系统的可达SDoF为$d_s = 2\left\lfloor \frac{2N^2-1}{4N} \right\rfloor$。

当采用CM-UR第二方案时，令$d_1 = d_3$，$d_2 = d_4$，可以得到

$$d_i \leqslant \min\{M, 2(M-N), 2N\}, \quad i = 1,2 \tag{5-91}$$

$$d_1 + d_2 \leqslant \min\{2N, \left\lfloor \frac{2N^2-1}{2M} \right\rfloor\} = \left\lfloor \frac{2N^2-1}{2M} \right\rfloor \tag{5-92}$$

式(5-92)可以被写为$d_i \leqslant 2(M-N)$。这样，采用引理5.2，可以得到

$$d_1 = d_3 = \min\{2(M-N), \left\lfloor \frac{2N^2-1}{2M} \right\rfloor\} \tag{5-93}$$

$$d_2 = d_4 = \min\{2(M-N), \left\lfloor \frac{2N^2-1}{2M} \right\rfloor - d_1\} \tag{5-94}$$

因此，系统的SDoF为

$$d_s = 2\min\{4(M-N), \left\lfloor \frac{2N^2-1}{2M} \right\rfloor\} \tag{5-95}$$

接下来，需要检查上述结论。注意，当 $M=N$ 时，$d_s=0$；当 $\frac{M}{2}<N<M$ 时，式(5-93)表示，若 $4(M-N)<\left\lfloor\frac{2N^2-1}{2M}\right\rfloor$，则 $d_s=8(M-N)$，其当 M 固定时，随着 N 的增加而减少；而当 $4(M-N)\geqslant\left\lfloor\frac{2N^2-1}{2M}\right\rfloor$ 时，$d_s=2\left\lfloor\frac{2N^2-1}{2M}\right\rfloor$，其当 N 固定时，其随着 M 的增加而减少。这意味着当激活的天线数过多时，系统的 SDoF 反而被减少。因此，在区间 $\frac{M}{2}<N<M$ 中，系统的可达 SDoF 应该通过激活部分天线而被修正。具体地，我们先定义两个函数：当 M 固定时，存在一个关于 N 的函数 $f(N)=4(M-N)-\left\lfloor\frac{2N^2-1}{2M}\right\rfloor$；当 N 固定时，存在一个关于 M 的函数 $g(M)=4(M-N)-\left\lfloor\frac{2N^2-1}{2M}\right\rfloor$。这样，修正过程如下：

(1) 由于 $f(N)$ 是关于 N 的递减函数，因此转折点 N^* 存在的条件是

$$f(N^*)\geqslant 0,f(N^*+1)<0 \tag{5-96}$$

此时，当 $\frac{M}{2}<N\leqslant N^*$ 时，$d_s=2\left\lfloor\frac{2N^2-1}{2M}\right\rfloor$；当 $N^*<N<M$ 时，$d_s=2\max\{4[M-(N^*+1)],\left\lfloor\frac{2N^{*2}-1}{2M}\right\rfloor\}$。当满足上述条件的 N^* 不能被找到时，即 $f(N)>0$，则 $d_s=2\left\lfloor\frac{2N^2-1}{2M}\right\rfloor$。为了得到最大的 SDoF，发送端仅需要激活 $M=N+1$ 根天线，此时 $d_s=2\left\lfloor\frac{2N^2-1}{2(N+1)}\right\rfloor=2(N-1)$。

(2) 由于 $g(M)$ 是关于 M 的递增函数，因此转折点 M^* 存在的条件是

$$g(M^*)\geqslant 0,g(M^*+1)<0 \tag{5-97}$$

此时，当 $\frac{M}{2}<N<M\leqslant M^*$ 时，$d_s=2\max\{4(M-(N^*+1)),\left\lfloor\frac{2N^{*2}-1}{2M}\right\rfloor\}$，这与当 $N^*<N<M$ 时的结果相同。这是因为在这两个区间中，$f(N)<0$，$g(M)<0$，并且 $g(M)<0$，这样，式(5-95)变为 $d_s=8(M-N)$，从而只需要激活 N 根天线，此时 $d_s=2\max\{4(M-(N^*+1)),\left\lfloor\frac{2N^{*2}-1}{2M}\right\rfloor\}$。当 $\frac{M^*}{2}<\frac{M}{2}<N<M$ 时，$d_s=2\max\{4(M^*-N),\left\lfloor\frac{2N^2-1}{2(M^*+1)}\right\rfloor\}$。当这个转折点 M^* 不存在，即，$g(M)>0$ 时，式(5-95)中的 SDoF 变为 $d_s=2\left\lfloor\frac{2N^2-1}{2M}\right\rfloor$，其可以被修正为 $d_s=2\left\lfloor\frac{2N^2-1}{2(N+1)}\right\rfloor=2(N-1)$，其中，仅有 $M=N+1$ 根天线被激活用来发送信号。

除此以外，当应用通用可达方案时，系统的 SDoF 为 $d_s=2\min\{M,2N\}=2M$。

综上所述，当 $N=M$ 时，$d_s^*=2M$ 可达；对于 $\frac{M}{2}<N<M$，当 M^* 或 N^* 不存在时，由于 $2(N-1)<2M$，$d_s^*=2M$；若 M^* 和 N^* 存在，当 $\frac{M}{2}<N\leqslant N^*$ 时，$d_s^*=2M$ 可达。对于其他天线配置情况，可得

$$2M \geqslant d_s^* \geqslant \begin{cases} 2\max\{4(M-(N^*+1)), M\}, & \text{当 } N^* < N < M \text{ 或 } \frac{M}{2} \leqslant N < M \leqslant M^* \text{ 时} \\ 2\max\{4(M^*-N), \left\lfloor \frac{2N^2-1}{2(M^*+1)} \right\rfloor, M\}, & \text{当 } \frac{M^*}{2} < \frac{M}{2} < N < M \text{ 时} \end{cases}$$
(5-98)

5.6 主要结论

5.6.1 理论结论

基于上述有关双向中继 2×2×2 MIMO 网络的 SDoF 的分析，将主要结论总结如下：

1. 一般模型下的 SDoF 的上界值

定理 5.1 对于双向中继 2×2×2 MIMO 网络，其中发送端 S_i 有 M_i 根天线，中继 R_k 有 N_k 根天线。当窃听模型为 CM，UR，CM-UR 时，系统的可达 SDoF 的上界值为

$$\begin{aligned} d_s \leqslant \min\{ & \frac{2}{3}(\max\{M_1+M_3, N_1+N_2\} + \max\{M_2+M_4, N_1+N_2\}), \\ & 2(N_1+N_2), \sum_{i=1}^{4} M_i, \max\{N_1+N_2, M_1+M_3\}, \\ & \max\{N_1+N_2, M_2+M_4\}\} \end{aligned}$$
(5-99)

注：系统的精确 SDoF 也是以上式为界的。

2. 一般模型下 SDoF 的下界值

以下的定理总结了第 5.5 小节中系统的可达 SDoF 区域的限制条件：

定理 5.2 对于双向中继 2×2×2 MIMO 网络 CM 窃听模型，其中发送端 S_i 有 M_i 根天线，中继 R_k 有 N_k 根天线。若 d_1, d_2, d_3, d_4 为非负整数且满足条件(A)～(D)，则系统的 SDoF 为 $d_s = \sum_{i=1}^{4}$ 为 d_i 可达。

定理 5.3 对于双向中继 2×2×2 MIMO 网络 UR 窃听模型，其中发送端 S_i 有 M_i 根天线，中继 R_k 有 N_k 根天线。若 d_1, d_2, d_3, d_4 为非负整数且满足条件(A)～(C) 和(E)，(F)，则系统的 SDoF 为 $d_s = \sum_{i=1}^{4} d_i$ 可达。

定理 5.4 对于双向中继 2×2×2MIMO 网络 UR 窃听模型，其中发送端 S_i 有 M_i 根天线，中继 R_k 有 N_k 根天线。当 $N_1+N_2 < \min\{M_1+M_3, M_2+M_4\}$ 时，d_1, d_2, d_3, d_4 需要满足条件(A)～(C)，(E)，(G)～(H)，(J)，系统的 SDoF 为 $d_s = \sum_{i=1}^{4} d_i$ 可达。

定理 5.5 对于双向中继 2×2×2 MIMO 网络 CM-UR 窃听模型，其中发送端 S_i 有 M_i 根天线，中继 R_k 有 N_k 根天线。若 d_1, d_2, d_3, d_4 为非负整数且满足条件(A)～(E)，则系统的 SDoF 为 $d_s = \sum_{i=1}^{4} d_i$ 可达。

定理 5.6　对于双向中继 2×2×2 MIMO 网络 CM-UR 窃听模型，其中发送端 S_i 有 M_i 根天线，中继 R_k 有 N_k 根天线。当 $N_1+N_2<\min\{M_1+M_3,M_2+M_4\}$ 时，d_1,d_2,d_3,d_4 需要满足条件(A)～(C)，(E)，(G)～(H)，(J)，系统的 SDoF 为 $d_s=\sum_{i=1}^{4}d_i$ 可达。

定理 5.7　对于双向中继 2×2×2 MIMO 网络的三种窃听模型，其中发送端 S_i 有 M_i 根天线，中继 R_k 有 N_k 根天线。当条件(A)～(C)，(E) 被满足，并且仅有一对通信对传输有用信息时，对于(S_1, S_3)，系统的 SDoF 为

$$d_s=2\min\{M_1,M_3,N_1+N_2\} \tag{5-100}$$

对于(S_2, S_4)，系统的 SDoF 为

$$d_s=2\min\{M_2,M_4,N_1+N_2\} \tag{5-101}$$

定理 5.5 和定理 5.6 是在定理 5.2～定理 5.4 的基础上得到的，以确保 CM 和 UR 模型的安全性。因此，定理 5.5～定理 5.7 中可达的 SDoF 不大于定理 5.2～定理 5.4 中的 SDoF。定理 5.7 考虑了一个特例，即只有一对传输信息信号，其适用于所有三个窃听模型。因此，对于 CM、UR、CM-UR 模型，其分别由定理 5.2、定理 5.7，定理 5.3～定理 5.4、定理 5.7、定理 5.5～定理 5.7 提供可达的方案，每个模型的 SDoF 的下界为可达 SDoF 的最大值。

3. 特殊情况下的 SDoF 界($M_i=M,N_k=N$)

定理 5.8　对于双向中继 2×2×2MIMO 网络 CM 窃听模型，系统的 SDoF 为

$$d_s^*=\begin{cases}2\min\{M,2N\}, & \text{当 } M\geqslant N \text{ 时}\\ 4M, & \text{当 } M<\dfrac{N}{2} \text{ 时}\end{cases} \tag{5-102}$$

$$2N\geqslant d_s^*\geqslant\begin{cases}2N-2, & \text{当}\dfrac{N}{2}\leqslant M<N \text{ 时},N \text{ 是奇数}\\ 2N-1, & \text{当}\dfrac{N}{2}\leqslant M<N \text{ 时},N \text{ 是偶数}\end{cases} \tag{5-103}$$

推论 5.1　双向 2×2×2MIMO 干扰网络 CM 模型中的上下界之间的 SDoF 间隙为

$$d_{\text{gap}}=\begin{cases}0, & \text{当 } M\geqslant N \text{ 且 } M<\dfrac{N}{2} \text{ 时}\\ 1, & \text{当 } \dfrac{N}{2}\leqslant M<N \text{ 时},N \text{ 是偶数}\\ 2, & \text{当 } \dfrac{N}{2}\leqslant M<N \text{ 时},N \text{ 是奇数}\end{cases} \tag{5-104}$$

定理 5.9　对于双向中继 2×2×2MIMO 网络 UR 窃听模型，系统的 SDoF 为

$$d_s^*=\begin{cases}4N, & \text{当 } N\leqslant\dfrac{M}{2} \text{ 时}\\ 4M, & \text{当 } N>2M \text{ 时}\\ 2M, & \text{当 } N=M \text{ 时}\end{cases} \tag{5-105}$$

$$\min\{\max\{2M,2N\},4N,4M\}\geqslant d_s^*\geqslant \begin{cases}2(N-1), & \text{当 } M<N\leqslant 2M \text{ 时}\\ \max\{2\lfloor\sqrt{2N^2-1}\rfloor,2M\}, & \text{当 } \frac{M}{2}<N\leqslant N^* \text{ 时}\\ \max\{2\lfloor\sqrt{2N^{*2}-1}\rfloor,8(M-N^*-1),2M\}, & \text{当 } N^*<N<M \text{ 时}\end{cases} \tag{5-106}$$

推论 5.2 双向 $2\times2\times2$ MIMO 干扰网络 UR 模型中的上下界之间的 SDoF 间隙为

$$d_{\text{gap}}=\begin{cases}0, & \text{当 } N\leqslant\frac{M}{2},N>2M,\text{且 } N=M \text{ 时}\\ 2, & \text{当 } M<N\leqslant 2M \text{ 时}\\ 2M-\max\{2\lfloor\sqrt{2N^2-1}\rfloor,2M\}, & \text{当 } \frac{M}{2}<N\leqslant N^* \text{ 时}\\ 2M-\max\{2\lfloor\sqrt{2N^{*2}-1}\rfloor,8(M-N^*-1),2M\}, & \text{当 } N^*<N<M \text{ 时}\end{cases} \tag{5-107}$$

定理 5.10 对于双向中继 $2\times2\times2$ MIMO 网络 CM-UR 窃听模型，系统的 SDoF 为

$$d_s^*=\begin{cases}4M, & \text{当 } N>2M \text{ 时}\\ 4N, & \text{当 } N\leqslant\frac{M}{2} \text{ 时}\\ 2M, & \text{当 } N=M \text{ 时}\end{cases} \tag{5-108}$$

$$2N\geqslant d_s^*\geqslant 2(N-1),\quad \text{当 } M<N\leqslant 2M \text{ 时} \tag{5-109}$$

若 N^* 和 M^* 存在，则

$$d_s^*=2M,\quad \text{当 } \frac{M}{2}<N\leqslant N^* \text{ 时} \tag{5-110}$$

$$2M\geqslant d_s^*\geqslant\begin{cases}2\max\{4(M-(N^*+1)),M\},\text{当 } N^*<N<M \text{ 或 } \frac{M}{2}\leqslant N<M\leqslant M^* \text{ 时}\\ 2\max\{4(M^*-N),\left\lfloor\frac{2N^2-1}{2(M^*+1)}\right\rfloor,M\},\text{当 } \frac{M^*}{2}<\frac{M}{2}<N<M \text{ 时}\end{cases} \tag{5-111}$$

若 N^* 或 M^* 不存在，则

$$d_s^*=2M,\quad \text{当 } \frac{M}{2}<N<M \text{ 时} \tag{5-112}$$

推论 5.3 双向 $2\times2\times2$ MIMO 干扰网络 CM-UR 模型中的上下界之间的 SDoF 间隙为

$$d_{\text{gap}}=\begin{cases}0, & \text{当 } N>2M,N\leqslant\frac{M}{2},\text{且 } N=M \text{ 时}\\ 2, & \text{当 } M<N\leqslant 2M \text{ 时}\end{cases} \tag{5-113}$$

若 N^* 和 M^* 存在，则

$$d_{gap}=\begin{cases}0, & 当\frac{M}{2}<N\leqslant N^{*}时\\ 2M-2\max\{4(M-(N^{*}+1)),M\}, & \\ & 当N^{*}<N<M或\frac{M}{2}\leqslant N<M\leqslant M^{*}时\\ 2M-2\max\{4(M^{*}-N),\left\lfloor\frac{2N^{2}-1}{2(M^{*}+1)}\right\rfloor,M\}, & \\ & 当\frac{M^{*}}{2}<\frac{M}{2}<N<M时\end{cases}\tag{5-114}$$

若 N^{*} 或 M^{*} 不存在，则

$$d_{gap}=0,当\frac{M}{2}<N<M时\tag{5-115}$$

在上述推论中，如果SDoF间隙等于0，则这些区域的上下界重合；否则，SDoF间隙会随着天线数量的变化而变化，通过调整每个情况下的天线数量(M,N)，可以使SDoF间隙最小化。但是，相应的SDoF界限可能会受到影响。

5.6.2　数值理论

在图5-2～图5-4中，绘出定理5.8～定理5.10中所推导的SDoF的上下界值，然后在图5-5和图5-6中，分别绘出当$M=3$时，最优SDoF随N的变化曲线，以及当$N=3$时，SDoF随M的变化曲线。

从图5-2、图5-5及图5-6中可以看出，对于CM模型，当$M\geqslant N$且$M<\frac{N}{2}$时，系统的最大SDoF可达，并且与系统的DoF相一致。这意味着主要制约系统的SDoF的瓶颈是天线配置，而不是保密约束条件。具体来说，当每个发射机的天线数量多于中继天线总数，即$M>2N$时，每个方向的最优SDoF等于DoF $2N$，两个方向的SDoF总数是$d_{s}^{*}=4N$；当中继天线总数大于用户天线总数，即$2N>4M$时，CM系统中中继有足够的自由度帮助用户安全传输。当$N\leqslant M<2N$时，采用通用可达方案，系统的SDoF为$2M$。

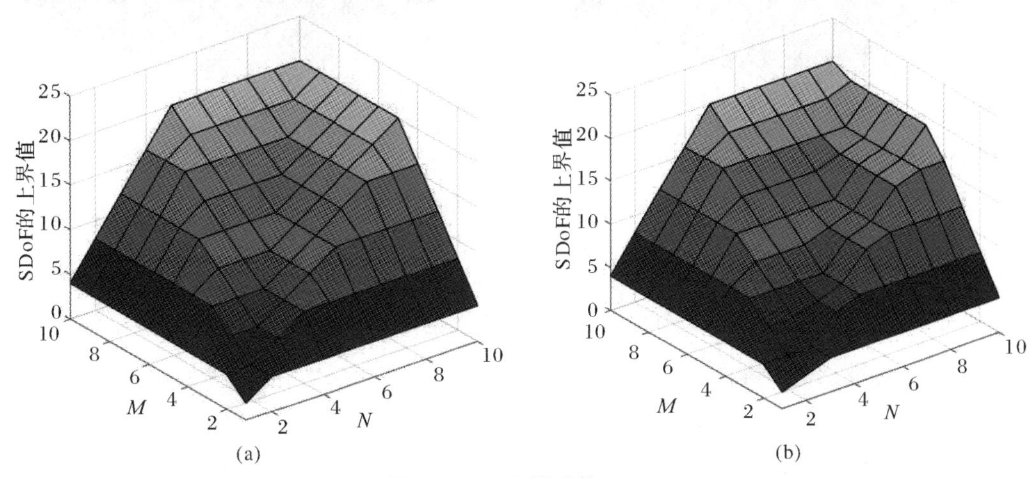

图5-2　CM模型的SDoF

(a)CM模型的上界值；(b)CM模型的下界值

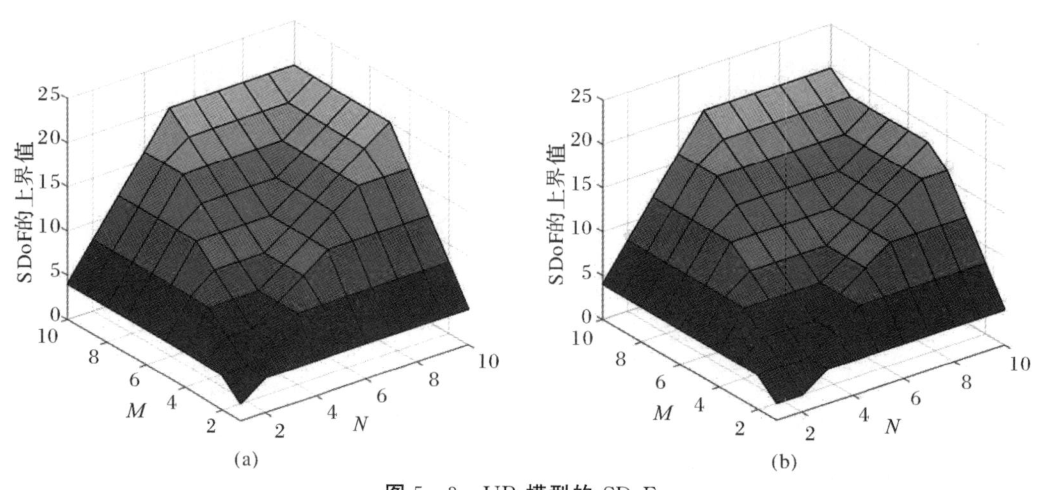

图 5－3　UR **模型的** SDoF

(a)UR 模型的上界值;(b)UR 模型的下界值

在图 5－3、图 5－5 和图 5－6 中,对于 UR 模型,当 $N > 2M$, $N \leqslant \frac{M}{2}$, $N = M$ 时,SDoF 达到最大,并且与 $N > 2M$ 和 $N < \frac{M}{2}$ 情况下的 DoF 一致。在无 DoF 损耗的情况下,节点天线的数量是限制 SDoF 的主要约束。此外,在其他的天线配置中,上界和下界之间存在着差距。

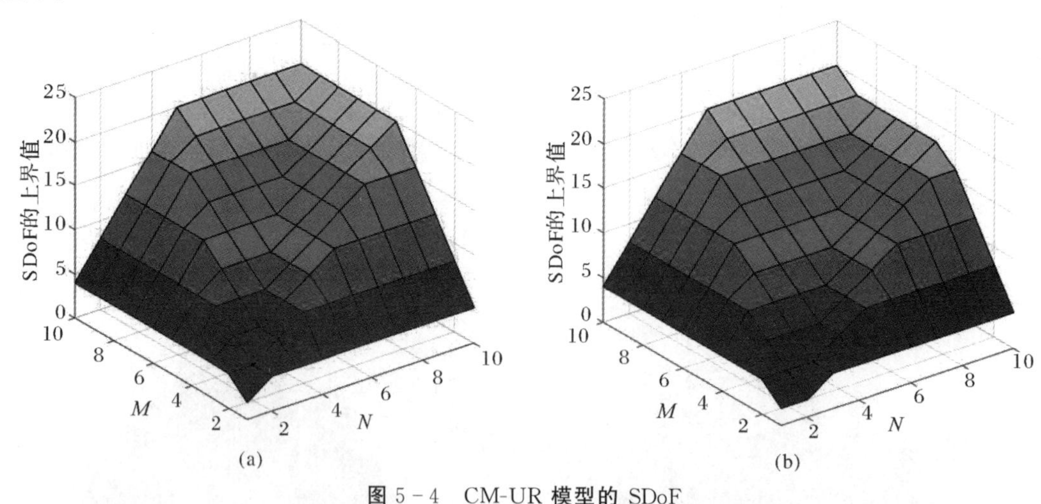

图 5－4　CM-UR **模型的** SDoF

(a)CM-UR 模型的上界值;(b)CM-UR 模型的下界值

对于 CM-UR 模型,从图 5－4～图 5－6 中可以看出,系统的 SDoF 不超过 CM 模型或 UR 模型的 SDoF。这表明,当窃听者的数量增加时,即无论是用户还是中继,信息安全约束的增加都会降低 SDoF。另一方面,当 $N > 2M$, $N < \frac{M}{2}$, $N = M$ 时,可以得到精确的 SDoF,并且与这些区域的 DoF 一致。

图 5－5 和图 5－6 还表明,CM,UR 和 CM-UR 模型的 SDoF 上界不超过 DoF 上界;SDoF 的下界也不超过 DoF 的下界,这都是由保密约束条件所导致的。此外,CM 模型的 SDoF 上界

与UR模型一致，因此，CM-UR模型的上界也相同。CM模型的SDoF下界高于UR模型的下界，而UR模型又高于CM-UR模型的SDoF下界。

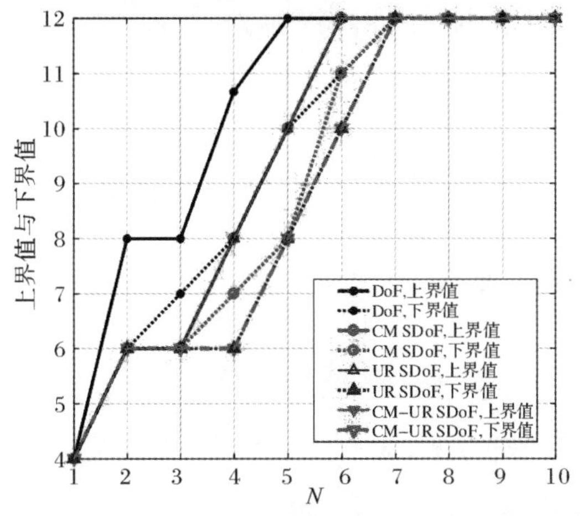

图 5-5　当 $M=3$ 时，SDoF 的上下界值随 N 的变化曲线

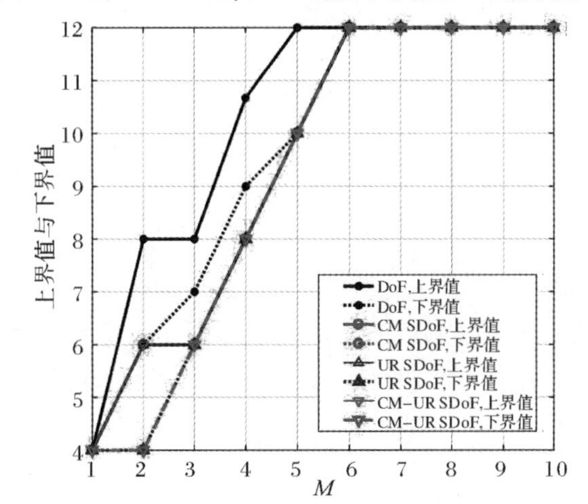

图 5-6　当 $N=3$ 时，SDoF 的上下界值随 M 的变化曲线

5.7　主要结论

本章节研究了双向 2×2×2 MMIMO IC 在三种窃听模式下的 SDoF，即 CM 模型、UR 模型和 CM-UR 模型，其中每个节点具有任意数量的天线。利用马尔科夫链，提出了完整的有关中继网络的 SDoF 的分析方法，并且基于干扰中和与信号对齐技术，分析出不同天线配置下的可达保密自由度区域。特别地，我们得到了这些模型的 SDoF 的上界和下界。为了深入了解这些边界并显示它们的紧密性，我们以特殊情况，即每个用户节点有 M 根天线，每个中继节点有 N 根天线为例，确定了每个窃听模型为实现所提出的 SDoF 的上界的配置条件，此时，可达 SDoF 是最优的。值得注意的是，在 CM 模型中，当$\frac{N}{2}\leqslant M<N$时，以及在 CM-UR 模型中，当$\frac{M}{2}<N\leqslant M$时，最大的可达 SDoF 是通过激活部分发送天线得到的。对于其他的

情形，数值结果表明，上下界之间存在 SDoF 间隙，但其间隙很小。对于其他的中继通信模型以及任意的天线配置，其 SDoF 分析过程可以采用与本章节相类似的方式进行。因此，本章节所提出的有关双向多跳中继网络的 SDoF 的理论分析方法及通信可达方案具有广泛适用性。

附　　录

附录 A：公式(5－11) 证明

为了约束$h(\boldsymbol{Y}_{R_k}), k\in\{1,2\}$，我们首先表示$h(\boldsymbol{Y}_{R_k})\leqslant\sum_{m=1}^{n}\sum_{j=1}^{N_k}h(y_{R_{k,j}}[m])$，其中$y_{R_{k,j}}[m]$是向量$\boldsymbol{y}_{R_k}[m]$的第$j$个元素。令$\boldsymbol{h}_{j,i}$表示$\boldsymbol{H}_{R_k,i}$的第$j$行向量，$n_{R_k,j}[m]$是$\boldsymbol{n}_{R_k}[m]$的第$j$个元素。利用式(5－1)可得，$y_{R_{k,j}}[m]$被表示为$y_{R_{k,j}}[m]=\sum_{i=1}^{4}\boldsymbol{h}_{j,i}\boldsymbol{x}_i[m]+n_{R_k,j}[m]$。这样，$y_{R_{k,j}}[m]$的方差为

$$\begin{aligned}\mathrm{Var}(y_{R_{k,j}}[m])\leqslant E(y_{R_{k,j}}[m]y^*_{R_{k,j}}[m])=\\ \sum_{i=1}^{4}E(\|\boldsymbol{h}_{i,j}\|^2\|\boldsymbol{x}_i[m]\|^2)+E(|n_{R_k,j}[m]|^2)\leqslant\\ \sum_{i=1}^{4}\|\boldsymbol{h}_{i,j}\|^2E(\|\boldsymbol{x}_i[m]\|^2)+1\leqslant\\ 4H^2_{\max}P+1\end{aligned}\tag{5-116}$$

其中：第一个不等式依据 Cauchy-Schwarz 不等式；第二个不等式取决于用户的功率限制。

由于$h(y_{R_{k,j}}[m])$受限于一个带有相同方差的复高斯变量的熵，则

$$h(\boldsymbol{Y}_{R_k})\leqslant N_k\log(2\pi e(4H^2_{\max}P+1))^n\tag{5-117}$$

因此，式(5－11)得证。

附录 B：引理 5.1 证明

由于$\mathbf{H}\boldsymbol{x}+\boldsymbol{n}\sim CN(\mathbf{0},P\boldsymbol{H}\boldsymbol{H}^H+\sigma^2\boldsymbol{I})$，可以得到

$$\begin{aligned}h(\boldsymbol{H}\boldsymbol{x}+\boldsymbol{n})=\log(2\pi e)^M\det(P\boldsymbol{H}\boldsymbol{H}^{\mathrm{H}}+\sigma^2\boldsymbol{I})=\\ \log(2\pi e)^M\det(P\boldsymbol{U}\boldsymbol{\Sigma}\boldsymbol{U}^{\mathrm{H}}+\sigma^2\boldsymbol{I})=\\ \sum_{i=1}^{r}\log(\lambda_iP+\sigma^2)+o(\log(P))=\\ r\log P+o(\log(P))\end{aligned}\tag{5-118}$$

式中：$\boldsymbol{U\Sigma U}^{\mathrm{H}}$—— 矩阵$\boldsymbol{H}\boldsymbol{H}^{\mathrm{H}}$的特征值分解；

$\boldsymbol{\Sigma}$—— 对角矩阵，其中含有r个非零的元素λ_i。

第 6 章　存在不完美 CSI 时 K 用户 MISO 广播信道的可达 SDoF 研究

6.1　前　　言

在下行多用户传输中，发射机对于信道状态信息的掌握情况影响着发送方案的设计以及系统的通信性能。然而，在实际系统中，发送端获取准确的 CSI 是一个挑战。在像 LTE 这样的无线系统中，CSI 在时分双工设置中是通过上行-下行互易获得的，在频分双工设置中是通过用户反馈获得的。当存在信道估计误差、量化误差以及反馈链路和回程链路的延迟时，系统发送端的 CSI 将会被估计不准确，这时，直接采用在完美 CSI 条件下的通信技术可能会产生用户间干扰，进而恶化系统通信性能。因此，如何在不完美的 CSI 假设中设计合适的传输方案使得系统的性能损失降到最低是需要解决的基本问题。

目前，从信息论角度上分析信道 CSI 对于系统保密自由度的影响的研究主要是假设发送端已知延迟的 CSI，这是从时域的角度上开展的研究。但是，即使延迟，发送端依然可以得到准确的 CSI，这与发送端得到不完美的 CSI 是截然不同的概念，并没有从本质上说明不完美的信道对于系统的性能会产生什么样的影响。在现有的研究中，文献[104]从自由度的角度出发，研究了存在不完全瞬时 CSIT 时 MISO 广播信道的最佳 DoF 区域，其最优 DoF 区域的一个角点是通过一个不依赖于延迟 CSIT 的速率分割(RS)方案实现的。在此基础上，Han-Kobayashi 将 RS 方案进行了深入的探索，在文献[105]中提出，每个用户的消息被分成一个公共部分和一个私有部分。私有消息通过迫零预编码，利用部分发送功率单播到各自的目标用户处；公共消息被编码成一个超级公共消息，而超级公共消息是利用剩余的功率进行多播传输。在接收端，每个用户首先对超级公共消息进行解码，然后使用连续干扰消除(Successive Interference Cancellation, SIC)策略对所需的私有消息进行解码。上述传统的 RS 方案被证明可以获得比迫零方案更多的自由度，因此，有关 RS 的研究在不完美 CSI 场景下越来越多。例如，文献[64]、文献[106]分别研究了量化 CSI 下的和速率分析和预编码优化问题；文献[107]将 RS 的思想扩展到大规模 MIMO 网络中，提出了一种分层 RS 方法，利用两层 RS 方法解决多用户和多组干扰问题；文献[108]研究 RS 在两个 MISO 干扰信道中的应用，并且该方案被扩展应用到文献[109]中天线数目不对称的 MIMO 场景中。

尽管 RS 技术可以提升在不完美 CSI 场景下系统的 DoF，但从信息安全性的角度上看，这种技术本身还存在不少隐患。具体地，RS 方案中的公有信息部分是可以被所有用户所解调的，这就使得这部分信息在非期望接收端处不仅形成了干扰，也造成了信息泄露；当外部存在窃听者时，无论是公共信息还是私有信息，都有可能被窃听。除此以外，在文献[110][111]中，作者采用了人工噪声和波束形成来降低信道估计误差对保密能力的影响，但是，并没有提出一种设计方案，可以弥补由信道估计误差所造成的性能损失。基于上述研究问题，在本章中，将 RS 技术与物理层技术相融合，提出一种改进的 RS 方案，其不仅能够确保公共信息与私有信息均可以安全传输，又消除了不完美 CSI 对于系统通信性能的影响。

6.2 系统模型

考虑一个 K 用户 MISO 广播信道，其中含有 N_t 根天线的发送端向 K 个单天线用户发送 K 个独立的信息$\{W_1, W_2, \cdots, W_K\}$。信息 $W_i, i \in \mathcal{K} = \{1, \cdots, K\}$，来自于集合 $W_i = \{1, 2, \cdots, 2^{nR_i}\}$，其速率为 $R_i \stackrel{\text{def}}{=\!=\!=} \frac{1}{n}\log \mid W_i$。在这个模型中，存在两种可能的窃听者：第一种是内部窃听者，即接收用户在接收所需信号的同时，也企图窃听发送给其他用户的信号；第二种是外部窃听者，即存在一个天线数为 N_e 的外部的窃听端企图窃听所有有用信号。为了表示方便，我们将第一种窃听模型命名为 BC-CM，将第二种窃听模型命名为 BC-EE。假设窃听端的天线数足够多，即 $N_e \geqslant \max\{K, N_t\}$。

为了确保传输过程中信息的安全性，我们添加一个外部的干扰节点 J，其有 N_j 根天线。在传输信号的过程中，干扰节点同时发送人工噪声信号 $\boldsymbol{x}_z \in \mathbb{C}^{N_j}$。这样，在 BC-CM 模型下，用户 K 所接收到的信号为

$$\boldsymbol{y}_k = \boldsymbol{h}_k^{\mathrm{H}}\boldsymbol{x} + \boldsymbol{g}_k^{\mathrm{H}}\boldsymbol{x}_z + \boldsymbol{n}_k, \quad k \in K \tag{6-1}$$

式中： $\boldsymbol{x} \in \mathbb{C}^{N_t}$—— 传输有用信号；

$\boldsymbol{h}_k \in \mathbb{C}^{N_t}$ 和 $\boldsymbol{g}_k \in \mathbb{C}^{N_j}$—— 发送端和干扰节点分别到用户 K 的复高斯信道向量；

$\boldsymbol{n}_k \sim \mathrm{CN}(0,1)$—— 归一化的高斯白噪声。

干扰节点与发送端的总功率约束为 $E[\,\|\boldsymbol{x}\|^2] + E[\,\|xz\|^2] \leqslant P$，其中，$\|\boldsymbol{x}\|$ 表示向量 $\boldsymbol{x}$ 的欧式范数；P 为最大的传输功率。在 BC-EE 模型下，外部窃听端接收到的信号为

$$\boldsymbol{y}_e = \boldsymbol{H}_e^{\mathrm{H}}\boldsymbol{x} + \boldsymbol{G}_e^{\mathrm{H}}\boldsymbol{x}_z + \boldsymbol{n}_e \tag{6-2}$$

其中：$\boldsymbol{H}_e \in \mathbb{C}^{N_t \times N_e}$ 和 $\boldsymbol{G}_e \in \mathbb{C}^{N_j \times N_e}$—— 发送端与干扰端到窃听端之间的复高斯信道；

$\boldsymbol{n}_e \in \mathbb{C}^{N_e} \sim \mathrm{CN}(\boldsymbol{0}, \boldsymbol{I}_{N_e})$—— 窃听端的本地接收噪声。

以上每一个信道矩阵或向量都由 i. i. d. 复高斯随机变量组成。

这里依然考虑发送端存在信道的估计误差的情况，这样真实的信道向量 $\boldsymbol{h}_k (k \in K)$ 表示为 $\boldsymbol{h}_k = \hat{\boldsymbol{h}}_k + \tilde{\boldsymbol{h}}_k$，其中$\hat{\boldsymbol{h}}_k$ 表示发送端所估计的信道状态信息，$\tilde{\boldsymbol{h}}_k$ 表示估计误差，其功率值的级别为 $o(P^{-\alpha})$。假设每一个接收端可以获得其相关的 CSIT，在 BC-EE 模型中，发送端与干扰节点都不知道窃听端的 CSI $\boldsymbol{H}_e$ 和 $\boldsymbol{G}_e$，我们接下来会分别讨论窃听端已知完美和不完美的 CSI $\boldsymbol{g}_k$ 下系统的安全性能。

令 $\boldsymbol{y}_k = \{y_k[1], \cdots, y_k[n]\}$，其中 $y_k[n]$ 表示在第 n 次信道使用的接收信号，用户 k 在 n

次信道使用时所估计的有用信号 W 为 $\hat{W}_k$。记 $\boldsymbol{Y}_e=\{\boldsymbol{Y}_e[1],\cdots,\boldsymbol{y}_e[n]\}$，对于任意常数 $\grave{o}>0$，安全速率 $R_k(k\in K)$ 可达的可靠性条件为

$$\max_{k\in K}Pr[W_k\neq\hat{W}_k]\leqslant\grave{o}\tag{6-3}$$

安全性条件分别为：

对于 BC-CM，

$$I(W_1,W_2,\cdots,W_{k-1},W_{k+1},\cdots,W_K;\boldsymbol{y}_k)\leqslant n\grave{o}\tag{6-4}$$

对于 BC-EE，

$$I(W_1,W_2,\cdots,W_K;\boldsymbol{Y}_e)\leqslant n\grave{o}\tag{6-5}$$

除此以外，K 用户下行链路的保密自由度 SDoF 被定义为

$$d_{\mathrm{s}}=\lim_{P\to\infty}\sup\frac{R_s}{\log_2 P}\tag{6-6}$$

式中：$R_{\mathrm{s}}=[R-R_e]^+$ —— 总安全速率；

R —— 合法信道的速率；

R_e —— 窃听信道的速率。

同时，SDoF 还可以被定义为合法信道的 DoF d 与窃听信道的 DoF d_e 之差，即 $d_{\mathrm{s}}=[d-d_e]^+$，其中 $d=\lim\limits_{P\to\infty}\dfrac{R}{\log_2 P}$，$d_e=\lim\limits_{P\to\infty}\dfrac{R_e}{\log_2 P}$，$[x]^+=\max\{x,0\}$。

在第 2 章中，介绍了传统的速率分割技术是通过将发送信号分割成私有信号和公有信号两部分，并且采用不同的功率级来实现最小化信道估计误差对于网络自由度的影响。当考虑上述传统的RS技术方案的安全问题时，发现在BC-CM窃听模型中，公共信息是对所有用户公开的，任何非期望用户均可以窃听其他用户的公共信号，这就会导致公共信息的保密自由度为 0。由于私有信号的剩余干扰信号 $\sum_{i\neq k,i=1}^{K}\left|\tilde{\boldsymbol{h}}_k^{\mathrm{H}}\boldsymbol{p}_i\right|^2$ 的功率级为 $o(P^0)$，所有的私有信号在 BC-CM 模型中是安全的，并且其可达保密自由度为 $K\alpha$。因此，BC-CM 模型总的 SDoF 为 $K\alpha$。对于 BC-EE 模型，外部窃听端处的窃听信号为

$$\boldsymbol{y}_e=\boldsymbol{H}_e^{\mathrm{H}}\boldsymbol{x}+\boldsymbol{n}_e=\boldsymbol{H}_e^{\mathrm{H}}\boldsymbol{p}_c+\boldsymbol{H}_e^{\mathrm{H}}\boldsymbol{P}\boldsymbol{s}+\boldsymbol{n}_e\tag{6-7}$$

式中：$\boldsymbol{P}=[\boldsymbol{p}_1,\cdots,\boldsymbol{p}_K]\in\mathbb{C}^{N_t\times K}$，$\boldsymbol{s}=[s_1,\cdots,s_K]^{\mathrm{T}}$，$\mathrm{tr}(\boldsymbol{P}\boldsymbol{P}^{\mathrm{H}})=KP^{\alpha}$，$E[\|\boldsymbol{s}\|^2]=1$。

窃听端采用与 R_k 相同的解调策略，先解调公共信号，而后采用 SIC 消除公共信号再解调私有信号。这样，在窃听端处，公共信号和私有信号 $\boldsymbol{s}$ 的相关 SINR 为

$$\gamma_{c,e}=\frac{\mathrm{tr}(\boldsymbol{H}_e^{\mathrm{H}}\boldsymbol{p}_c\boldsymbol{p}_c^{\mathrm{H}}\boldsymbol{H}_e)}{\mathrm{tr}(\boldsymbol{H}_e^{\mathrm{H}}\boldsymbol{P}\boldsymbol{P}^{\mathrm{H}}\boldsymbol{H}_e)+N_e}\overset{\mathrm{def}}{=\!=}\frac{P}{KP^{\alpha}+N_e}\tag{6-8}$$

$$\gamma_e=\frac{\mathrm{tr}(\boldsymbol{H}_e^{\mathrm{H}}\boldsymbol{P}\boldsymbol{P}^{\mathrm{H}}\boldsymbol{H}_e)}{N_e}\overset{\mathrm{def}}{=\!=}\frac{KP^{\alpha}}{N_e}\tag{6-9}$$

系统总的窃听速率为

$$R_e=\log_2(1+\gamma_{c,e})+\log_2(1+\gamma_e)\tag{6-10}$$

进一步地，根据 DoF 的定义，给式(6-10)中的 R_e 同时除以 $\log_2 P$ 并且令 $P\to\infty$，可得窃听 DoF 为 $d_e=1-\alpha+K\alpha$。这样，系统的 SDoF 为 0。综上所述，无论是 BC-CM 模型还是 BC-EE 模型，传统的 RS 技术都无法保障信息的安全传输。针对上述问题，我们将提出一种

基于人工噪声技术的改进 RS 方案来实现信息的安全传输。

6.3 SDoF 上界

由于安全限制条件的存在，系统的 SDoF 取值不会超过系统的 DoF 值。因此，根据文献[64]中对于系统 DoF 的分析可得，当存在不完美 CSIT 时，K 用户 MISO 广播信道的 SDoF 的上界值为

$$d_s \leqslant 1-\alpha+K\alpha \tag{6-11}$$

这也是此网络的 DoF 值。

6.4 SDoF 下界

在这一部分，将为带有不完美 CSIT 的 K 用户 MISO 广播信道，提出基于速率分割技术与人工噪声技术的安全可达方案。为了更加容易理解，首先简要地介绍一下传统的速率分割方案。

6.4.1 BC-CM 模型下人工噪声-速率分割方案

为了确保信息安全，我们提出了一种添加外部干扰节点的通信方案，即 J-RS 方案。在此方案中，发送端与干扰端的发送信号均需要被设计。发送端依然将传输信息分割成一个公共信息 s_c 与私有信息 s_k，但是，与传统 RS 方案不同的是，发送信号被重新设计为

$$\boldsymbol{x}=\sum\nolimits_{i=1}^{K}\boldsymbol{p}_{c,i}s_c+\sum\nolimits_{i=1}^{K}\boldsymbol{p}_i s_i \tag{6-12}$$

式中：$\boldsymbol{p}_{c,i}\in\mathbb{C}^{N_t}$—— 公共信号的预编码向量；

$\boldsymbol{p}_i\in\mathbb{C}^{N_t}$—— 第 i 个私有信号的预编码向量。

除此以外，外部干扰节点发送的人工噪声信号为 $\boldsymbol{x}_z=\sum\nolimits_{i=1}^{K}\boldsymbol{p}_{z,i}s_{z,i}$，其中 $\boldsymbol{p}_{z,i}\in\mathbb{C}^{N_j}$ 为干扰信号 $s_{z,i}$ 的预编码向量。注意，私有信号 $\boldsymbol{x}_p$、公共信号 $\boldsymbol{x}_c$ 以及人工噪声 $\boldsymbol{x}_z$ 信号的功率级分别被置为 $o(P^{\alpha_1}),o(P^{\alpha_2}),o(P^{\alpha_3})$，其中 $\alpha_i\in[0,1],i\in\{1,2,3\}$，为功率级别系数。令 $\bar{\boldsymbol{s}}_1=[s_c,s_1,\cdots,s_K,s_{z,1},\cdots,s_{z,K}]$，假设 $E[\|\bar{s}_1\|^2]=1$，$s_{z,i}$ 是信号 $V_{z,i}=\{V_1,\cdots,V_{i-1},0,V_{i+1},\cdots,V_K\}$ 的编码形式，$V_i(i\in K)$ 是随机干扰信号。$V_{z,i}$ 的第 i 个信息置为零，并且与 W_c 中 $W_{c,i}$ 所处的位置相同。

由于每一个接收端都包含人工噪声信号与其他用户的有用信号，我们期望人工噪声信号可以与公共信号对齐在同一维度，并且其他用户的有用信号可以在窃听端处被置零，从而防止信息被窃听。当干扰节点已知完美的 CSI $\boldsymbol{g}_k(k\in K)$ 时，上述期望需要满足的条件为

$$\hat{\boldsymbol{h}}_k^{\mathrm{H}}\boldsymbol{p}_{c,k}=\boldsymbol{g}_k^{\mathrm{H}}p_{z,k}\quad k\in K \tag{6-13}$$

$$\boldsymbol{p}_k,\boldsymbol{p}_{c,k}\in\mathrm{Null}([\hat{\boldsymbol{h}}_1,\cdots,\hat{\boldsymbol{h}}_{k-1},\hat{\boldsymbol{h}}_{k+1},\cdots,\hat{\boldsymbol{h}}_K]^{\mathrm{H}}) \tag{6-14}$$

$$\boldsymbol{p}_{z,k}\in\mathrm{Null}([\boldsymbol{g}_1,\cdots,\boldsymbol{g}_{k-1},\boldsymbol{g}_{k+1},\cdots,\boldsymbol{g}_K]^{\mathrm{H}}) \tag{6-15}$$

令

$\hat{\boldsymbol{H}}_k = [\hat{\boldsymbol{h}}_1, \cdots, \hat{\boldsymbol{h}}_{k-1}, \hat{\boldsymbol{h}}_{k+1}, \cdots, \hat{\boldsymbol{h}}_K]^{\mathrm{H}} \in \mathbb{C}^{(K-1)\times N_t}, \boldsymbol{G}_k = [\boldsymbol{g}_1, \cdots, \boldsymbol{g}_{k-1}, \boldsymbol{g}_{k+1}, \cdots, \boldsymbol{g}_K]^{\mathrm{H}} \in \mathbb{C}^{(K-1)\times N_j}$，式(6-13)～式(6-15)可以表示为

$$\underbrace{\begin{bmatrix} \hat{\boldsymbol{h}}_k^{\mathrm{H}} & -\boldsymbol{g}_k^{\mathrm{H}} \\ \hat{\boldsymbol{H}}_k & \boldsymbol{G}_k \end{bmatrix}}_{\boldsymbol{r}_k \in \mathbb{C}^{K\times(N_t+N_j)}} \begin{bmatrix} \boldsymbol{p}_{c,k} \\ \boldsymbol{p}_{z,k} \end{bmatrix} = \boldsymbol{0}, \hat{\boldsymbol{H}}_k \boldsymbol{p}_k = \boldsymbol{0} \tag{6-16}$$

注意到当 $N_t \geqslant K$ 且 $N_t + N_j - K \geqslant 1$ 时，式(6-16)成立。此时，用户 k 处的接收信号为

$$\boldsymbol{y}_k = \hat{\boldsymbol{h}}_k^{\mathrm{H}} \boldsymbol{p}_{c,k}(s_c + s_{z,k}) + \sum_{i=1}^{K} \tilde{\boldsymbol{h}}_k^{\mathrm{H}} \boldsymbol{p}_{c,i} s_c + \boldsymbol{h}_k^{\mathrm{H}} \boldsymbol{p}_k s_k + \sum_{i=1, i\neq k}^{K} \tilde{\boldsymbol{h}}_k^{\mathrm{H}} \boldsymbol{p}_i s_i + \boldsymbol{n}_k \tag{6-17}$$

接收端处的解调策略与传统 RS 方案相同，先解调公共信号，而后通过自干扰消除将解调后的公共信号去除，再解调私有信号。为了在用户 k 处解调公共信息 $W_{c,k}$，依据信息 W_c 的码本与编码函数，$s_c + s_{z,k}$ 先被解调为 $\{W_{c,1} + V_1, \cdots, W_{c,k-1} + V_{k-1}, W_{c,k}, W_{c,k+1} + V_{k+1}, \cdots, W_{c,K} + V_K\}$。由于 $s_c + s_{z,k}$ 中第 k 个元素即为期望信号 $W_{c,k}$，其没有受到人工噪声的影响，因此，$W_{c,k}$ 可以被用户 k 解调；而其他用户的信号在用户 k 处被人工噪声信号所保护，因而也不会被用户 k 窃听。由于私有信息、人工噪声信号与公共信息的功率等级分别为 $o(P^{\alpha_1})$，$o(P^{\alpha_2})$ 和 $o(P^{\alpha_3})$，信号 $W_{c,k}$ 接收信干噪比为

$$\gamma_{c,k} = \frac{|\boldsymbol{h}_k^{\mathrm{H}} \boldsymbol{p}_{c,k}|^2 + \sum_{i=1}^{K} |\tilde{\boldsymbol{h}}_k^{\mathrm{H}} \boldsymbol{p}_{c,i}|^2}{|\boldsymbol{h}_k^{\mathrm{H}} \boldsymbol{p}_k|^2 + \sum_{i=1, i\neq k}^{K} |\tilde{\boldsymbol{h}}_k^{\mathrm{H}} \boldsymbol{p}_i|^2 + 1} \overset{\text{def}}{=\!=} \frac{\mu_3 P^{\alpha_3} + K\mu_3 P^{\alpha_3-\alpha}}{\mu_1 P^{\alpha_1} + (K-1)\mu_1 P^{\alpha_1-\alpha} + 1} \tag{6-18}$$

其中：$\mu_i, i \in \{1,2,3\}$—— 信道系数的函数，与功率 P 相互独立，用以简化 SDoF 的推导。

这样，公共信号的速率为

$$R_c = \log_2(1 + \min\{\gamma_{c,k}\}_{k\in K}) \tag{6-19}$$

根据 DoF 的定义，对式(6-19)除以 $\log_2 P$ 并且令 $P \to \infty$，可得 $d_c = [\alpha_3 - \alpha_1]^+$。这表明当 $\alpha_3 > \alpha_1$ 时，$W_{c,k}$ 可以被成功解调。在解调完且消除掉公共信号后，在用户 k 处私有信号 s_k 的 SINR 为

$$\gamma_k = \frac{|\boldsymbol{h}_k^{\mathrm{H}} \boldsymbol{p}_k|^2}{\sum_{i\neq k} |\tilde{\boldsymbol{h}}_k^{\mathrm{H}} \boldsymbol{p}_i|^2 + 1} \overset{\text{def}}{=\!=} \frac{\mu_1 P^{\alpha_1}}{(K-1)\mu_1 P^{\alpha_1-\alpha} + 1} \tag{6-20}$$

并且其速率为 $R_k = \log_2(1 + \gamma_k)$，进而私有信号的 DoF 为 $d_k = \min\{\alpha_1, \alpha\}$。因此，系统的总速率为

$$R = \log_2(1 + \min\{\gamma_{c,k}\}_{k\in K}) + \sum_{i=1}^{K} \log_2(1 + \gamma_k) \tag{6-21}$$

公共信号与私有信号的总 DoF 被推导为

$$d = [\alpha_3 - \alpha_1]^+ + K\min\{\alpha_1, \alpha\} \tag{6-22}$$

若用户 $i(i \neq k)$ 企图窃听信号 $W_{c,k}$ 与 W_k，$W_{c,k}$ 的窃听 SINR 为

$$\gamma_{c,e} = \frac{|\boldsymbol{h}_k^{\mathrm{H}} \boldsymbol{p}_{c,k}|^2 + \sum_{i=1}^{K} |\tilde{\boldsymbol{h}}_k^{\mathrm{H}} \boldsymbol{p}_{c,i}|^2}{|\hat{\boldsymbol{h}}_k^{\mathrm{H}} \boldsymbol{p}_{c,k}|^2 + |\boldsymbol{h}_k^{\mathrm{H}} \boldsymbol{p}_k|^2 + \sum_{i=1, i\neq k}^{K} |\tilde{\boldsymbol{h}}_k^{\mathrm{H}} \boldsymbol{p}_i|^2 + 1} \overset{\text{def}}{=\!=} \frac{\mu_3 P^{\alpha_3} + K\mu_3 P^{\alpha_3-\alpha}}{\mu_3 P^{\alpha_3} + \mu_1 P^{\alpha_1} + (K-1)\mu_1 P^{\alpha_1-\alpha} + 1} \tag{6-23}$$

由于人工噪声信号 $|\hat{\boldsymbol{h}}_k^{\mathrm{H}} \boldsymbol{p}_{c,k}|^2 \sim o(P^{\alpha_3})$ 的功率级数也是 $o(P^{\alpha_3})$，根据 DoF 的定义可得，

公共信号的窃听自由度为 $d_{c,e}=0$。更进一步，将 s_c 进行 SIC 消除后，用户 i 处关于私有信号 s_k 的 SINR 表示为

$$\gamma_{k,e}=\frac{|\widetilde{\boldsymbol{h}}_i^{\mathrm{H}}\boldsymbol{p}_k|^2}{\sum_{j\neq,k,i}\left|\widetilde{\boldsymbol{h}}_i^{\mathrm{H}}\boldsymbol{p}_j\right|^2+1}\overset{\text{def}}{=\!=}\frac{\mu_1 P^{\alpha_1-\alpha}}{(K-2)\mu_1 P^{\alpha_1-\alpha}+1} \tag{6-24}$$

类似地，私有信号的窃听自由度为 0。因此，在窃听端 i 处，公共信号和私有信号的窃听自由度为

$$d_e=0 \tag{6-25}$$

根据上述分析，可以得到系统的总保密自由度为

$$d_{\mathrm{s}}=d-d_e=[\alpha_3-\alpha_1]^+ + K\min\{\alpha,\alpha_1\} \tag{6-26}$$

上述分析均是基于外部干扰节点已知完美的 CSI，即 $\boldsymbol{g}_k$。但是，当干扰节点已知不完美的 CSI，即 $\boldsymbol{g}_k=\hat{\boldsymbol{g}}_k+\widetilde{\boldsymbol{g}}_k$ 时，所提方案的安全性能将会受到影响。在此情况下，式(6-13)与式(6-15)所表示的干扰对齐与人工噪声迫零条件转变为

$$\hat{\boldsymbol{h}}_k^{\mathrm{H}}\boldsymbol{p}_{c,k}=\hat{\boldsymbol{g}}_k^{\mathrm{H}}\boldsymbol{p}_{z,k},\quad k\in K \tag{6-27}$$

$$\boldsymbol{p}_{z,k}\in \mathrm{Null}([\hat{\boldsymbol{g}}_1,\cdots,\hat{\boldsymbol{g}}_{k-1},\hat{\boldsymbol{g}}_{k+1},\cdots,\hat{\boldsymbol{g}}_K]^{\mathrm{H}}) \tag{6-28}$$

此时，接收信号中将含有残留的干扰信号，即

$$\begin{aligned}\boldsymbol{y}_k=&\hat{\boldsymbol{h}}_k^{\mathrm{H}}\boldsymbol{p}_{c,k}(s_c+s_{z,k})+\sum_{i=1}^K\widetilde{\boldsymbol{h}}_k^{\mathrm{H}}\boldsymbol{p}_{c,i}s_c+\boldsymbol{h}_k^{\mathrm{H}}\boldsymbol{p}_k s_k+\\&\sum_{i=1,i\neq k}^K\widetilde{\boldsymbol{h}}_k^{\mathrm{H}}\boldsymbol{p}_i s_i+\sum_{i=1}^K\widetilde{\boldsymbol{g}}_k^{\mathrm{H}}\boldsymbol{p}_{z,i}s_{z,i}+\boldsymbol{n}_k\end{aligned} \tag{6-29}$$

这样，公共信号的接收信干噪比为

$$\gamma_{c,k}\overset{\text{def}}{=\!=}\frac{\mu_3 P^{\alpha_3}+K\mu_3 P^{\alpha_3-\alpha}}{\mu_1 P^{\alpha_1}+(K-1)\mu_1 P^{\alpha_1-\alpha}+K\mu_2 P^{\alpha_2-\alpha}+1} \tag{6-30}$$

其相应的 SINR 可以被推导为

$$d_c=[\alpha_3-\max\{\alpha_1,\alpha_2-\alpha\}]^+ \tag{6-31}$$

除此以外，将公共信号消除之后，私有信号 s_k 在用户 k 处的接收 SINR 为

$$\gamma_k\overset{\text{def}}{=\!=}\frac{\mu_1 P^{\alpha_1}}{(K-1)\mu_1 P^{\alpha_1-\alpha}+K\mu_2 P^{\alpha_2-\alpha}+1} \tag{6-32}$$

其相应的 DoF 为

$$d_k=[\alpha_1-\max\{\alpha_1,\alpha_2\}+\alpha]^+ \tag{6-33}$$

因此，系统发送信号的总 DoF 为

$$d=d_c+d_k=[\alpha_3-\max\{\alpha_1,\alpha_2-\alpha\}]^+ + K[\alpha_1-\max\{\alpha_1,\alpha_2\}+\alpha]^+ \tag{6-34}$$

另外，由于残留的人工噪声信号也会保护合法信号，窃听端处的 $d_e=0$，因此，系统总的 SDoF 为

$$d_{\mathrm{s}}=[\alpha_3-\max\{\alpha_1,\alpha_2-\alpha\}]^+ + K[\alpha_1-\max\{\alpha_1,\alpha_2\}+\alpha]^+ \tag{6-35}$$

6.4.2 BC-EE 模型下改进的速率分割方案

在 BC-EE 模型中，采用一种改进的速率分割方案。具体地，将发送信号记为 $\boldsymbol{x}=\boldsymbol{p}_c s_c+\sum_{i=1}^K\boldsymbol{p}_i s_i$，人工噪声信号为 $\boldsymbol{x}_z=\boldsymbol{p}_z s_z$，其中 $\boldsymbol{p}_z\in\mathbb{C}^{N_j}$ 为人工噪声的预编码向量。令 $\bar{\boldsymbol{s}}_2=[s_c,$

$s_1,\cdots,s_K,s_z]$，我们假设 $E[\|\bar{s}_2\|^2]=1$。

若干扰节点已知完美的 CSI，为了使得用户解调有用信号，则需要满足条件式(6-20)和条件

$$\boldsymbol{p}_z \in \mathrm{Null}([\boldsymbol{g}_1,\cdots,\boldsymbol{g}_K]^{\mathrm{H}}) \tag{6-36}$$

其可以被变形为

$$\hat{\boldsymbol{H}}_k\boldsymbol{p}_k = \boldsymbol{0}_{(K-1)\times 1} \tag{6-37}$$

$$\boldsymbol{G}\boldsymbol{p}_z = \boldsymbol{0}_{K\times 1} \tag{6-38}$$

式中：$\boldsymbol{G}=[\boldsymbol{g}_1,\cdots,\boldsymbol{g}_K]^{\mathrm{H}} \in \mathbb{C}^{K\times N_j}$。

通过分析可知，当 $N_t \geqslant K$ 且 $N_j - K \geqslant 1$ 时，上述条件式(6-37)与式(6-38)满足。此时，人工噪声信号在用户处被置零，则用户 k 处的接收信号表示为

$$\boldsymbol{y}_k = \boldsymbol{h}_k^{\mathrm{H}}\boldsymbol{p}_c s_c + \boldsymbol{h}_k^{\mathrm{H}}\boldsymbol{p}_k s_k + \sum\nolimits_{i\neq k,i=1}^{K} \tilde{\boldsymbol{h}}_k^{\mathrm{H}}\boldsymbol{p}_i s_i + \boldsymbol{n}_k \tag{6-39}$$

有关公共信息与私有信息的接收 SINR 分别为

$$\gamma_{c,k} \stackrel{\mathrm{def}}{=\!=} \frac{\mu_3 P^{\alpha_3}}{\mu_1 P^{\alpha_1} + (K-1)\mu_1 P^{\alpha_1-\alpha} + 1} \tag{6-40}$$

$$\gamma_k \stackrel{\mathrm{def}}{=\!=} \frac{\mu_1 P^{\alpha_1}}{(K-1)\mu_1 P^{\alpha_1-\alpha} + 1} \tag{6-41}$$

这样，系统的总速率为

$$R = \log_2(1+\min\{\gamma_{c,k}\}_{k\in K}) + K\log(1+\gamma_k) \tag{6-42}$$

根据 DoF 的定义，令 $P\to\infty$，可得系统总 DoF 为

$$d = [\alpha_3 - \alpha_1]^+ + K\min\{\alpha,\alpha_1\} \tag{6-43}$$

假设窃听端的解调策略与用户是相同的，则窃听端处的窃听信号表示为

$$\boldsymbol{y}_e = \boldsymbol{H}_e^{\mathrm{H}}\boldsymbol{p}_c s_c + \boldsymbol{H}_e^{\mathrm{H}}\boldsymbol{P}s + \boldsymbol{G}_e^{\mathrm{H}}\boldsymbol{p}_z s_z + \boldsymbol{n}_e \tag{6-44}$$

式中：$\boldsymbol{P}=[\boldsymbol{p}_1,\cdots,\boldsymbol{p}_K] \in \mathbb{C}^{N_t\times K}$，$\boldsymbol{s}=[s_1,\cdots,s_K]^{\mathrm{T}}$。

这样，公共信号与私有信号 s 的窃听 SINR 分别表示为

$$\gamma_{c,e} = \frac{\mathrm{tr}(\boldsymbol{H}_e^{\mathrm{H}}\boldsymbol{p}_c\boldsymbol{p}_c^{\mathrm{H}}\boldsymbol{H}_e)}{\mathrm{tr}(\boldsymbol{H}_e^{\mathrm{H}}\boldsymbol{P}\boldsymbol{P}^{\mathrm{H}}\boldsymbol{H}_e) + \mathrm{tr}(\boldsymbol{G}_e^{\mathrm{H}}\boldsymbol{p}_z\boldsymbol{p}_z^{\mathrm{H}}\boldsymbol{G}_e) + N_e} \stackrel{\mathrm{def}}{=\!=} \frac{\mu_3 P^{\alpha_3}}{(K\mu_1 P^{\alpha_1} + \mu_2 P^{\alpha_2} + N_e)} \tag{6-45}$$

$$\gamma_e = \frac{\mathrm{tr}(\boldsymbol{H}_e^{\mathrm{H}}\boldsymbol{P}\boldsymbol{P}^{\mathrm{H}}\boldsymbol{H}_e)}{\mathrm{tr}(\boldsymbol{G}_e^{\mathrm{H}}\boldsymbol{p}_z\boldsymbol{p}_z^{\mathrm{H}}\boldsymbol{G}_e) + N_e} \stackrel{\mathrm{def}}{=\!=} \frac{K\mu_1 P^{\alpha_1}}{\mu_2 P^{\alpha_2} + N_e} \tag{6-46}$$

这样，所有信号的窃听速率为 $R_e = \log_2(1+\gamma_{c,e}) + \log_2(1+\gamma_e)$，且相关的窃听 DoF 为

$$d_e = [\alpha_3 - \max\{\alpha_1,\alpha_2\}]^+ + [\alpha_1 - \alpha_2]^+ \tag{6-47}$$

综上所述，当干扰节点已知完美 CSI 时，BC-EE 的可达 SDoF 为

$$\begin{aligned} d_{\mathrm{s}} = d - d_e = {} & [\alpha_3 - \alpha_1]^+ + K\min\{\alpha,\alpha_1\} - \\ & [\alpha_3 - \max\{\alpha_1,\alpha_2\}]^+ - [\alpha_1 - \alpha_2]^+ \end{aligned} \tag{6-48}$$

当干扰节点仅知不完美 CSI $\boldsymbol{g}_k$ 时，用户 k 处的接收信号 $\boldsymbol{y}_k$ 会被残留的人工噪声所干扰。此时，y_k 表示为

$$\boldsymbol{y}_k = \boldsymbol{h}_k^{\mathrm{H}}\boldsymbol{p}_c s_c + \boldsymbol{h}_k^{\mathrm{H}}\boldsymbol{p}_k s_k + \sum\nolimits_{i\neq k,i=1}^{K} \tilde{\boldsymbol{h}}_k^{\mathrm{H}}\boldsymbol{p}_i s_i + \tilde{\boldsymbol{g}}_k\boldsymbol{p}_z s_z + \boldsymbol{n}_k \tag{6-49}$$

因此，我们可以得到公共信号与私有信号的接收 SINR，分别被表示为

$$\gamma_{c,k} \overset{\text{def}}{=\!=} \frac{\mu_3 P^{\alpha_3}}{\mu_1 P^{\alpha_1} + (K-1)\mu_1 P^{\alpha_1 - \alpha} + \mu_2 P^{\alpha_2 - \alpha} + 1} \tag{6-50}$$

$$\gamma_k \overset{\text{def}}{=\!=} \frac{\mu_1 P^{\alpha_1}}{(K-1)\mu_1 P^{\alpha_1 - \alpha} + \mu_2 P^{\alpha_2 - \alpha} + 1} \tag{6-51}$$

根据总速率的表达式$R=\log(1+\min\{\gamma_{c,k}\}_{k\in K})+K\log(1+\gamma_k)$，系统的总DoF表示为

$$d=[\alpha_3-\max\{\alpha_1,\alpha_2-\alpha\}]^+ + K[\alpha_1+\alpha-\max\{\alpha_1,\alpha_2\}]^+ \tag{6-52}$$

由于干扰节点的CSI不影响窃听端的接收信号，窃听DoF依然为式(6-52)。因此，当外部干扰节点已知不完美CSI时，系统总的SDoF为

$$\begin{aligned} d_s = d - d_e = \\ &[\alpha_3-\max\{\alpha_1,\alpha_2-\alpha\}]^+ + K[\alpha_1+\alpha-\max\{\alpha_1,\alpha_2\}]^+ - \\ &[\alpha_3-\max\{\alpha_1,\alpha_2\}]^+ - [\alpha_1-\alpha_2]^+ \end{aligned} \tag{6-53}$$

6.5 主要定理与分析

在本小节，将总结上述K用户MISO BC网络存在不完美CSI下的可达保密自由度，并且对上述结果进行相关分析。注意，有用信号在发送前采用速率分割的方案，分割成公共信号$\boldsymbol{x}_c$与私有信号$\boldsymbol{x}_p$。联合考虑人工噪声信号$\boldsymbol{x}_p$，$\boldsymbol{x}_p$，$\boldsymbol{x}_z$与$\boldsymbol{x}_c$的功率等级分别为$o(P^{\alpha_1})$，$o(P^{\alpha_2})$和$o(P^{\alpha_3})$。

定理 6.1 K用户MISO BC-CM模型中存在不完美CSI，当$N_t\geqslant K$且$N_t+N_j-K\geqslant 1$时，若干扰节点已知合法信道完美CSI，则系统的可达保密自由度为$d_s=[\alpha_3-\alpha_1]^+ + K\min\{\alpha,\alpha_1\}$；若干扰节点已知不完美CSI，则系统的可达保密自由度为$d_s=[\alpha_3-\max\{\alpha_1,\alpha_2-\alpha\}]^+ + K[\alpha_1-\max\{\alpha_1,\alpha_2\}+\alpha]^+$。

定理 6.2 K用户MISO BC-EE模型中存在不完美CSIT，当$N_t\geqslant K$且$N_j-K\geqslant 1$时，若干扰节点已知合法信道完美CSI，则系统的可达保密自由度为$d_s=[\alpha_3-\alpha_1]^+ + K\min\{\alpha,\alpha_1\}-[\alpha_3-\max\{\alpha_1,\alpha_2\}]^+ + [\alpha_1-\alpha_2]^+$；若干扰节点已知不完美的合法信道CSI，则系统的可达保密自由度表示为$d_s=[\alpha_3-\max\{\alpha_1,\alpha_2-\alpha\}]^+ + K[\alpha_1+\alpha-\max\{\alpha_1,\alpha_2\}]^+ - [\alpha_3-\max\{\alpha_1,\alpha_2\}]^+ - [\alpha_1-\alpha_2]^+$。

根据上述定理6.1与定理6.2，我们可以得到以下结论：

(1) 从定理6.1和定理6.2可以看出，在BC-EE中，当$\alpha_1\geqslant\alpha$且$\alpha_1\geqslant\alpha_2$时，即使干扰节点已知不完美CSI，SDoF也没有损失。但是，在其他的条件下，干扰节点处不完美的CSI会降低系统的SDoF。这是由于接收端残留的干扰信号对私有信号的解调造成了干扰，从而降低了系统总的可达SDoF。

定理6.1和定理6.2分析了在任意功率系数下的系统可达保密自由度，这是一种广义情况。为了获得最大的可达SDoF，可以设置各信号的功率系数为$\alpha_1=\alpha_2=\alpha$，$\alpha_3=1$，所对应的一种可能的信号功率分配策略为$E[\|\boldsymbol{x}_c\|^2]=E[\|\boldsymbol{x}_z\|^2]=P^\alpha\sim o(P^\alpha)$与$E[\|\boldsymbol{x}_p\|^2]=P-2P^\alpha\sim o(P)$。在这种情况下，每一个模型的的最优可达保密自由度为$1-\alpha+K\alpha$，与系统的DoF值相同。当发送端已知不完美信道CSI时，系统的最优可达SDoF在不同发送信号功率

级别的配置下，比已知完美 CSI 时系统的可达 SDoF 少 α。由于 α 表示信道的估计误差，因此上述结论表示信道完美信息条件下的 SDoF 与不完美信息条件下的 SDoF 的差距与信道估计误差大小是呈正相关的。除此以外，还可以看出，系统的可达 SDoF 与信道的准确度有关，并且满足关系 $\alpha_3 > \alpha_1 > \alpha_2 - \alpha \geqslant 0$。直观地，第一个不等式来自于信号的解调顺序，第二个不等式用来确保残留的干扰信号不会影响私有信号的解调。

为了衡量所提方案的安全性能，我们将所提方案 J-RS 与传统的 RS 方案、迫零方案(ZF)和 AN 方案作对比。可以看出，由于在传统的 RS 方案与 ZF 方案中，没有引入人工噪声信号，BC-MM 模型中的公共信号被所有用户接收，导致 $d_c = 0$。除此之外，由于私有信号的功率级为 $o(P^0)$，所有的信号都是安全的，因此，BC-CM 总的 SDoF 为 $K\alpha$。在 BC-EE 中，当窃听端存在足够多的天线时，所有的有用信号都可能被窃听，因此，$d_s = 0$。表 6-1 中总结了所有的最优可达 SDoF。除此以外，在图 6-1 中，所提的 J-RS 方案的安全性能优于对比方案，并且人工噪声方案会比传统 RS 方案与 ZF 方案在 BC-EE 中获得更多的 SDoF。值得一提的是，即使发送端未知 CSI，J-RS 方案依然可以获得来自于公共信息的 1 个 SDoF，而此时，所有对比方案的可达 SDoF 均为 0。

表 6-1　最优可达 SDoF

方案	BC-CM	BC-EE
J-RS 方案	$1-\alpha+K\alpha$	$1-\alpha+K\alpha$
传统 RS 方案与 ZF 方案	$K\alpha$	0
人工噪声方案	$K\alpha$	$[K\alpha-(1-\alpha)]^+$

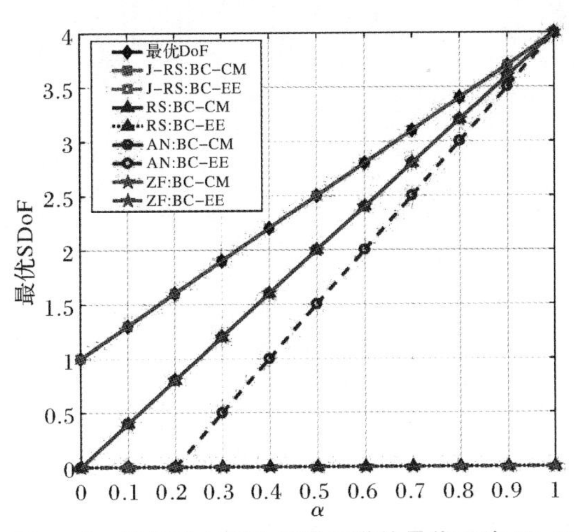

图 6-1　K 用户 MISO 广播信道的最优可达 SDoF

6.6　本章小结

在本章中，研究了存在不完美的 CSI 和发送端未知窃听端的 CSI 时的 K 用户 MISO 广播信道的可达SDoF。传统的速率分割方案可以提升系统在不完美信道状态信息情况下的可达自由度，但是其在安全问题上存在很大的隐患。针对上述问题，提出了两种窃听模型，BC-CM与BC-EE，并在每一个窃听模型下，提出了一种将信息信号的发射功率和干扰信号的发射功率联合考虑的基于人工噪声的速率分割方案。其主要通过联合设计人工噪声、公有信号和私有信号的功率级，以及设计发送信号的预编码向量来实现系统的安全通信。与传统的RS方案、ZF方案和人工噪声方案相比，当各发送信号的功率级满足关系$\alpha_3 > \alpha_1 > \alpha_2 - \alpha$时，所提方案J-RS的SDoF不仅高于对比方案的SDoF，还可以解决系统的安全问题，并且当$\alpha_1 = \alpha_2 = \alpha, \alpha_3 = 1$时，其可达SDoF可以达到网络的自由度。这表明，采用本章所提出的基于人工噪声的速率分割方案，系统的DoF没有损失，并且信道完美信息条件下的SDoF与不完美信息条件下的SDoF的差距与信道估计误差大小是呈正相关的。

第7章　基于RB技术的K用户MISO广播信道的遍历安全速率的分析

7.1　引　　言

目前,实现物理层安全的两个关键技术为添加人工噪声技术和波束形成技术。在人工噪声技术中,发送端或者外部帮助者可以故意制造干扰信号或人工噪声来干扰窃听者。如果发射机知道合法信道至合法接收机的信道状态信息,那么可以将干扰信号或人工噪声信号限制在合法信道的零空间内,避免干扰合法用户。除此以外,大量的研究致力于设计波束形成方案,以提高系统的安全性。然而,上述波束形成和人工噪声方案均存在一些不足之处。具体来说,波束形成矩阵或向量通常是通过求解一个优化问题得到的,这可能会产生非常高的计算复杂度。另一方面,即使采用干扰或添加人工噪声技术,当窃听者的天线数目大于发射机的天线数目与有用信号和干扰信号的数目之和时,窃听端仍有可能对信息信号进行解码。为了克服这些不足,文献[113]的作者在文献[114]的启发下,提出了一种MISO窃听信道的随机波束形成方案(RB),其中发射机仅使用一个自由度来传递信息信号。与传统的波束形成方案不同的是,RB方案使得接收机处的解调变得简单,而使得窃听者遭受到等效的快衰落信道的影响。在此基础上,文献[115]作者首先提出了一种针对单用户MISO窃听信道的人工快衰落(AFF)方案,然后通过发送随机波束形成信号和干扰信号对AFF方案进行了改进,称之为混合AFF方案。此外,文献[116]研究了基于RB技术的MISO窃听网络在被动窃听和主动窃听下的保密中断概率;在文献[117][118]中,将RB扩展到MIMO窃听信道中,并在文献[118]中提出了一个带有随机变量的密钥辅助AFF方案,其假设收发机对提前知道密钥信息。

虽然上述RB方案可以保证合法信息的安全性,但由于大部分发射功率用以产生RB变量,其功率效率较低。为了提高发送端的功率效率以及系统的保密性能,在本项工作中,在单用户窃听网络中提出一种信号分割随机波束形成方案(SSRB),其中发射机将信息信号分为两个子信号,分别位于RB信号的方向和合法信道方向。这样,所有的发射天线都被利用来传输信息信号,系统的安全性由RB与人工噪声信号共同保证。与现有的随机变量固定的RB方案不同,考虑随机变量数量对发射功率和保密性能的影响,进一步改进了所提出的SSRB方案,提出了一种功率最小化的SSRB(PM-SSRB)方案。

基于所提出的 SSRB 和 PM-SSRB 单用户方案，将研究扩展到 K 用户 MISO 窃听网络中，结合非正交多址接入（NOMA）技术，充分地利用高频谱和能源效率。在现有的 NOMA 方案中，由于多个用户共享相同的频率，在用户处通常采用串行干扰消除（SIC）来减少同信道干扰。例如，在文献[119]和文献[120]中作者研究了具有非正交扩展序列的大规模机器型通信的压缩随机接入技术，其中 SIC 策略被用于随机接入方案；在文献[121]和文献[122]中，作者探讨了毫米波通信中的 NOMA 方案，并提出了一种混合矢量扰动的 NOMA 传输策略，用户解码采用 SIC。

近年来，在物理层安全的背景下对 NOMA 技术进行了广泛的研究。具体来说，文献[123]作者首先研究了一个采用 NOMA 技术的 SISO 窃听网络；在文献[124]和文献[125]中，提出了一种具有功率分配的两用户中继网络安全方案；在文献[126]中，基于保密因素考虑，设计了基于 NOMA 的双向中继网络，其中解码转发中继协同发射干扰信号；文献[127]研究了在 MISO-NOMA 网络中，带有人工噪声的保密波束形成方案。在本章中，我们研究了不同的与功率最小化技术相结合的 NOMA 策略，并提出了两种安全 NOMA 方案，即混合 NOMA（H-NOMA）方案和信号分割 NOMA（SS-NOMA）方案。与人工噪声 AN 方案相比，当窃听端处的天线数少于发射机时，所提出的 SSRB 方案和 PM-SSRB 方案在高发射功率情况下可以获得更高的遍历保密速率；当窃听端处的天线数多于发射机时，它们的表现就会优于 AN 方案。与文献[115]所提出的混合 AFF 方案和密钥辅助的 AFF 方案相比，SSRB 和 PM-SSRB 方案具有更好的安全性能。在多用户情况下，SS-NOMA 方案的性能优于 H-NOMA 方案。

7.2 单用户系统模型

考虑一个单用户 MISO 窃听网络，带有 N 根天线的发送端 Alice 向单天线的合法接收端 Bob 发送有用信息 W，同时，存在一个外部的窃听者 Eve 企图窃听传输的信号，Eve 带有 N_e 根天线。

7.2.1 传统的随机波束形成方案

随机波束形成技术 RB 是在发送端采用的一种技术。在传统的 RB 方案中，Alice 对信息 W 进行编码，在时隙 t 处编码为有用信息 $\boldsymbol{s}(t)$，其中 W 来自于集合 $\mathcal{W}=\{1,\cdots,2^{nR}\}$，并且其在 n 次信道使用中的速率为 $R \overset{\text{def}}{=\!=} \frac{1}{n}\log_2|W|$。Alice 将信号 $\boldsymbol{s}(t)$ 发送后，接收端的接收信号表示为

$$\boldsymbol{y}(t)=\boldsymbol{hw}(t)\boldsymbol{s}(t)+\boldsymbol{n}(t) \tag{7-1}$$

式中：$\boldsymbol{h}=[h_1,\cdots,h_N]\in\mathbb{C}^{1\times N}$—— Alice 与 Bob 之间的合法信道，其各元素服从于一个零均值单位方差的复高斯分布；

$\boldsymbol{n}(t)$—— 服从零均值单位方差的本地高斯白噪声。

在这里，所有的信道被认为是准静态平坦衰落信道，即它们在一个块传输中是保持不变

的,而在块之间是独立变化的。

为了确保系统安全,波束形成向量 $\boldsymbol{w}(t)=[w_1(t),w_2(t),\cdots,w_N(t)]^{\mathrm{T}}$ 被设计满足条件 $\boldsymbol{hw}(t)=1$,其中,$\boldsymbol{w}(t)$ 的前 $N-1$ 个元素是随机参数,遵循一个零均值 σ_w^2 方差的高斯分布,而剩下的元素 $w_N(t)$ 为

$$w_N(t)=\frac{1-\sum_{n=1}^{N-1}h_n w_n(t)}{h_N} \tag{7-2}$$

采用这样的波束形成向量,Bob处与Eve处的接收信号分别被表示为

$$\boldsymbol{y}(t)=\boldsymbol{s}(t)+\boldsymbol{n}(t) \tag{7-3}$$

$$\boldsymbol{y}_e(t)=\boldsymbol{Gw}(t)\boldsymbol{s}(t)+\boldsymbol{n}_e(t) \tag{7-4}$$

式中:$\boldsymbol{G}\in\mathbb{C}^{N_e\times N}$——Alice与Eve之间的复信道矩阵,并且$\boldsymbol{G}$中的每一个元素是独立同分布的,来自于带有零均值单位方差的复高斯分布;

$\boldsymbol{n}_e(t)$——Eve处服从零均值 σ^2 方差的本地高斯噪声。

假设发送端Alice通过信道估计技术已知本地CSI,但未知窃听信道的CSI,而Eve能够估计出Alice至其之间窃听信道的CSI。

在这里,将在二维坐标中抽象地描述RB方案的本质。将$\boldsymbol{G}$的第n行向量记做$\boldsymbol{g}_n$,合法信道$\boldsymbol{h}$与窃听信道$\boldsymbol{g}_n$之间的夹角记做θ。当$\theta=\frac{\pi}{2}$时,如图7-1(a)所示,$\boldsymbol{h}$和$\boldsymbol{g}_n$相互正交,因此发送端最优的波束形成向量应该为$\boldsymbol{w}^*=\frac{\boldsymbol{h}^{\mathrm{H}}}{\|\boldsymbol{h}\|}$,这样,在Eve处不会泄露任何的信息。考虑另外一种情况,即$\theta\neq\frac{\pi}{2}$,如图7-1(b)所示,$\boldsymbol{w}_i(t)$,$i\in\{1,2,3\}$,均为可能的波束形成向量,其中$\boldsymbol{w}_3(t)\boldsymbol{s}(t)$是最差的,因为其位于窃听信道相同的空间,当合法信号在$\boldsymbol{w}_3(t)\boldsymbol{s}(t)$方向发送时,系统的安全性不能够保证。但是,若随机向量$\boldsymbol{w}(t)$位于窃听信道的正交空间中,则系统的安全性可以达到最好。可以看出,RB方案中,随机生成的预编码向量$\boldsymbol{w}(t)$可能会使得系统的安全性最好,也可能会使得系统的安全性最差。这与人工噪声方案不同,人工噪声信号总是位于合法信道的零空间中,并且其只能保护窃听端的天线数少于发送端时的网络安全。可以看出,RB方案与人工噪声方案各有利弊,在下面的分析中,将结合这两种技术,设计出新的通信方案,提升系统的安全性。

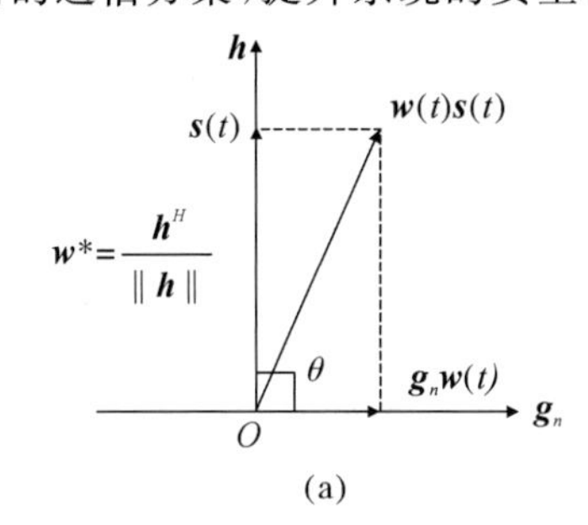

(a)

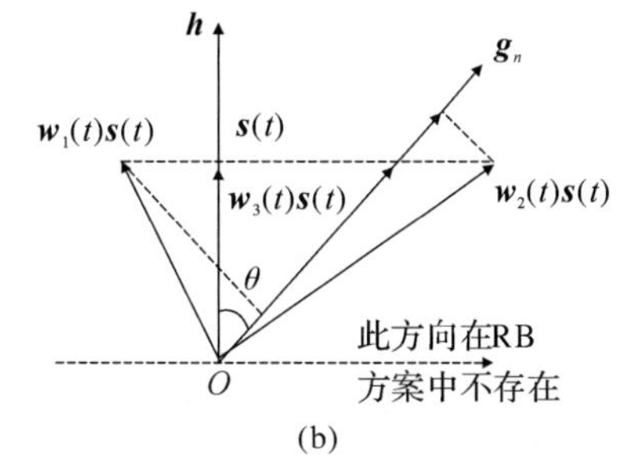

(b)

图7-1　θ的取值

(a)$\theta=\frac{\pi}{2}$;(b)$\theta\neq\frac{\pi}{2}$

7.2.2 信号分割随机波束形成方案

为了提高 RB 方案和人工噪声方案的保密性能，本项工作提出了一种带有人工噪声的 SSRB 方案。具体来说，Alice 在发送信号前将消息 W 分成两个子消息，即 $W=\{W_1,W_2\}$，并将这两个消息分别编码成信号 s_1,s_2，其中 $W_i\in W_i,i\in\{1,2\},W_i=\{1,\cdots,2^{nR}\}$。然后，分别对各信号进行预编码，得到时隙 t 中的传输信号为

$$\boldsymbol{x}(t)=\sqrt{\alpha_1 P_s}\ \frac{\boldsymbol{h}^{\mathrm{H}}}{\|\boldsymbol{h}\|}s_1(t)+\boldsymbol{w}(t)s_2(t)+\sqrt{\frac{\alpha_2 P_s}{d}}\boldsymbol{P}\boldsymbol{v}(t) \tag{7-5}$$

式中：$\alpha_i,i\in\{1,2\}$—— 自信号的功率分配系数；

P_s——Alice 处最大的发送功率；

$\boldsymbol{P}\in\mathbb{C}^{N\times d}$—— 干扰信号 $\boldsymbol{v}(t)\in\mathbb{C}^d\sim CN(\boldsymbol{0},\boldsymbol{I}_d)$ 的预编码向量，功率 $\alpha_2 P_s$ 被平均分配给 $\boldsymbol{v}(t)$ 的每一个元素。

可以看出，$s_1(t)$ 通过向量 $\boldsymbol{h}^{\mathrm{H}}$ 被编码在固定方向上，$s_2(t)$ 通过随机向量 $\boldsymbol{w}_i(t)$ 被编码在随机方向上。$E[|s_i(t)|^2]=\sigma_s^2$。为了消除干扰信号对 Bob 的影响，发送端在合法信道 $\boldsymbol{h}$ 的零空间中设计了 $\boldsymbol{P}$，即，$\boldsymbol{hP}=\boldsymbol{0}_{1\times d}$，其中 $1\leqslant d\leqslant N-1$。发送人工噪声信号的原因有两个：一是子信号 $s_1(t)$ 需要受到人工噪声信号的保护；二是当窃听信道和合法信道之间存在一个非正交夹角，且 $\boldsymbol{w}(t)\subseteq\mathrm{span}\{\boldsymbol{G}\}$ 时，人工噪声信号作为补充，也可以保护信息信号 $s_2(t)$。

在 SSRB 方案中，$\boldsymbol{w}(t)$ 的设计需要满足条件 $\boldsymbol{hw}(t)=\|\boldsymbol{h}\|$，其考虑了信道分布对所接收信号的影响。这样，$\boldsymbol{w}(t)$ 的前 $N-1$ 项是随机生成于零均值 σ_w^2 方差的复高斯分布，最后一项 $w_N(t)$ 是通过 $w_N(t)=(\|\boldsymbol{h}\|-\sum_{n=1}^{N-1}h_n w_{i,n}(t))/h_N$ 所得。此时，Alice 处的发射功率为

$$E[\|\boldsymbol{x}(t)\|^2]=\alpha_1 P_s\sigma_s^2+\sum_{n=1}^{N}E[|w_{i,n}(t)|^2]\sigma_s^2+\alpha_2 P_s \tag{7-6}$$

其中：

$$\sum_{n=1}^{N}E[|w_{i,n}(t)|^2]=(N-1)\sigma_w^2+\frac{\|\boldsymbol{h}\|^2+\sum_{n=1}^{N-1}|h_n|^2\sigma_w^2}{|h_N|^2}$$

这样，Bob 和 Eve 处的接收信号分别被表示为

$$y(t)=\|\boldsymbol{h}\|(\sqrt{\alpha_1 P_s}s_1(t)+s_2(t))+n(t) \tag{7-7}$$

$$\boldsymbol{y}_e(t)=\frac{\sqrt{\alpha_1 P_s}}{\|\boldsymbol{h}\|}\underbrace{\boldsymbol{Gh}^{\mathrm{H}}}_{\boldsymbol{g}_h\in\mathbb{C}^{N_e}}s_1(t)+\underbrace{\boldsymbol{Gw}(t)}_{\boldsymbol{g}_e(t)\in\mathbb{C}^{N_e}}s_2(t)+\sqrt{\frac{\alpha_2 P_s}{d}}\boldsymbol{GPv}(t)+\boldsymbol{n}_e(t) \tag{7-8}$$

由于存在 $\boldsymbol{w}(t)$，Eve 将会经历一个等效的快速衰落信道 $\boldsymbol{g}_e(t)$，其中 $\boldsymbol{g}_e(t)$ 的第 m 个元素被记为

$$g_{e,m}(t)=\sum_{n=1}^{N-1}\left(g_{m,n}-\frac{g_{m,N}h_n}{h_N}\right)w_n+\frac{g_{m,N}}{h_N}\|\boldsymbol{h}\| \tag{7-9}$$

式中：$g_{m,n}$——$\boldsymbol{G}$ 的第 m 行第 n 列元素。

当信道在一个块时间内保持不变时，$g_{e,m}(t)$ 服从的分布为 $g_{e,m}(t)\sim CN(\mu_{e,m},\sigma_{e,m}^2)$，

其中

$$\mu_{e,m} = \frac{g_{m,N}}{h_N} \| \boldsymbol{h} \| \tag{7-10}$$

$$\sigma_{e,m}^2 = \sum_{n=1}^{N-1} \left| g_{m,n} - \frac{g_{m,N} h_n}{h_N} \right|^2 \sigma_w^2 \tag{7-11}$$

这说明，Eve 接收到的信号的分布与 RB 矢量的分布有关，并且 Eve 只能利用信道的统计信息进行非相干信息解码。此时，快衰落信道保护信号使其不被窃听。在接下来的章节中，我们将研究 RB 对所考虑的网络保密性能的影响。

7.2.3　功率最小化信号分割随机波束形成方案

虽然 SSRB 方案中的信号分割有利于提高安全性，但 $\boldsymbol{w}(t)$ 的 $N-1$ 个变量的随机性可能导致某些天线的发射功率较大。为了减小各发射天线中发射功率的波动，对方案进行了改进，即 Alice 使用 p 个 RB 变量来保证安全性，同时利用其余 $N-p$ 个维度传输信息信号，其中 $1 \leqslant p \leqslant N-1$。具体而言，$\boldsymbol{w}(t)$ 的前 p 个变量来自于一个零均值 σ_w^2 方差的复高斯分布，剩下的 $N-p$ 元素被设计来减少 RB 向量的功率。

定义 $\tilde{\boldsymbol{w}} = [w_{p+1}, \cdots, w_N]^{\mathrm{H}} \in \mathbb{C}^{N-p}$，$\tilde{\boldsymbol{h}} = [h_{p+1}, h_{p+2}, \cdots, h_N] \in \mathbb{C}^{1\times(N-p)}$，最优 $\tilde{\boldsymbol{w}}$ 可以通过以下的优化问题求解

$$\mathrm{P}_1: \quad \min_{\tilde{\boldsymbol{w}}} \| \tilde{\boldsymbol{w}} \|^2 \quad \text{s. t. } \tilde{\boldsymbol{h}} \tilde{\boldsymbol{w}} = k \tag{7-12}$$

其中：$k = \| \boldsymbol{h} \| - \sum_{i=1}^{p} w_i h_i$。为了解决 1 问题，通过分析每个复变量的实部和虚部，将其转化为一个范数最小化问题，即 $x_i = x_{R,i} + \mathrm{j} x_{I,i}$，$i \in \{p+1, \cdots, N\}$，$x \in \{w, h\}$，其中 $x_{R,i} = \mathrm{Re}\{x_i\}$ 和 $x_{I,i} = \mathrm{Im}\{x_i\}$ 表示 x_i 的实部和虚部，j 是复数单位。令

$$\hat{\boldsymbol{w}} = [w_{R,p+1}, \cdots, w_{R,N}, w_{I,p+1}, \cdots, w_{I,N}]^{\mathrm{T}} \in \mathbb{R}^{2(N-p)} \tag{7-13}$$

$$\hat{\boldsymbol{\Gamma}}_1 = \begin{bmatrix} h_{R,p+1}, \cdots, h_{R,N}, -h_{I,p+1}, \cdots, -h_{I,N} \\ h_{I,p+1}, \cdots, h_{I,N}, h_{R,p+1}, \cdots, h_{R,N} \end{bmatrix} \in \mathbb{R}^{2\times 2(N-p)} \tag{7-14}$$

$$\hat{\boldsymbol{k}}_1 = \begin{bmatrix} k_R \\ k_I \end{bmatrix} \in \mathbb{R}^2 \tag{7-15}$$

其中：$k_R = \mathrm{Re}\{k\}$，$k_I = \mathrm{Im}\{k\}$。1 被转化为一个范数最小化问题，即

$$\mathrm{P}_2: \quad \min_{\hat{\boldsymbol{w}}} \| \hat{w} \|^2 \quad \text{s. t. } \hat{\boldsymbol{\Gamma}}_1 \hat{\boldsymbol{w}} = \hat{k} \tag{7-16}$$

在解决这个优化问题之前，我们提出以下引理：

引理 7.1　定义 $\boldsymbol{A} \in \mathbb{R}^{M\times N}$，$\boldsymbol{x} \in \mathbb{R}^N$，$\boldsymbol{b} \in \mathbb{R}^M$。对于优化问题 $\min_{\boldsymbol{x}} \| \boldsymbol{x} \|^2$，当 s. t. $\boldsymbol{Ax} = \boldsymbol{b}$ 时，其闭式解为 $\boldsymbol{x}^* = \boldsymbol{A}^{\mathrm{T}} (\boldsymbol{AA}^{\mathrm{T}})^{-1} \boldsymbol{b}$。

证明：完整的证明过程在附录 C 中。

基于上述引理 7.1，P_2 问题的闭式解为 $\hat{\boldsymbol{w}}^* = \hat{\boldsymbol{\Gamma}}_1^{\mathrm{T}} (\hat{\boldsymbol{\Gamma}}_1 \hat{\boldsymbol{\Gamma}}_1^{\mathrm{T}})^{-1} \hat{\boldsymbol{k}}_1$。令 $\boldsymbol{Q}_1 = \hat{\boldsymbol{\Gamma}}_1^{\mathrm{T}} (\hat{\boldsymbol{\Gamma}}_1 \hat{\boldsymbol{\Gamma}}_1^{\mathrm{T}})^{-1}$，其中 $\boldsymbol{Q}_1$ 的第 b 列向量记做 $\boldsymbol{q}_{1,b}$，其第 a 个元素记为 $q_{1,a,b}$。将向量 $\tilde{\boldsymbol{w}}$ 的复元素 w_i 表示为 $w_i = (q_{1,i-p,1} + jq_{1,N-2p+i,1}) k_R + (q_{1,i-p,2} + jq_{1,N-2p+1,2}) k_I$，$i \in \{p+1, \cdots, N\}$。这样，$\boldsymbol{x}(t)$ 的平均功率被推导为

$$E[\|\boldsymbol{x}(t)\|^2]=\alpha_1 P_s\sigma_s^2+[p\sigma_w^2+E[\|\tilde{\boldsymbol{w}}\|^2]]\sigma_s^2+\alpha_2 P_s \tag{7-17}$$

其中：$E[\|\tilde{\boldsymbol{w}}\|^2]=\|\boldsymbol{h}\|^2(\|\boldsymbol{q}_{1,1}\|^2+\frac{\sigma_w^2}{2}\|\boldsymbol{Q}_1\|^2)$。根据式(7-7)与式(7-8)，$\boldsymbol{g}_e(t)$的第$m$项被重写为

$$\begin{aligned}g_{e,m}(t)=&\sum_{n=1}^{p}g_{m,n}w_n+\sum_{r=p+1}^{N}g_{m,r}\{(q_{r-p,1}+jq_{N+r-2p,1})\times\\&[\|\boldsymbol{h}\|-\sum_{i=1}^{p}(w_{R,i}h_{R,i}-w_{I,i}h_{I,i})]-\\&(q_{r-p,2}+jq_{N+r-2p,2})\sum_{i=1}^{p}(w_{R,i}h_{I,i}+w_{I,i}h_{R,i})\}\end{aligned} \tag{7-18}$$

其中：$g_{e,m}(t)$的均值与方差为

$$\mu_{e,m}=\sum_{r=p+1}^{N}g_{m,r}(q_{1,r-p,1}+jq_{1,N+r-2p,1})\|\boldsymbol{h}\| \tag{7-19}$$

$$\begin{aligned}\sigma_{e,m}^2=&\sum_{n=1}^{p}|g_{m,n}|^2\sigma_w^2+\\&\frac{\sigma_w^2}{2}\sum_{r=p+1}^{N}|g_{m,r}|^2(q_{1,r-p,1}^2+q_{1,N+r-2p,1}^2+q_{1,r-p,2}^2+q_{1,N+r-2p,2}^2)\|\boldsymbol{h}\|^2\end{aligned} \tag{7-20}$$

其可以被用于评估最小化功率 RB 方案的安全性能。

7.3 K 用户窃听信道

本节将讨论K用户 MISO 窃听信道的安全问题，在该信道中，Alice 以相同的频率与K用户同时通信。为了提高多用户网络的频谱效率，本节采用 NOMA 技术，通过叠加编码同时为K个用户服务。在下面的小节中，我们将研究两用户网络的 NOMA 的方案，然后将其结果扩展到K个用户的一般网络中。

7.3.1 混合 NOMA 方案

1. 两用户场景

在两用户 MISO 窃听信道中，Alice 分别向两用户发送两条独立的消息W_1和W_2，其中W_i是从集合$\mathcal{W}_i$中选择的，信息的速率为$R_i\overset{\text{def}}{=}\frac{1}{n}\log_2|\mathcal{W}_i|$。在 H-NOMA 方案中，Alice 同时发送干扰信号和 RB 信号，并将W_i编码为$s_i(t)$。基于 NOMA 原则，这些信号被叠加为$s(t)=\sqrt{\delta_1}s_1(t)+\sqrt{\delta_2}s_2(t)$，其中$E[|s_i(t)|^2]=\sigma_s^2$，功率系数$\delta_1$和$\delta_2$服从关系$\delta_1+\delta_2=1$。由于 NOMA 技术可以提高信道条件较差的用户的通信可靠性，为了便于分析，我们假设用户 2 为强用户，用户 1 为弱用户。为了满足用户 1 的通信质量的要求，功率系数的关系设置为$\delta_1>\delta_2$。这样，发送端的传输信号表示

$$\boldsymbol{x}(t)=\boldsymbol{w}(t)s(t)+\sqrt{\frac{\delta_3 P_s}{d}}\boldsymbol{P}\boldsymbol{v}(t) \tag{7-21}$$

式中：δ_3—— 干扰信号 $\boldsymbol{v}(t)$ 的功率系数。

为了防止人工噪声信号对合法用户造成干扰，AN 信号被设计成位于所有合法信道的零空间中，即应满足条件$[\boldsymbol{h}_1;\boldsymbol{h}_2]\boldsymbol{P}=\boldsymbol{0}_{2\times d}$。注意$[\boldsymbol{h}_1;\boldsymbol{h}_2]\in\mathbb{C}^{2\times N}$，当$1\leqslant d\leqslant N-2$时，预编码矩阵 $\boldsymbol{P}$ 的 d 列向量可以从合法信道的零空间$[\boldsymbol{h}_1;\boldsymbol{h}_2]$中得到，因此上述零空间条件成立。

根据 PM 和 RB 的策略，在两个用户的 MISO 窃听信道中，$\boldsymbol{w}(t)$ 需要满足条件$[\boldsymbol{h}_1;\boldsymbol{h}_2]\boldsymbol{w}(t)=[\|\boldsymbol{h}_1\|;\|\boldsymbol{h}_2\|]$，从而每个用户都会经历一个等价的 AWGN 通道。这样，Alice 需要使用至少两个 DoF 来发送信息。当采用 PM 时，$\boldsymbol{w}(t)$ 的前 $p(1\leqslant p\leqslant N-2)$ 个元素随机地生成一个零均值单位方差的复高斯分布，剩下的 $N-p$ 个元素通过解决以下优化问题获得：

$$\begin{aligned}\mathrm{P}_3:\quad & \min_{\hat{\boldsymbol{w}}}\|\hat{\boldsymbol{w}}\|^2\\ & \text{约束条件为：}[\hat{\boldsymbol{H}}_1^{\mathrm{T}}\ \hat{\boldsymbol{H}}_2^{\mathrm{T}}]^{\mathrm{T}}\hat{\boldsymbol{w}}=\hat{\boldsymbol{k}}_2\end{aligned} \tag{7-22}$$

其中，

$$\hat{\boldsymbol{k}}_2=[k_{R,1};k_{I,1};k_{R,2};k_{I,2}]\in\mathbb{R}^4$$

$$k_{R,n}=\mathrm{Re}k_n,k_{I,n}=I_{\mathrm{m}}k_n$$

$$k_n=\|\boldsymbol{h}_n\|-\sum_{i=1}^{p}w_i h_{n,i},n\in\{1,2\}$$

$$\hat{\boldsymbol{H}}_n=\begin{bmatrix}h_{n,R,p+1},\cdots,h_{n,R,N},-h_{n,I,p+1},\cdots,-h_{n,I,N}\\ h_{n,I,p+1},\cdots,h_{n,I,N},h_{n,R,p+1},\cdots,h_{n,R,N}\end{bmatrix} \tag{7-23}$$

式中：$h_{n,R,i}$——$h_{n,i}$ 的实部；

$h_{n,I,i}$——$h_{n,i}$ 的虚部。

与优化问题 P_2 类似，令$\hat{\boldsymbol{\Gamma}}_2=[\hat{\boldsymbol{H}}_1^{\mathrm{T}}\ \hat{\boldsymbol{H}}_2^{\mathrm{T}}]^{\mathrm{T}}\in\mathbb{R}^{4\times2(N-p)}$，基于引理 6.1，$\hat{\boldsymbol{w}}$ 的闭式解为$\hat{\boldsymbol{w}}^*=\hat{\boldsymbol{\Gamma}}_2^{\mathrm{T}}(\hat{\boldsymbol{\Gamma}}_2\hat{\boldsymbol{\Gamma}}_2^{\mathrm{T}})^{-1}\hat{\boldsymbol{k}}_2$。令$\boldsymbol{Q}_2=\hat{\boldsymbol{\Gamma}}_2^{\mathrm{T}}(\hat{\boldsymbol{\Gamma}}_2\hat{\boldsymbol{\Gamma}}_2^{\mathrm{T}})^{-1}$，其中$\boldsymbol{Q}_2$ 的第 b 列向量表示为$\boldsymbol{q}_{2,b}$，$\boldsymbol{q}_{2,b}$ 的第 a 个元素表示为 $q_{2,a,b}$。这样，发送信号 $\boldsymbol{x}(t)$ 的平均功率为

$$E[\|\boldsymbol{x}(t)\|^2]=\sigma_s^2(p\sigma_w^2+E[\|\hat{\boldsymbol{w}}^*\|^2])+\delta_3 P_s \tag{7-24}$$

其中：

$$\begin{aligned}E[\|\hat{\boldsymbol{w}}^*\|^2]=&\left(1+\frac{\sigma_w^2}{2}\right)\|\boldsymbol{h}_1\|^2\|\boldsymbol{q}_{2,1}\|^2+\frac{\sigma_w^2}{2}\|\boldsymbol{h}_1\|^2\|q_{2,2}\|^2+\\ &\left(1+\frac{\sigma_w^2}{2}\right)\|\boldsymbol{h}_2\|^2\|\boldsymbol{q}_{2,3}\|^2+\frac{\sigma_w^2}{2}\|\boldsymbol{h}_2\|^2\|\boldsymbol{q}_{2,4}\|^2\end{aligned}$$

另外，利用上述所得 $\boldsymbol{w}(t)$，用户 $i(i\in\{1,2\})$ 和 Eve 处的接收信号分别为

$$y_i(t)=\|\boldsymbol{h}_i\|(\sqrt{\delta_1}s_1(t)+\sqrt{\delta_2}s_2(t))+n_i(t) \tag{7-25}$$

$$\boldsymbol{y}_e(t)=\boldsymbol{g}_e(t)s(t)+\sqrt{\frac{\delta_3 P_s}{d}}\boldsymbol{G}\boldsymbol{P}\boldsymbol{v}(t)+\boldsymbol{n}_e(t) \tag{7-26}$$

其中：$\boldsymbol{g}_e(t)$ 的第 m 个元素表示为

$$g_{e,m}(t)=\sum_{n=1}^{p}g_{m,n}w_n+\sum_{r=p+1}^{N}g_{m,r}[(q_{2,r-p,1}+jq_{2,r+N-2p,1})k_{1,R}+(q_{2,r-p,2}+jq_{2,r+N-2p,2})k_{1,I}+(q_{2,r-p,3}+jq_{2,r+N-2p,3})k_{2,R}+(q_{2,r-p,4}+jq_{2,r+N-2p,4})k_{2,I}] \tag{7-27}$$

$g_{e,m}(t)$ 的均值和方差分别为

$$\mu_{e,m}=\sum_{r=p+1}^{N}g_{m,r}[(q_{2,r-p,1}+jq_{2,r+N-2p,3})\|\boldsymbol{h}_1\|+(q_{2,r-p,3}+jq_{2,r+N-2p,3})\|\boldsymbol{h}_2\|] \tag{7-28}$$

$$\sigma_{e,m}^2=\sum_{n=1}^{p}|g_{m,n}|^2\sigma_w^2+\frac{\sigma_w^2}{2}\sum_{r=p+1}^{N}|g_{m,r}|^2[(q_{2,r-p,1}^2+q_{2,N+r-2p,1}^2+q_{2,r-p,2}^2+q_{2,N+r-2p,2}^2)\|\boldsymbol{h}_1\|^2+(q_{2,r-p,3}^2+q_{2,N+r-2p,3}^2+q_{2,r-p,4}^2+q_{2,N+r-2p,4}^2)\|\boldsymbol{h}_2\|^2] \tag{7-29}$$

2. K 用户场景

当存在 K 个用户时，其中 $1\leqslant K\leqslant N-1$，Alice 期望向 K 个用户广播 K 个独立消息 $\{W_1,W_2,\cdots,W_K\}$，并将其编码为 $\{s_1,s_2,\cdots,s_K\}$。基于 NOMA 原则，发送端将这些信号叠加为 $s(t)=\sum_{i=1}^{K}\sqrt{\delta_i}s_i(t)$，并且同时发送干扰信号 $\boldsymbol{v}(t)$，即

$$\boldsymbol{x}(t)=\boldsymbol{w}(t)s(t)+\sqrt{\frac{\delta_{K+1}P_s}{d}}\boldsymbol{P}\boldsymbol{v}(t) \tag{7-30}$$

其中：$\mathrm{E}[\|s_i(t)\|^2]=\sigma_s^2$；$\delta_i,i\in\{1,\cdots,K+1\}$—— 每个信号的功率系数，且满足条件 $\sum_{i=1}^{K}\delta_i=1$，$\mathrm{E}[\|s(t)\|^2]=\sigma_s^2$。

为了使干扰信号位于合法信道的零空间，发送端的预编码向量 $\boldsymbol{P}$ 需要满足条件 $[\boldsymbol{h}_1;\boldsymbol{h}_2;\cdots;\boldsymbol{h}_K]\boldsymbol{P}=\boldsymbol{0}_{K\times d}$。注意到当 $1\leqslant d\leqslant N-K$ 时，$\boldsymbol{P}$ 的所有 d 列向量可以从 $[h_1;h_2;\cdots;h_K]\in\mathbb{C}^{K\times N}$ 的零空间中选择，此时，上述条件成立，干扰信号可以位于所有用户信道的零空间中。

另外，波束成形向量 $\boldsymbol{w}(t)$ 需要满足条件 $[\boldsymbol{h}_1;\cdots;\boldsymbol{h}_K]\boldsymbol{w}(t)=[\|\boldsymbol{h}_1\|;\cdots;\|\boldsymbol{h}_K\|]$，其可以通过与两用户场景类似的方法获得，即 $\boldsymbol{w}(t)$ 的前 $p(1\leqslant p\leqslant N-K)$ 项为随机高斯变量，其余 $N-p$ 项应先写成 $2(N-p)$ 实变量式(7-13)，然后从以下优化问题中获得：

$$\begin{aligned}\boldsymbol{P}_4:\quad &\min_{\hat{\boldsymbol{w}}}\|\hat{\boldsymbol{w}}\|^2\\ &\text{约束条件为：}\underbrace{[\hat{\boldsymbol{H}}_1^{\mathrm{T}},\cdots,\hat{\boldsymbol{H}}_K^{\mathrm{T}}]^{\mathrm{T}}}_{\hat{\boldsymbol{\Gamma}}_K\in\mathbb{R}^{2K\times 2(N-p)}}\hat{\boldsymbol{w}}=\hat{\boldsymbol{k}}_K\end{aligned} \tag{7-31}$$

其中：$\hat{\boldsymbol{H}}_n$ 如式(7-23)中所示，$n\in\{1,2,\cdots,K\}$，并且 $\hat{\boldsymbol{k}}_K=[k_{1,R};k_{1,I};\cdots;k_{K,R};k_{K,I}]\in\mathbb{R}^{2K}$。这样，基于引理 7.1，最优的 $\hat{w}$ 为 $\hat{w}^*=\hat{\boldsymbol{\Gamma}}_K^{\mathrm{T}}(\hat{\boldsymbol{\Gamma}}_K\hat{\boldsymbol{\Gamma}}_K^{\mathrm{T}})^{-1}\hat{\boldsymbol{k}}_K$。此时，发送信号 $\boldsymbol{x}(t)$ 的平均功率为

$$E[\|\boldsymbol{x}(t)\|^2]=\sigma_s^2\sum_{n=1}^{2(N-p)}\sum_{i=1}^{K}\left[q_{K,n,2i-1}^2\|h_i\|^2\left(1+\frac{\sigma_w^2}{2}\right)+\frac{\sigma_w^2}{2}q_{K,n,2i}^2\|h_i\|^2\right]+\delta_{K+1}P_s \tag{7-32}$$

式中：$q_{K,i,j}$—— 矩阵 $\boldsymbol{Q}_K=\hat{\boldsymbol{\Gamma}}_K^{\mathrm{T}}(\hat{\boldsymbol{\Gamma}}_K\hat{\boldsymbol{\Gamma}}_K^{\mathrm{T}})^{-1}$ 的第 i 行第 j 列元素。

这样，用户 i 和 Eve 处的接收信号为

$$y_i(t) = \|\boldsymbol{h}_i\| \sum_{i=1}^{K} \sqrt{\delta_i} s_i(t) + n_i(t) \tag{7-33}$$

$$\boldsymbol{y}_e(t) = \boldsymbol{g}_e(t)s(t) + \sqrt{\frac{\delta_{K+1} P_s}{d}} \boldsymbol{GPv}(t) + \boldsymbol{n}_e(t) \tag{7-34}$$

由于 $\boldsymbol{w}(t)$ 的改变，等价快速衰落信道 $\boldsymbol{g}_e(t)$ 的第 m 个元素变为

$$\begin{aligned} g_{e,m}(t) = & \sum_{n=1}^{p} g_{m,n} w_n + \sum_{r=p+1}^{N} g_{m,r}(a_{2l-1} \| h_i \|) - \\ & \sum_{r=p+1}^{N} \sum_{i=1}^{p} g_{m,r} \sum_{i}^{K} [a_{2l-1}(w_{R,l} h_{l,R,i} - w_{I,l} h_{l,I,i}) + \\ & a_{2l}(w_{R,i} h_{l,I,i} + w_{I,i} h_{l,R,i})] \end{aligned} \tag{7-35}$$

其中：$a_l = q_{K,r-p,l} + \mathrm{j} q_{K,r+N-2p,l}$。则 $g_{e,m}(t)$ 的均值和方差分别为

$$\mu_{e,m} = \sum_{r=p+1}^{N} g_{m,r} \left(\sum_{l=1}^{K} a_{2l-1} \| \boldsymbol{h}_l \| \right) \tag{7-36}$$

$$\sigma_{e,m}^2 = \left\{ \sum_{m,n}^{p} | g_{m,n} |^2 + \frac{1}{2} \sum_{r=p+1}^{N} | g_{m,r} |^2 \left[\sum_{l=1}^{K} \| \boldsymbol{h}_l \|^2 (a_{2l-1}^2 - a_{2l}^2) \right] \right\} \sigma_w^2 \tag{7-37}$$

下面，将研究基于式(7-36)和式(7-37)中快速衰落信道分布的 H-NOMA 方案的保密性能。

7.3.2　信号分割 NOMA 方案

1. 两用户场景

在上述 H-NOMA 方案中，所有的叠加信号都在 RB 和人工噪声方案的保护下发送。与 H-NOMA 方案不同的是，考虑了另一个基于信号分割的 NOMA 方案以获得更好的保密性能，这个方案被称为 SS-NOMA 方案。具体来说，Alice 首先将每个信息 $W_i(i \in \{1,2\})$ 分割成两个独立的子消息 $\{W_{i,1}, W_{i,2}\}$，然后将子信号分别编码成 $\{s_{i,1}(t), s_{i,2}(t)\}$。通过采用 NOMA 技术，将这些子信号构造成两个叠加信号，即 $s_1(t) = \sqrt{\beta_1} s_{1,1}(t) + \sqrt{\beta_2} s_{2,1}(t)$ 和 $s_2(t) = \sqrt{\beta_1} s_{1,2}(t) + \sqrt{\beta_2} s_{2,2}(t)$，其中 $\beta_1 < \beta_2$，β_i 表示功率系数，$\beta_1 + \beta_2 = 1$。然后，向量 $\boldsymbol{w}_h \in \mathbb{C}^N$ 和 RB 向量 $\boldsymbol{w}(t)$ 分别对 $s_1(t)$ 和 $s_2(t)$ 进行预编码，进而进行传输。在这里，令 $\boldsymbol{w}_h = \frac{\boldsymbol{h}_1^{\mathrm{H}}}{\| \boldsymbol{h}_1 \|}$，这样，用户 1 处的信号得到了改进，使得两个用户之间有了明显的区别。为了公平起见，分配给用户 2 的功率大于分配给用户 1 的功率，即 $\beta_1 < \beta_2$。此时，Alice 处的发送信号为

$$\boldsymbol{x}(t) = \sqrt{\beta_0 P_s} \boldsymbol{w}_h s_1(t) + \boldsymbol{w}(t) s_2(t) + \sqrt{\frac{\beta_3 P_s}{d}} \boldsymbol{Pv}(t) \tag{7-38}$$

其中：$\boldsymbol{w}(t)$ 可以从优化问题 P_3 得到，整个发送信号的平均功率为

$$\begin{aligned} E[\| \boldsymbol{x}(t) \|^2] = & \beta_0 P_s \sigma_s^2 + \sigma_s^2 \left[p\sigma_w^2 + \left(1 + \frac{\sigma_w^2}{2}\right) (\| \boldsymbol{h}_1 \|^2 \| \boldsymbol{q}_{2,1} \|^2 + \| \boldsymbol{h}_2 \|^2 \| \boldsymbol{q}_{2,3} \|^2) + \right. \\ & \left. \frac{\sigma_w^2}{2} (\| \boldsymbol{h}_1 \|^2 \| \boldsymbol{q}_{2,2} \|^2 + \| \boldsymbol{h}_2 \|^2 \| \boldsymbol{q}_{2,4} \|^2) \right] + \beta_3 P_s \end{aligned} \tag{7-39}$$

为了使得合法用户处不会受到人工噪声的干扰，$\boldsymbol{P}$ 被设计置于合法信道的零空间，即满足$[\boldsymbol{h}_1;\boldsymbol{h}_2]\boldsymbol{P}=\boldsymbol{0}_{2\times d}$。除此以外，$\boldsymbol{w}(t)$ 的生成方式与在 H-NOMA 方案中相同。此时，用户 $i(i\in\{1,2\})$ 和 Eve 处的接收信号为

$$y_i(t)=\sqrt{\beta_0 P_s}\boldsymbol{h}_1\boldsymbol{w}_h s_1(t)+\|\boldsymbol{h}_i\|s_2(t)+n_i(t) \tag{7-40}$$

$$\boldsymbol{y}_e(t)=\sqrt{\beta_0 P_s}\boldsymbol{G}\boldsymbol{w}_h s_1(t)+\boldsymbol{g}_e(t)s_2(t)+\sqrt{\frac{\beta_3 P_s}{d}}\boldsymbol{G}\boldsymbol{P}\boldsymbol{v}(t)+\boldsymbol{n}_e(t) \tag{7-41}$$

其中：$g_{e,m}(t)$ 的分布与 H-NOMA 方案中式(7-28)和式(7-29)类似。

2. K 用户场景

在 K 用户场景中，两个叠加的信号被记为 $s_1(t)=\sum_{i=1}^{K}\sqrt{\beta_i}s_{i,1}(t)$ 和 $s_2(t)=\sum_{i=1}^{K}\sqrt{\beta_i}s_{i,2}(t)$，这样，系统的发送信号为

$$\boldsymbol{y}_e(t)=\sqrt{\beta_0 P_s}\boldsymbol{G}\boldsymbol{w}_h s_1(t)+\boldsymbol{g}_e(t)s_2(t)+\sqrt{\frac{\beta_{K+1} P_s}{d}}\boldsymbol{G}\boldsymbol{P}\boldsymbol{v}(t)+\boldsymbol{n}_e(t) \tag{7-42}$$

其中：$\boldsymbol{w}_h=\frac{\boldsymbol{h}_1^{\mathrm{H}}}{\|\boldsymbol{h}_1\|}$，$\sum_{i=1}^{K}\beta_i=1$，从而$E[\|s_i(t)\|^2]=\sigma_s^2$。RB 向量 $\boldsymbol{w}(t)$ 可以通过优化问题 P_4 得到，此时，整个发送信号的平均功率为

$$E[\|\boldsymbol{x}(t)\|^2]=\beta_0 P_s\sigma_s^2+\sigma_s^2\sum_{n=1}^{2(N-p)}\sum_{i=1}^{K}\left[q_{K,n,2i-1}^2\|h_i\|^2\left(1+\frac{\sigma_w^2}{2}\right)+\frac{\sigma_w^2}{2}q_{K,n,2i}^2\|h_i\|^2\right]+\beta_{K+1}P_s \tag{7-43}$$

然后，用户 $i(i\in\{2,\cdots,K\})$ 和 Eve 处的接收信号分别被表示为式(7-40)和

$$\boldsymbol{y}_e(t)=\sqrt{\beta_0 P_s}\boldsymbol{G}\boldsymbol{w}_h s_1(t)+\boldsymbol{g}_e(t)s_2(t)+\sqrt{\frac{\beta_{K+1} P_s}{d}}\boldsymbol{G}\boldsymbol{P}\boldsymbol{v}(t)+\boldsymbol{n}_e(t) \tag{7-44}$$

其中：$g_{e,m}(t)$ 的分布服从式(7-36)和式(7-37)。

7.4 遍历安全速率

在本节中，将分析 RB 技术和 NOMA 策略对于 K 用户窃听模型的保密性能的影响。在这里，总遍历保密速率 $\overline{R}_{\mathrm{s}}$ 为核心度量指标，其被定义为 $\overline{R}_{\mathrm{s}}=[\overline{R}-\overline{R}_e]^+$，其中 $\overline{R}=\sum_{i=1}^{K}\overline{R}_i$ 和 $\overline{R}_e=\sum_{i=1}^{K}\overline{R}_{e,i}$，并且 $\overline{R}_i$ 和 $\overline{R}_{e,s_i}$ 分别表示 $s_i(t)$ 的遍历速率和遍历的窃听速率。为了简单起见，在下面的分析中省略了时隙指标 t。

7.4.1 单用户窃听信道

1. 遍历速率

SSRB 和 PM-SSRB 方案的主要区别在于 RB 向量的设计，而 RB 向量的变化会引起 $g_{e,m}$

均值 $\mu_{e,m}$ 与方差 $\sigma_{e,m}^2$ 的变化。因此，所提方案遍历速率的推导过程是相同的。在计算遍历保密率之前，首先说明了 Bob 处的解码过程。当 Bob 接收到式(7-7)中的信号 y 时，使用 SIC 对信号进行解码，解码顺序是根据每个信号的功率大小而定的。例如，当 $\alpha_1 P_s > 1$ 时，s_1 的功率大于 s_2，此时，用户先将 s_2 当做干扰信号，仅解码 s_1。这样，有关 s_1 的瞬时 SINR 为

$$\gamma_{s_1} = \frac{\alpha_1 P_s \|\boldsymbol{h}\|^2 \sigma_s^2}{\|\boldsymbol{h}\|^2 \sigma_s^2 + \sigma^2} \tag{7-45}$$

之后，采用 SIC 消除 s_1，用户再解码 s_2，则关于 s_2 的接收 SNR 为

$$\gamma_{s_2} = \frac{\|\boldsymbol{h}\|^2 \sigma_s^2}{\sigma^2} \tag{7-46}$$

其中：γ_{s_i} 中的 $\|\boldsymbol{h}\|^2$ 服从伽马分布 $\Gamma(N,1)$，即 $f_{\|h\|^2}(x) = \dfrac{x^{N-1}\mathrm{e}^{-x}}{\Gamma(N)}$，$\Gamma(a,x) = \int_x^{+\infty} \mathrm{e}^{-t} t^{a-1} \mathrm{d}t$ 是不完全伽马函数，并且 $f_X(x)$ 表示变量 X 的概率密度函数(Probability Density Function, PDF)。

根据上述所得 γ_{s_1} 和 γ_{s_2}，单用户的遍历速率被表示为

$$\begin{aligned}\overline{R} = \overline{R}_1 + \overline{R}_2 = E_h[\log_2(1+\gamma_{s_1}) + \log_2(1+\gamma_{s2}) \mid h] = \\ \int_0^{\infty}\left[\log_2\left(1+\frac{\alpha_1 P_s x \sigma_s^2}{x\sigma_s^2+\sigma^2}\right) + \log_2\left(1+\frac{x\sigma_s^2}{\sigma^2}\right)\right] f_{\|h\|^2}(x)\mathrm{d}x = \\ \frac{1}{\ln 2}\sum_{\mu=0}^{N-1}\frac{1}{\Gamma(N-\mu)}\left[(-1)^{N-\mu-2}\Omega^{N-\mu-1}\exp(\Omega)\mathrm{Ei}(-\Omega) + \sum_{k=1}^{N-\mu-1}\Gamma(-\Omega)^{N-\mu-k-1}\right]\end{aligned} \tag{7-47}$$

其中：$\dfrac{1}{\Omega} = \dfrac{(1+\alpha_1 P_s)\sigma_s^2}{\sigma^2}$；

Ei(·)—— 指数积分函数。

上述最后一个等式依赖于文献[128]中的式(4.337.5)。对于情况 $\alpha_1 P_s < 1$，可以采用类似的分析过程。

2. 遍历窃听速率

由于随机波束形成方案的实施，Eve 经历了快衰落信道，几乎不可能在时隙之间获得 $\boldsymbol{g}_e$ 的瞬时等价 CSI。因此，通过计算 $\{s_1, s_2\}$ 和 y_e 之间的相互信息来衡量 Eve 的遍历窃听速率。文献[115]表示，虽然可以通过 y_e 与窃听信道的统计 CSI 计算出总的遍历窃听速率，但 $\overline{R}_e$ 的计算复杂度较高。因此，根据文献[115]中的引理 1，令 $\Phi_1 = \{\boldsymbol{G}, \boldsymbol{h}\}$，$\overline{R}_e$ 的上界为

$$\overline{R}_e = E_{\Phi_1}[I(s_1, s_2; \boldsymbol{y}_e) \mid \Phi_1] \leqslant \tag{7-48a}$$

$$\sum_{m=1}^{N_e} E_{\Phi_1}[I(s_1, s_2; y_{e,m}) \mid \Phi_1] = \tag{7-48b}$$

$$\sum_{m=1}^{N_e} E_{\Phi_1}[h(y_{e,m}) - h(y_{e,m} \mid s_1, s_2) \mid \Phi_1] \tag{7-48c}$$

式中：$y_{e,m}$—— 接收信号 $\boldsymbol{y}_e$ 的第 m 个元素，即

$$y_{e,m} = \frac{\sqrt{\alpha_1 P_s}}{\|\boldsymbol{h}\|} g_{h,m} s_1 + g_{e,m} s_2 + \sqrt{\frac{\alpha_2 P_s}{d}} \sum_{n=1}^{d} f_{m,n} v_n + n_{e,m} \tag{7-49}$$

式中：$g_{h,m}$——$\boldsymbol{g}_h$ 的第 m 个元素；

$g_{e,m}$——$\boldsymbol{g}_e$ 的第 m 个元素；

$f_{m,n}$—— 高斯矩阵 $\boldsymbol{GP}$ 的第 m 行第 n 列元素。

由于预编码矩阵 $\boldsymbol{P}$ 在一个块时间内是一个固定矩阵，由 $\boldsymbol{h}$ 的零空间的正交基构成，因此，$\boldsymbol{GP}$ 的每一个元素 $f_{m,n}$ 来自于一个标准的正态分布。

对于一定的 Φ_1，$y_{e,m}$ 的微分熵可以利用极坐标来推导。具体地，令 $r_y \overset{\text{def}}{=\!=} |y|$，$\varphi_y = \arctan\left(\dfrac{y_I}{y_R}\right)$，其中 φ_y 服从$[0,2\pi)$ 的均匀分布，这样，我们可得

$$
\begin{aligned}
h(y_{e,m}) = & -\int \log_2 f_{y_{e,m}}(y_{e,m}) f_{y_{e,m}}(y_{e,m}) \mathrm{d}y_{e,m} = \\
& -\int_0^{2\pi}\int_0^{\infty} \log_2(f_{y_{e,m}}(r_{y_{e,m}})) f_{y_{e,m}}(r_{y_{e,m}}) r_{y_{e,m}} \mathrm{d}r_{y_{e,m}} \mathrm{d}\varphi_{y_{e,m}} = \\
& -2\pi \int_0^{\infty} \log_2(f_{y_{e,m}}(r_{y_{e,m}})) f_{y_{e,m}}(r_{y_{e,m}}) r_{y_{e,m}} \mathrm{d}r_{y_{e,m}}
\end{aligned} \tag{7-50}
$$

这意味着 $h(y_{e,m})$ 的大小取决于 $y_{e,m}$ 的分布。当信道条件不变时，$y_{e,m}$ 是 $g_{e,m}$，s_1，s_2，v_n，$n_{e,m}$ 的函数，因此，$f_{y_{e,m}}(y_{e,m})$ 被推导为

$$
\begin{aligned}
f_{y_{e,m}}(y_{e,m}) = & \int f_{y_{e,m}}(y_{e,m} \mid g_{e,m}) f_{g_{e,m}}(g_{e,m}) \mathrm{d}g_{e,m} = \\
& \int_0^{+\infty} \frac{2r_{g_{e,m}}}{\pi\sigma^2_{y_{e,m}|g_{e,m}}\sigma^2_{e,m}} \mathrm{e}^{-\frac{|y_{e,m}|^2}{\sigma^2_{y_{e,m}|g_{e,m}}} - \frac{r^2_{g_{e,m}} + r^2_{\mu_{e,m}}}{\sigma^2_{e,m}}} I_0\left(\frac{2r_{g_{e,m}} r_{\mu_{e,m}}}{\sigma^2_{e,m}}\right) \mathrm{d}r_{g_{e,m}}
\end{aligned} \tag{7-51}
$$

当已知 $g_{e,m}$ 时，$y_{e,m}$ 是一个高斯变量，即 $y_{e,m} \mid g_{e,m} \sim CN(0,\sigma^2_{y_{e,m}|g_{e,m}})$，$\sigma^2_{y_{e,m}|g_{e,m}} = \dfrac{\alpha_1 P_s}{\|\boldsymbol{h}\|^2} \times |g_{h,m}|^2\sigma_s^2 + |g_{e,m}|^2\sigma_s^2 + \dfrac{\alpha_2 P_s}{d}\sum\limits_{n=1}^{d}|f_{m,n}|^2 + \sigma^2$，$y_{e,m} \mid g_{e,m}$ 的概率密度函数为 $f_{y_{e,m}}(y_{e,m} \mid g_{e,m}) = \dfrac{1}{\pi\sigma^2_{y_{e,m}|g_{e,m}}}\exp(-|y_{e,m}|^2/\sigma^2_{y_{e,m}|g_{e,m}})$。另外，由于 $g_{e,m}$ 的均值 $\mu_{e,m}$ 是非零的，$y_{e,m}$ 的包络服从莱斯分布。因此，$f_{g_{e,m}}(g_{e,m}) = \dfrac{1}{\pi\sigma^2_{e,m}}\exp\left(-\dfrac{|g_{e,m} - \mu_{e,m}|^2}{\sigma^2_{e,m}}\right)$，其可以被重新表示为

$$
f_{g_{e,m}}(r_{g_{e,m}},\varphi_{g_{e,m}}) = \frac{r_{g_{e,m}}}{\pi\sigma^2_{g_{e,m}}}\exp-\left(\frac{r^2_{g_{e,m}} + r^2_{\mu_{e,m}} - 2r_{g_{e,m}} r_{\mu_{e,m}}\cos(\varphi_{g_{e,m}} - \varphi_{\mu_{e,m}})}{\sigma^2_{e,m}}\right) \tag{7-52}
$$

将式(7-52)代入式(7-50)中，可以得到 $h(y_{e,m})$ 的表达式。

除此以外，式(7-48c)中的第二项 $h(y_{e,m} \mid s_1,s_2)$ 可以被推导为 $h(y_{e,m} \mid s_1,s_2) = h(\tilde{y}_{e,m} \mid s_2)$，其中 $\tilde{y}_{e,m} = g_{e,m}s_2 + \sqrt{\dfrac{\alpha_2 P_s}{d}}\sum\limits_{n=1}^{d} f_{m,n}v_n + n_{e,m}$。对于给定的 s_2，$\tilde{y}_{e,m}$ 服从高斯分布 $\mathrm{CN}(\mu_{\tilde{y}_{e,m}|s_2},\sigma^2_{\tilde{y}_{e,m}|s_2})$，其中 $\mu_{\tilde{y}_{e,m}|s_2} = \mu_{e,m}s_2$，$\sigma^2_{\tilde{y}_{e,m}|s_2} = \sigma^2_{e,m}|s_2|^2 + \dfrac{\alpha_2 P_s}{d}\sum\limits_{n=1}^{d}|f_{m,n}|^2 + \sigma^2$。此时，可以得到

$$h(y_{e,m} \mid s_1, s_2) = \int f_{s_2}(s_2) \underbrace{\left[-\int f_{\tilde{y}_{e,m}}(\tilde{y}_{e,m} \mid s_2)\log_2[f_{\tilde{y}_{e,m}}(\tilde{y}_{e,m} \mid s_2))\mathrm{d}\tilde{y}_{e,m}\right]}_{\log \pi e(\sigma_{e,m}^2 r_{s_2}^2 + \frac{\alpha_2 P_s}{d}\sum_{n=1}^{d}|f_{m,n}|^2 + \sigma^2)} \mathrm{d}s_2 =$$

$$\log_2 \pi e \tilde{\sigma}^2 - \frac{1}{\ln 2}\exp\left(\frac{\tilde{\sigma}^2}{\sigma_{e,m}^2 \sigma_s^2}\right)\mathrm{Ei}\left(-\frac{\tilde{\sigma}^2}{\sigma_{e,m}^2 \sigma_s^2}\right) \tag{7-53}$$

其中：$\tilde{\sigma}^2 = \frac{\alpha_2 P_s}{d}\sum_{n=1}^{d}|f_{m,n}|^2 + \sigma^2$，$f_{s_2}(r_{s_2}) = \frac{1}{\pi\sigma_s^2}\exp\left(-\frac{r_{s_2}^2}{\sigma_s^2}\right)$。本章节附录 A 给出了式(7－53)的具体推导过程。

将式(7－50)和式(7－53)代入式(7－48c)中，通过对Φ_1进行平均，可以得到$\overline{R}_e$的上界值。此外，为了降低算法复杂度，尝试推导在特殊情况下系统的遍历安全速率。当总功率很小且局部噪声被忽略，即 $P_s \to 0$ 时，$\sigma^2 = 0$，本章节附录 B 给出了 $I(s_1, s_2; y_{e,m})$ 的渐近值。

7.4.2　两用户窃听信道

1. H-NOMA 方案

根据 H-NOMA 方案中的功率分配条件，即 $\delta_1 > \delta_2$，首先对 s_1 进行解码，然后用 SIC 对 s_2 进行解码，消除同信道干扰，其中 s_1 的信噪比为

$$\gamma_{1,s_1} = \frac{\delta_1 \|\boldsymbol{h}_1\|^2 \sigma_s^2}{\delta_2 \|\boldsymbol{h}_1\|^2 \sigma_s^2 + \sigma^2} \tag{7-54}$$

用 SIC 去除干扰 s_1 后，用户 2 对 s_2 进行解码，s_2 在用户 2 处的信噪比为

$$\gamma_{2,s_2} = \frac{\delta_2 \|\boldsymbol{h}_2\|^2 \sigma_s^2}{\sigma^2} \tag{7-55}$$

由于 $\|\boldsymbol{h}_i\|^2 \sim \Gamma(N,1), i \in \{1,2\}$，$s_1$ 和 s_2 的总遍历速率被计算为

$$\overline{R} = E_{h1}[\log_2(1+\gamma_{1,s_1}) \mid h_1] + E_{h2}[\log_2(1+\gamma_{2,s_2}) \mid h_2] = \tag{7-56a}$$

$$\int_0^{\infty} \log_2\left(1+\frac{\delta_1\sigma_s^2 x}{\sigma^2}\right) f_{\|h_1\|^2}(x)\mathrm{d}x +$$

$$\int_0^{\infty} \log_2\left(1+\frac{\sigma_s^2 x}{\sigma^2}\right) - \log_2\left(1+\frac{\delta_1\sigma_s^2 x}{\sigma^2}\right) f_{\|h_2\|^2}(x)\mathrm{d}x = \tag{7-56b}$$

$$\frac{1}{\ln 2}\sum_{\mu=0}^{N-1}\frac{1}{\Gamma(N-\mu)}\left[(-1)^{N-\mu-2}\left(\frac{\sigma^2}{\sigma_s^2}\right)^{N-\mu-1}\exp\left(\frac{\sigma^2}{\sigma_s^2}\right)\mathrm{Ei}\left(-\frac{\sigma^2}{\sigma_s^2}\right) + \right.$$

$$\left.\sum_{k=1}^{N-\mu-1}\Gamma\left(-\frac{\sigma^2}{\sigma_s^2}\right)^{N-\mu-k-1}\right] \tag{7-56c}$$

定义 $\Phi_2 = \{\boldsymbol{G}, \boldsymbol{h}_1, \boldsymbol{h}_2\}$，窃听速率 $\overline{R}_e$ 的上界为

$$\overline{R}_e \leqslant \sum_{m=1}^{N_e} E_{\Phi_2}[h(y_{e,m}) - h(y_{e,m} \mid s_1, s_2) \mid \Phi_2] \tag{7-57}$$

与式(7－50)、式(7－51)类似，令

$$y_{e,m}=g_{e,m}(\sqrt{\delta_1}s_1+\sqrt{\delta_2}s_2)+\sqrt{\frac{\delta_3P_s}{d}}\sum_{n=1}^{d}f_{m,n}v_n+n_{e,m}$$

当已知 $g_{e,m}$ 时，$y_{e,m}$ 服从分布 $y_{e,m}\mid g_{e,m}\sim CN(0,\sigma^2_{y_{e,m}\mid g_{e,m}})$，其中

$$\sigma^2_{y_{e,m}\mid g_{e,m}}=\mid g_{e,m}\mid^2\sigma_s^2+\frac{\delta_3P_s}{d}\sum_{n=1}^{d}\left|f_{m,n}\right|^2+\sigma^2$$

这样，式(7-57)中的 $h(y_{e,m})$ 可以利用上述 $\sigma^2_{y_{e,m}\mid g_{e,m}}$ 和式(7-28)及式(7-29)中的 $\mu_{e,m}$ 和 $\sigma^2_{e,m}$ 推导得到。另外，对于第二项 $h(y_{e,m}\mid s_1,s_2)$，$y_{e,m}\mid s_1,s_2$ 的分布为

$$y_{e,m}\mid s_1,s_2\sim CN(\mu_{y_{e,m}\mid s_1,s_2},\sigma^2_{y_{e,m}\mid s_1,s_2})$$

其中

$$\mu_{y_{e,m}\mid s_1,s_2}=g_{e,m}(\sqrt{\delta_1}s_1+\sqrt{\delta_2}s_2),\sigma^2_{y_{e,m}\mid s_1,s_2}=\sigma^2_{e,m}(\delta_1\mid s_1\mid^2+\delta_2\mid s_2\mid^2)+\frac{\delta_3P_s}{d}\sum_{n=1}^{N}\left|f_{m,n}\right|^2+\sigma^2$$

因此，$y_{e,m}\mid s_1,s_2$ 的微分熵可以被计算为

$$\begin{aligned}h(y_{e,m}\mid s_1,s_2)=&\log_2\pi e\tilde{\sigma}^2-\frac{1}{\ln 2}e^{\frac{\tilde{\sigma}^2}{\sigma^2_{e,m}\delta_1\sigma_s^2}}\mathrm{Ei}\left(-\frac{\tilde{\sigma}^2}{\sigma^2_{e,m}\delta_1\sigma_s^2}\right)-\\&\frac{1}{\ln 2}e^{\frac{\tilde{\sigma}^2}{\sigma^2_{e,m}\delta_2\sigma_s^2}}\int_0^{\infty}e^{\frac{\delta_1}{\delta_2\sigma_s^2}r^2_{s_1}}\mathrm{Ei}\left(-\frac{\sigma^2_{e,m}\delta_1\gamma^2_{s_1}+\tilde{\sigma}^2}{\sigma^2_{e,m}\delta_2\sigma_s^2}\right)\mathrm{d}r^2_{s_1}\end{aligned}\tag{7-58}$$

其中：$\tilde{\sigma}^2=\frac{\delta_3P_s}{d}\sum_{n=1}^{d}\left|f_{m,n}\right|^2+\sigma^2$。利用上述所得的 $h(y_{e,m})$ 和 $h(y_{e,m}\mid s_1,s_2)$，两用户 MISO 网络的遍历窃听速率可以被得到。

2. SS-NOMA 方案

在此方案下，解码顺序是根据用户 i 的每个接收信号的功率级而定。例如，若 $\beta_0P_s\beta_2<\beta_1$，用户1根据接收信号功率的降序顺序而解码，即 $s_{2,2}$，$s_{1,2}$，$s_{2,1}$，$s_{1,1}$。这样，用户1处各信号的接收信噪比分别为

$$\gamma_{1,s_{2,2}}=\frac{\beta_2\parallel\boldsymbol{h}_1\parallel^2\sigma_s^2}{\beta_1\parallel\boldsymbol{h}_1\parallel^2\sigma_s^2+\beta_0P_s\parallel\boldsymbol{h}_1\parallel^2\sigma_s^2+\sigma^2}\tag{7-59}$$

$$\gamma_{1,s_{1,2}}=\frac{\beta_1\parallel\boldsymbol{h}_1\parallel^2\sigma_s^2}{\beta_0P_s\parallel\boldsymbol{h}_1\parallel^2\sigma_s^2+\sigma^2}\tag{7-60}$$

$$\gamma_{1,s_{2,1}}=\frac{\beta_0\beta_2P_s\parallel\boldsymbol{h}_1\parallel^2\sigma_s^2}{\beta_0\beta_1P_s\parallel\boldsymbol{h}_1\parallel^2\sigma_s^2+\sigma^2}\tag{7-61}$$

$$\gamma_{1,s_{1,1}}=\frac{\parallel\boldsymbol{h}_1\parallel^2\beta_0\beta_1P_s\sigma_s^2}{\sigma^2}\tag{7-62}$$

类似地，用户2处的接收信噪比 $\gamma_{2,s_{2,1}}$ 和 $\gamma_{2,s_{2,2}}$ 分别被表示为

$$\gamma_{2,s_{2,2}}=\frac{\beta_2\parallel\boldsymbol{h}_2\parallel^2\sigma_s^2}{\beta_1\parallel\boldsymbol{h}_2\parallel^2\sigma_s^2+\beta_0P_s\mid\boldsymbol{h}_2\boldsymbol{w}_h\mid^2\sigma_s^2+\sigma^2}\tag{7-63}$$

$$\gamma_{2,s_{2,1}}=\frac{\beta_2\beta_0P_s\mid\boldsymbol{h}_2\boldsymbol{w}_h\mid^2\sigma_s^2}{\beta_0\beta_1P_s\mid\boldsymbol{h}_2\boldsymbol{w}_h\mid^2\sigma_s^2+\sigma^2}\tag{7-64}$$

为了方便起见，首先计算用户 1 处信号 $s_{1,1}$ 和 $s_{1,2}$ 的总的遍历速率：

$$\overline{R}=\int_0^{\infty}[\log_2(1+\gamma_{1,s_{1,1}})+\log_2(1+\gamma_{1,s_{1,2}})]f_{\|h_1\|^2}(x)\mathrm{d}x= \tag{7-65a}$$

$$\int_0^{\infty}\log_2\left[\left(1+\frac{1}{\Omega_1}x\right)-\log_2\left(1+\frac{1}{\Omega_2}x\right)+\log_2\left(1+\frac{1}{\Omega_3}x\right)\right]f_{\|h_1\|^2}(x)\mathrm{d}x= \tag{7-65b}$$

$$\frac{1}{\ln 2}\sum_{i=1}^{3}\sum_{\mu=0}^{N-1}\frac{1}{\Gamma(N-\mu)}[(-1)^{N-\mu-2}\Omega_i^{\ N-\mu-1}\exp(\Omega_i)Ei(-\Omega_i)+$$
$$\sum_{k=1}^{N-\mu-1}\Gamma(k)(-\Omega_i)^{N-\mu-k-1}] \tag{7-65c}$$

其中：$\frac{1}{\Omega_1}=\frac{(\beta_1+\beta_0P_s)\sigma_s^2}{\sigma^2}$，$\frac{1}{\Omega_2}=\frac{\beta_0P_s\sigma_s^2}{\sigma^2}$，$\frac{1}{\Omega_3}=\frac{\beta_0\beta_1P_s\sigma_s^2}{\sigma^2}$。

由于 $\boldsymbol{w}_h$ 与 $\boldsymbol{h}_2$ 之间相互独立，$|\boldsymbol{h}_2\boldsymbol{w}_h|^2$ 服从指数分布。令 $t_1=|\boldsymbol{h}_2\boldsymbol{w}_h|^2$，$t_2=\|\boldsymbol{h}_2\|^2s_{2,1}$，用户 2 处有关信号 $s_{2,1}$ 的遍历速率 $\overline{R}_{2,1}$ 可以被推导为

$$\overline{R}_{2,1}=\int_0^{\infty}\log_2\left(1+\frac{\beta_2\beta_0P_st_1\sigma_s^2}{\beta_0\beta_1P_st_1\sigma_s^2+\sigma^2}\right)f_{|h_2w_h|^2}(t_1)\mathrm{d}t_1=$$
$$\frac{1}{\ln 2}\left[-\exp\left(\frac{\sigma^2}{\beta_0P_s\sigma_s^2}\right)\mathrm{Ei}\left(-\frac{\sigma^2}{\beta_0P_s\sigma_s^2}\right)+\exp\left(\frac{\sigma^2}{\beta_0\beta_1P_s\sigma_s^2}\right)\mathrm{Ei}\left(-\frac{\sigma^2}{\beta_0\beta_1P_s\sigma_s^2}\right)\right] \tag{7-66}$$

其主要依赖于文献[128]中式(4.337.2)。

更进一步地，令 $\varphi_1=\frac{(t_2+\beta_0P_st_1)\sigma_s^2}{\sigma^2}$，$\varphi_2=\frac{(\beta_1t_2+\beta_0P_st_1)\sigma_s^2}{\sigma^2}$，用户 2 处的遍历速率 $\overline{R}_{2,2}$ 为

$$\overline{R}_{2,2}=E_{t_1,t_2}[\log_2(1+\varphi_1)-\log_2(1+\varphi_2)\mid t_1,t_2]=$$
$$\frac{1}{\ln 2}\left[-\left(1-\frac{1}{\beta_0P_s}\right)^{-N}+\left(1-\frac{\beta_1}{\beta_0P_s}\right)^{-N}\right]\mathrm{e}^{\frac{\sigma^2}{\beta_1P_s\sigma_s^2}}\mathrm{Ei}\left(-\frac{\sigma^2}{\beta_1P_s\sigma_s^2}\right) \tag{7-67}$$

其中：$\varphi_i(i\in\{1,2\})$ 的累积概率密度函数为

$$\overline{F}_{\varphi_1}(x)=\Pr\left\{\frac{(t_2+\beta_0P_st_1)\sigma_s^2}{\sigma^2}>x\right\}= \tag{7-68a}$$

$$\Pr\left\{t_1>\frac{\sigma^2x}{\sigma_s^2\beta_0P_s}-\frac{t_2}{\beta_0P_s}\right\}= \tag{7-68b}$$

$$\mathrm{E}_{t_2}\left[\exp\left(-\frac{\sigma^2x}{\sigma_s^2\beta_0P_s}+\frac{t_2}{\beta_0P_s}\right)\right]= \tag{7-68c}$$

$$\int_0^{+\infty}\exp\left(-\frac{\sigma^2x}{\sigma_s^2\beta_0P_s}+\frac{t_2}{\beta_0P_s}\right)\frac{t_2^{N-1}\mathrm{e}^{-t_2}}{\Gamma(N)}\mathrm{d}t_2= \tag{7-68d}$$

$$\exp\left(-\frac{\sigma^2x}{\beta_0P_s\sigma_s^2}\right)\left(1-\frac{1}{\beta_0P_s}\right)^{-N} \tag{7-68e}$$

并且 $\overline{F}_{\varphi_2}(x)=\exp\left(-\frac{\sigma^2x}{\beta_0P_s\sigma_s^2}\right)\left(1-\frac{\beta_1}{\beta_0P_s}\right)^{-N}$。将式(7-65)～式(7-67)相加，可以得到两用户情况下总遍历速率 $\overline{R}$ 的闭式解表达式。

除此以外，遍历窃听速率的上界可以推导为

$$\overline{R}_e \leqslant \sum_{m=1}^{N_e} E_{\Phi_2}\left[h(y_{e,m}) - h(y_{e,m} \mid s_{1,1}, s_{1,2}, s_{2,1}, s_{2,2}) \mid \Phi_2\right] \tag{7-69}$$

其中，$h(y_{e,m})$ 可以利用式(7-28)和式(7-29)中的期望与方差值，通过式(7-50)和式(7～51)计算得到；第二项 $h(y_{e,m} \mid s_{1,1}, s_{1,2}, s_{2,1}, s_{2,2})$ 可以用类似于在 H-NOMA 方案中的方法推导出：

$$\begin{aligned}
&h(y_{e,m} \mid s_{1,1}, s_{1,2}, s_{2,1}, s_{2,2}) = h(\widetilde{y}_{e,m} \mid s_{1,2}, s_{2,2}) = \\
&\log_2 \pi e\widetilde{\sigma}^2 - \frac{1}{\ln 2}\left\{\exp\left(\frac{\widetilde{\sigma}^2}{\sigma_{e,m}^2\beta_1\sigma_s^2}\right)\mathrm{Ei}\left(-\frac{\widetilde{\sigma}^2}{\sigma_{e,m}^2\beta_1\sigma_s^2}\right) - \right. \\
&\left.\exp\left(\frac{\widetilde{\sigma}^2}{\sigma_{e,m}^2\beta_2\sigma_s^2}\right)\int_0^{\infty}\exp\left(\frac{\beta_1}{\beta_2\sigma_s^2}r_{s_1}^2\right)\mathrm{Ei}\left(-\frac{\sigma_{e,m}^2\beta_1\gamma_{s_1}^2 \mp \sigma^2}{\sigma_{e,m}^2\beta_2\sigma_s^2}\right)\mathrm{d}r_{s_1}^2\right]
\end{aligned} \tag{7-70}$$

其中：$\widetilde{y}_{e,m} = g_{e,m}(\sqrt{\beta_1}s_{1,2} + \sqrt{\beta_2}s_{2,2}) + \sqrt{\dfrac{\beta_3 P_s}{d}}\sum_{n=1}^{d} f_{m,n}v_n + n_{e,m}$，$\widetilde{\sigma}^2 = \dfrac{\beta_3 P_s}{d}\sum_{n=1}^{d}\left|f_{m,n}\right|^2 + \sigma^2$。这样，可以得到基于 SS-NOMA 方案的两用户 MISO 窃听网络的遍历安全速率。

7.4.3 K 用户窃听信道

1. H-NOMA 方案

正如上述所示，由于存在快衰落信道 $\boldsymbol{g}_e$，遍历安全速率的闭式解较难获得。在 K 用户场景下，遍历安全速率的推导变得更为复杂。因此，为了研究 RB 技术对于多用户场景的安全影响，将以 $\delta_1 > \delta_2 > \cdots > \delta_K$ 情况为例，推导系统的遍历安全速率的下界值。对于其他的情况，可采取类似的推导过程。

当 $\delta_1 > \delta_2 > \cdots > \delta_K$，用户 i 处的解调顺序为 $s_1, s_2, \cdots, s_K$，并且用户 $i(i = 1, \cdots, K)$ 处的接收 SINR 可以表示为

$$\gamma_{i,s_i} = \frac{\delta_i \|\boldsymbol{h}_i\|^2\sigma_s^2}{\sigma^2 + \sum_{l=i+1}^{K}\delta_l\|\boldsymbol{h}_i\|^2\sigma_s^2} \tag{7-71}$$

这样，K 用户 MISO 窃听信道的总的遍历速率可以被推导为

$$\begin{aligned}
&\sum_{i=1}^{K}\overline{R}_i = \sum_{i=1}^{K}\int_0^{+\infty}\log_2(1+\gamma_{i,s_i})f_{\|h_i\|^2}(x)\mathrm{d}x = \\
&\frac{1}{\ln 2}\sum_{\mu=0}^{N-1}\frac{1}{\Gamma(N-\mu)}\left[\sum_{k=1}^{N-\mu-1}\Gamma(k)\left(-\frac{\sigma^2}{\sigma_s^2}\right)^{N-\mu-k-1} + \right. \\
&\left.(-1)^{N-\mu-2}\left(\frac{\sigma^2}{\sigma_s^2}\right)^{N-\mu-1}\exp\left(\frac{\sigma^2}{\sigma_s^2}\right)\mathrm{Ei}\left(-\frac{\sigma^2}{\sigma_s^2}\right)\right]
\end{aligned} \tag{7-72}$$

这意味着当 Alice 处采用 NOMA 策略时，系统总的遍历速率与式(7-56c)基本相同。直观地，当用户数增加而干扰增多时，每一个用户的速率将会降低。

为了计算 K 用户情况的遍历窃听速率，首先定义 $\Phi_K = \{G, h_1, \cdots, h_K\}$，这样，$\overline{R}_e$ 的上界为

$$\overline{R}_e \leqslant \sum_{m=1}^{N_e} E_{\Phi_K}[h(y_{e,m}) - h(y_{e,m} \mid s_1, \cdots, s_K) \mid \Phi_K] \tag{7-73}$$

其中：$h(y_{e,m})$ 的推导需要采用式(7-36) 和式(7-37) 中的 $\mu_{e,m}$ 和 $\sigma_{e,m}^2$，推导过程如式(7-50)、式(7-51) 所示。$h(y_{e,m} \mid s_1, \cdots, s_K)$ 被推导为

$$h(y_{e,m} \mid s_1, \cdots, s_K) = -\underbrace{\int \cdots \int}_{K} f(y_{e,m}, s_1, \cdots, s_K) \log_2 f_{y_{e,m}}(y_{e,m} \mid s_1, \cdots, s_K) \mathrm{d}y_{e,m} \underbrace{\mathrm{d}s_1 \cdots \mathrm{d}s_K}_{K} \tag{7-74}$$

这样，系统的遍历安全速率能够通过式(7-72) 与式(7-73) 获得。

2. SS-NOMA 方案

在解调信号之前，每一个用户先将所有的子信号按照功率大小降序排列。例如，对于接收信号式(7-40)，当 $\beta_0 P_s \beta_K < \beta_1 < \cdots < \beta_K$ 时，解调顺序为 $s_{K,2}, s_{K-1,2}, \cdots, s_{1,2}, s_{K,1}, s_{K-1,1}, \cdots, s_{1,1}$。因此，用户 i 处的期望子信号 $s_{i,2}$ 和 $s_{i,1}$ 的接收 SINR 分别为

$$\gamma_{i,s_{i,2}} = \frac{\| \boldsymbol{h}_i \|^2 \beta_i \sigma_s^2}{\sum_{l=1}^{i-1} \| \boldsymbol{h}_i \|^2 \beta_l \sigma_s^2 + \beta_0 P_s \mid \boldsymbol{h}_i \boldsymbol{w}_h \mid^2 \sigma_s^2 + \sigma^2} \tag{7-75}$$

$$\gamma_{i,s_{i,1}} = \frac{\beta_0 P_s \mid \boldsymbol{h}_i \boldsymbol{w}_h \mid^2 \sigma_s^2 \beta_i}{\sum_{l=1}^{i-1} \left| \boldsymbol{h}_i \boldsymbol{w}_h \right|^2 \beta_0 P_s \beta_l \sigma_s^2 + \sigma^2} \tag{7-76}$$

采用与式(7-72) ～ 式(7-74) 类似的方式，系统总的遍历速率为

$$\begin{aligned}
\overline{R} = & \frac{1}{\ln 2} \sum_{i=1}^{3} \sum_{\mu=0}^{N-1} \frac{1}{\Gamma(N-\mu)} \Big[\sum_{k=1}^{N-\mu-1} \Gamma(k) (-\Omega_i)^{N-\mu-k-1} + \\
& (-1)^{N-\mu-2} \Omega_i^{N-\mu-1} \exp(\Omega_i) Ei(-\Omega_i) \Big] - \frac{1}{\ln 2} \Big\{ \Big[\Big(1 - \frac{1}{\beta_0 P_s}\Big)^{-N} - \\
& \Big(1 - \frac{\beta_1}{\beta_0 P_s}\Big)^{-N} \Big] \exp\Big(\frac{\sigma^2}{\beta_1 P_s \sigma_s^2}\Big) \mathrm{Ei}\Big(-\frac{\sigma^2}{\beta_1 P_s \sigma_s^2}\Big) + \\
& \Big[\exp\Big(\frac{\sigma^2}{\beta_0 P_s \sigma_s^2}\Big) \mathrm{Ei}\Big(-\frac{\sigma^2}{\beta_0 P_s \sigma_s^2}\Big) - \exp\Big(\frac{\sigma^2}{\beta_0 \beta_1 P_s \sigma_s^2}\Big) \mathrm{Ei}\Big(-\frac{\sigma^2}{\beta_0 \beta_1 P_s \sigma_s^2}\Big) \Big] \Big\}
\end{aligned} \tag{7-77}$$

其证明过程见本章节附录 C。

更进一步地，遍历窃听速率的上界为

$$\overline{R}_e \leqslant \sum_{m=1}^{N_e} E_{\Phi_K}[h(y_{e,m}) - h(y_{e,m} \mid s_{1,1}, \cdots, s_{K,1}, s_{1,2}, \cdots, s_{K,2}) \mid \Phi_K] \tag{7-78}$$

其中：$h(y_{e,m})$ 能够利用 $\sigma_{y_{e,m} \mid g_{e,m}}^2 = \mid g_{e,m} \mid^2 \sigma_s^2 + \frac{\beta_{K+1} P_s}{d} \sum_{n=1}^{d} \left| f_{m,n} \right|^2 + \sigma^2$，式(7-36) 和式(7-37) 推到得到；第二项 $h(y_{e,m} \mid s_{1,1}, \cdots, s_{K,1}, s_{1,2}, \cdots, s_{K,2})$ 的推导过程类似于式(7-74)。这样，系统总的遍历安全速率可以通过上述推导获得。

7.4.4 优化问题

到目前为止,已经推导出不同方案的遍历安全速率的表达式,其被功率分配系数和方差 σ_s^2 的取值影响。为了衡量各方案的保密性能,在文献[115]中采用了一个功率分配问题来获得最大的遍历安全速率,而在文献[118]中,作者利用了固定的功率系数来获得结果。为了与文献[115]和文献[118]方案进行比较,我们还提出了一个基于公平性的功率分配问题,其目的是获得总的遍历安全速率的最优下界:

$$\max_{X,\sigma_s^2}[\overline{R}-\overline{R}_e^u]^+$$

$$\text{约束条件为}:\mathrm{E}[\|x(t)\|^2]\leqslant P_s \tag{7-79a}$$

$$X\in S \tag{7-79b}$$

$$\sigma_s^2>0 \tag{7-79c}$$

式中: $\overline{R}_e^U$——R_e 的上界;

$X\in S$——各窃听模型中功率系数相关的不同条件;

X——功率系数;

S——条件集。

在这里,将这些条件表示在表7-1与表7-2中,其中每个情况的第一个条件表示功率系数范围为0到1;在多用户情况下,第二个条件是由NOMA策略引起的子信号功率级之间的关系条件;第三个条件是基于子信号的发射功率和叠加信号的总功率的平衡。由于遍历窃听速率的闭式解难以得到,最大遍历安全速率只能通过最优功率系数和 σ_s^2 得到。

表7-1 式(7-79)中的变量 X 和条件集 S(1)

用户类型	单用户	两用户:方案1	两用户:方案2
X	α_1,α_2	$\delta_i,i\in\{1,2,3\}$	$\beta_i,i\in\{0,\cdots,3\}$
S	$0<\alpha_1,\alpha_2<1$	$0<\delta_i<1$	$0<\beta_i<1$
		$\delta_1>\delta_2$	$\beta_0P_s\beta_2<\beta_1<\beta_2$
		$\sum_{j=1}^{2}\delta_j=1$	$\sum_{j=1}^{2}\beta_j=1$

表7-2 式(7-79)中的变量 X 和条件集 S(2)

用户类型	K 用户:方案1	K 用户:方案2
X	$\delta_i,i\in\{1,2,\cdots,K\}$	$\beta_i,i\in\{0,1,\cdots,K\}$
S	$0<\delta_i<1$	$0<\beta_i<1$
	$\delta_1>\delta_2>\cdots>\delta_K$	$\beta_0P_s\beta_K<\beta_1<\beta_2<\cdots<\beta_K$
	$\sum_{j=1}^{K}\delta_j=1$	$\sum_{j=1}^{2}\beta_j=1$

7.5 仿真结果

在这一部分中，我们将在不同配置下进行蒙特卡洛仿真，并给出相应的数值结果。这里采用瑞利衰落信道。将上述提出的方案与文献[115]中的混合 AFF 方案（图 7－2 和图 7－3 中简称为 H-AFF）和文献[118]中的 SKA-AFF 方案进行了比较。为了确保对比的公平性，采用类似于文献[115]中的仿真过程，即利用上面的功率分配问题来得到相关参数值，进而衡量保密性能。其中，噪声方差设为 $\sigma^2 = 0.0005$ 和 $\sigma_w^2 = 0.05$。

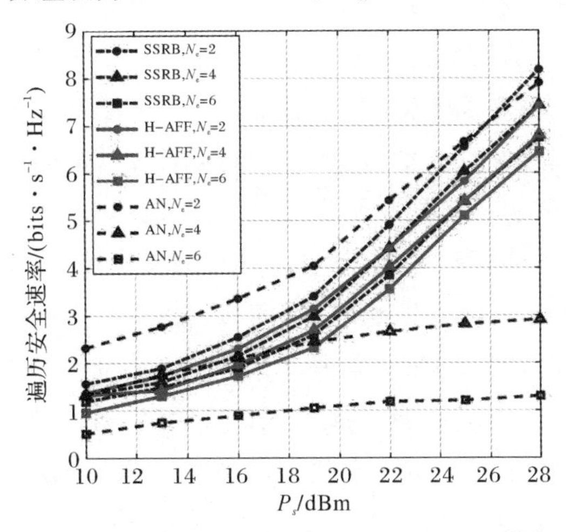

图 7－2　遍历安全速率的下界随 P_s 的变化曲线，$K = 1$

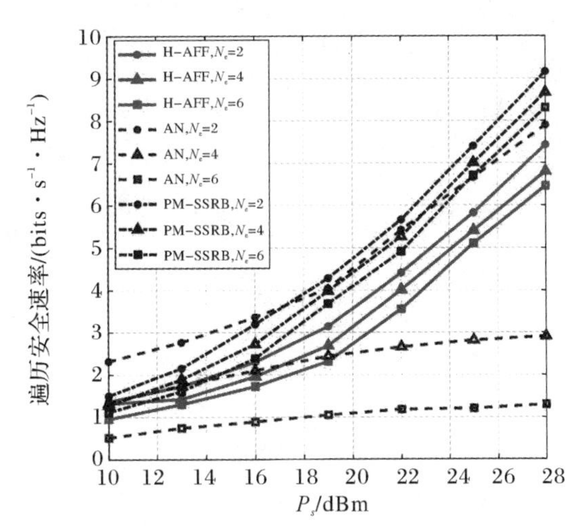

图 7－3　遍历安全速率的下界随 P_s 的变化曲线，$K = 1$

在图 7－2 中，研究了所提出的 SSRB 方案在单用户 MISO 窃听信道下的安全性能，其中 Alice 配备了 $N = 4$ 根天线，人工噪声数据数为 $d = N - 1 = 3$。可以看出，随着最大发射功率 P_s 的增大，SSRB 方案的性能优于 H-AFF 方案，特别是在高 P_s 的区域。这说明当采用信号分割策略时，发送端可以利用更多的 DoF 来发送有用信号，从而提高网络的安全性。当 Eve 的天线较少时，例如 $N_e = 2$ 时，SSRB 方案在 P_s 较大时比 AN 方案能够获得更高的遍历安全速率。当 Eve 的天线数目大于发射天线数目时，SSRB 方案在全功率域上的性能要比 AN 方案好得多，而 AN 方案在高信噪比的情况下出现平台期。这是因为 AN 方案的设计与合法信道的零空间的维度有关，天线配置 $\min\{N, N_e\}$ 的大小限制了 AN 方案的安全速率。

在图 7-3 中，分析了 PM-SSRB 方案的安全性能，并与 H-AFF 方案以及 AN 方案进行了比较，其中 $N = 4$，$d = 3$，PM-SSRB 方案中的随机变量数量为 $p = 2$。结果表明，PM-SSRB 方案比 H-AFF 方案获得更大的遍历安全速率，并且 PM-SSRB 方案与对比方案之间的增长幅度高于图 7-2 中 SSRB 方案与对比方案的增长幅度。另外，还可以看出，当窃听端天线数较少时，PM-SSRB 方案在高发送功率下的性能优于 AN 方案。这是因为当功率增大时，Alice 在 PM-SSRB 方案中可以分配更大的功率给信息符号，此时，发送信号中添加的人工噪声对提高保密性能起着主导作用，帮助提升了系统的安全性能。

在图 7-4 中，将 PM-SSRB 方案与文献[118]中的 SKA-AFF 方案的保密性能作比较，其中 $K = 1$，$N = 4$，$d = 3$，和 $p = 1$。从图 7-4 中可以看出，PM-SSRB 方案能够获得较高的遍历安全速率。其原因是，在 PM-SSRB 方案中，Alice 利用 $N-1$ 个 DoF 传输信号，引入的人工噪声信号将优先保护有用信号，并且所有的有用信号同时受到波束形成向量与人工噪声信号的保护；而在 SKA-AFF 中，信息信号仅受到随机波束形成向量的保护，因而其保护效果比 PM-SSRB 方案的保护效果弱。

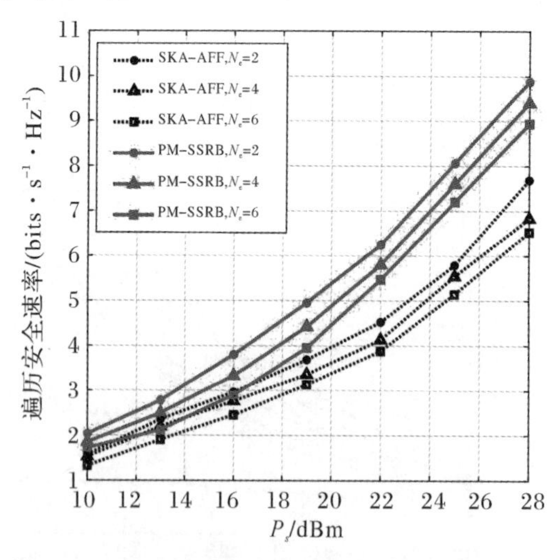

图 7-4　遍历安全速率随 P_s 的变化曲线，$K = 1$

在图 7-5 中，研究了随机变量 p 的数量对保密性能的影响，其中 $N = 6$，p 取值范围为 1～4。结果表明，与 H-NOMA 方案相比，PM-SSRB 方案和 SS-NOMA 方案的遍历安全速率随着随机变量数目的增加而降低得更快。这是因为 PM-SSRB 方案与 SS-NOMA 方案均采用了信号分割技术，其中只有部分有用信号受到随机波束形成向量的保护，因此，需要较少的随机变量来保证安全。大量的随机变量会严重影响每个信号的发射功率，限制有用信号的传输。

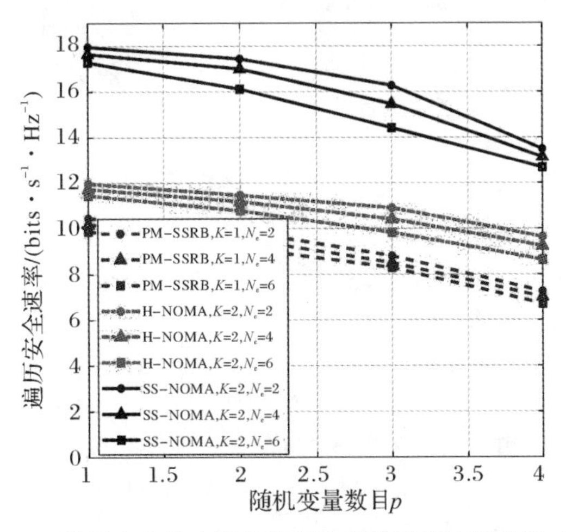

图 7-5　遍历安全速率随着随机变量数目的变化曲线，$N=6$

图 7-6 显示了所提方案在不同用户数场景下的保密性能，其中 $N=4$，$d=N-K$，$p=2$，$K=1,2,3$。结果表明，各方案的总的遍历安全速率随用户数量的增加而增加。与单用户情况下的 PM-SSRB 方案相比，具有更多用户的网络具有更大的遍历安全速率，并且 H-NOMA 方案比 SS-NOMA 方案性能提高的幅度小，这说明了采用信号分割技术有助于提高多用户网络的安全性能。当用户数增加时，RB 引起的多重积分的存在，使得计算复杂度大大高于用户数较少时的计算复杂度。因此，如果用户数量较少或 Eve 安装了更多天线，RB 的安全性能就好。

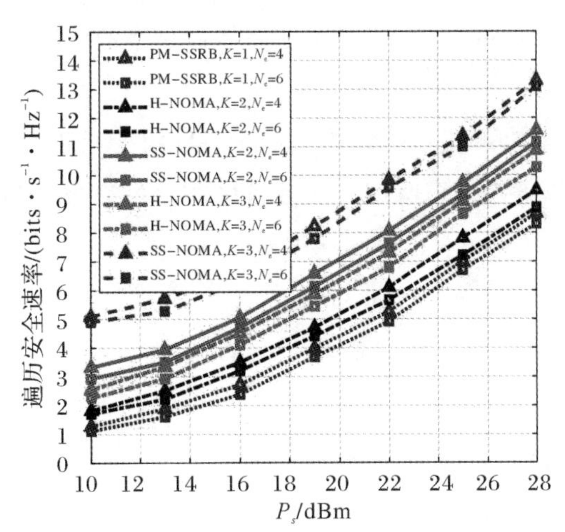

图 7-6　遍历安全速率随 P_s **的变化曲线**

最后，在图 7-7 中，对单用户窃听信道的遍历安全速率的理论分析结果和渐近分析结果进行了仿真。结果表明，当 P_s 趋于 0 时，渐近分析的结果与理论分析的仿真结果析基本一致；但是，当 P_s 增大时，渐近结果小于理论结果，两种方法之间的差距略有增大。

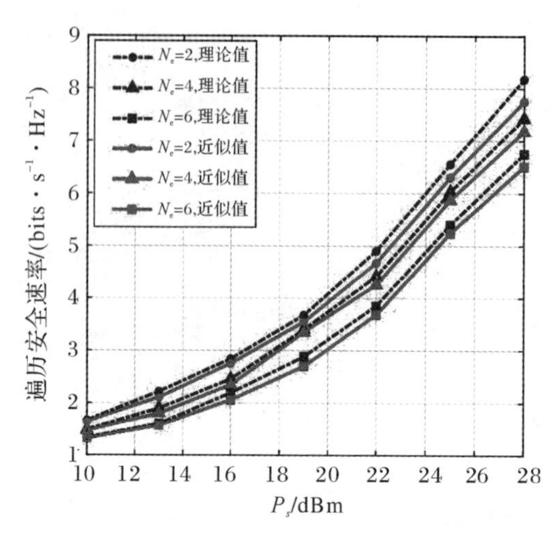

图 7－7　遍历安全速率随 P_s 的变化曲线

7.6　本章小结

本项工作研究了基于随机波束形成技术和添加人工噪声技术的 K 用户 MISO 窃听信道的遍历安全速率。首先针对单用户 MISO 窃听信道提出了一种信号分割方案，然后考虑随机变量数量对传输功率和安全性的影响，提出 PM-SSRB 方案，增加了发送端的功率效率。基于 PM 和不同的 NOMA 策略，设计出了 H-NOMA 方案和 SS-NOMA 方案。在仿真中，发现在高发送功率的情况下，SSRB 方案和 PM-SSRB 方案比 H-AFF 方案和 SKA-AFF 方案具有更高的遍历安全速率。与传统 AN 方案相比，在高传输功率的情况下，PM-SSRB 具有更高的遍历安全速率。

综上所述，信号分割和功率最小化策略有助于在随机变量较少的情况下提高保密性能，并且本章所提的方案可以解决当窃听端天线数较多时 AN 方案失效的问题，系统的安全性可以保证。

附　录

附录 A：公式(7－53) 的证明

在条件 s_2 下，由于 $\widetilde{y}_{e,m}$ 的分布服从 $\widetilde{y}_{e,m} \mid s_2 \sim CN(\mu_{\widetilde{y}_{e,m}|s_2}, \sigma^2_{\widetilde{y}_{e,m}|s_2})$，$\mu_{\widetilde{y}_{e,m}|s_2} = \mu_{e,m}s_2$，$\sigma^2_{\widetilde{y}_{e,m}|s_2} = \sigma^2_{e,m} \mid s_2 \mid^2 + \frac{\alpha_2 P_s}{d}\sum_{n=1}^{d} \mid f_{m,n} \mid^2 + \sigma^2$，$\widetilde{y}_{e,m} \mid s_2$ 的微分熵可以通过计算得到：

$$h(y_{e,m} \mid s_1, s_2) = h(\widetilde{y}_{e,m} \mid s_2) =$$

$$-\iint f(\tilde{y}_{e,m}s_2)\log_2 f_{\tilde{y}_{e,m}}(\tilde{y}_{e,m} \mid s_2)\mathrm{d}\tilde{y}_{e,m}\mathrm{d}s_2 =$$

$$\int f_{s_2}(s_2)\cdot \underbrace{\left[-\int f_{\tilde{y}_{e,m}}(\tilde{y}_{e,m} \mid s_2)\log_2[f_{\tilde{y}_{e,m}}(\tilde{y}_{e,m} \mid s_2))\mathrm{d}\tilde{y}_{e,m}\right]}_{\log\pi e\left(\sigma_{e,m}^2 r_{s_2}^2+\underbrace{\frac{\alpha_2 P_s}{d}\sum_{n=1}^{d}|f_{m,n}|^2+\sigma^2}_{\tilde{\sigma}^2}\right)}\mathrm{d}s_2 =$$

$$2\pi\int_0^\infty \log_2\pi e\tilde{\sigma}^2\left(1+\frac{\sigma_{e,m}^2}{\tilde{\sigma}^2}r_{s_2}^2\right)\underbrace{f_{s_2}(r_{s_2})}_{\frac{1}{\pi\sigma_s^2}e^{-\frac{r_{s_2}^2}{\sigma_s^2}}}r_{s_2}\mathrm{d}r_{s_2} =$$

$$\frac{2}{\sigma_s^2}\left[\int_0^\infty e^{-\frac{r_{s_2}^2}{\sigma_s^2}}r_{s_2}\log_2\pi e\tilde{\sigma}^2\mathrm{d}r_{s_2}+\int_0^\infty e^{-\frac{r_{s_2}^2}{\sigma_s^2}}r_{s_2}\log_2\left(1+\frac{\sigma_{e,m}^2}{\tilde{\sigma}^2}r_{s_2}^2\right)\mathrm{d}r_{s_2}\right] =$$

$$\log_2\pi e\tilde{\sigma}^2-\frac{1}{\ln 2}\exp\left(\frac{\tilde{\sigma}^2}{\sigma_{e,m}^2\sigma_s^2}\right)\mathrm{Ei}\left(-\frac{\tilde{\sigma}^2}{\sigma_{e,m}^2\sigma_s^2}\right) \tag{7-80}$$

其中:(D－1f) 服从文献[128] 中的式(4.337.2)。

附录 B:基于 RB 的单用户模型的遍历安全速率的近似值

在单用户窃听网络中,系统的遍历速率 $\overline{R}$ 在式(7－47) 中被推导得到,这里试图去获得在特殊情况下,即 $P_s\to 0,\sigma^2=0$,遍历窃听速率式(7－48) 的近似解。在这样的条件下,$y_{e,m}\mid g_{e,m}$ 的方差变为 $\sigma_{y_{e,m}\mid g_{e,m}}^2=r_{g_{e,m}}^2\sigma_s^2$,并且 $f_{y_{e,m}}(y_{e,m})$ 被推导为

$$f_{y_{e,m}}(y_{e,m})=\int_0^{+\infty}\frac{2r_{g_{e,m}}}{\pi r_{g_{e,m}}^2\sigma_s^2\sigma_{e,m}^2}\exp\left(-\frac{r_{y_{e,m}}^2}{r_{g_{e,m}}^2\sigma_s^2}-\frac{r_{g_{e,m}}^2+r_{\mu_{e,m}}^2}{\sigma_{e,m}^2}\right)\cdot\sum_{k=0}^{\infty}\frac{\left(\frac{r_{\mu_{e,m}}}{\sigma_{e,m}^2}r_{g_{e,m}}\right)^{2k}}{(k!)^2}\mathrm{d}r_{g_{e,m}} =$$

$$\frac{2}{\pi\sigma_{e,m}^2\sigma_s^2}\exp\left(-\frac{r_{\mu_{e,m}}^2}{\sigma_{e,m}^2}\right)\sum_{k=0}^{\infty}\frac{r_{\mu_{e,m}}^{2k}r_{y_{e,m}}^k}{(k!)^2\sigma_{e,m}^{3k}\sigma_s^k}K_k\left(\frac{2}{\sigma_s\sigma_{e,m}}r_{y_{e,m}}\right) \tag{7-81}$$

其中:$K_v(z)$ 表示贝塞尔虚数函数。将式(7－80) 代入式(7－50),可得

$$h(y_{e,m})=-2\pi\int_0^\infty(\Phi_1+\Phi_2)\mathrm{d}r_{y_{e,m}} \tag{7-82}$$

其中:

$$\Phi_1=\left[\log_2\left(\frac{2}{\pi\sigma_{e,m}^2\sigma_s^2}\right)\exp\left(-\frac{r_{\mu_{e,m}}^2}{\sigma_{e,m}^2}\right)\right]\frac{2r_{y_{e,m}}}{\pi\sigma_{e,m}^2\sigma_s^2}$$

$$\exp\left(-\frac{r_{\mu_{e,m}}^2}{\sigma_{e,m}^2}\right)\sum_{k=0}^{\infty}\frac{r_{\mu_{e,m}}^{2k}r_{y_{e,m}}^k}{(k!)^2\sigma_{e,m}^{3k}\sigma_s^k}K_k\left(\frac{2r_{y_{e,m}}}{\sigma_s\sigma_{e,m}}\right)=$$

$$\log_2\left[\frac{2}{\pi\sigma_{e,m}^2\sigma_s^2}\exp\left(-\frac{r_{\mu_{e,m}}^2}{\sigma_{e,m}^2}\right)\right]\frac{2}{\pi\sigma_{e,m}^2\sigma_s^2}\exp\left(-\frac{r_{\mu_{e,m}}^2}{\sigma_{e,m}^2}\right)\cdot$$

$$\sum_{k=0}^{\infty}\frac{r_{\mu_{e,m}}^{2k}\sigma_s^2}{4(k!)^2\sigma_{e,m}^{2(k-1)}}\Gamma(k+1)\Gamma(1) \tag{7-83}$$

$$\Phi_2=\left\{\log_2\left[\sum_{k=0}^{\infty}\frac{r_{\mu_{e,m}}^{2k}r_{y_{e,m}}^{k}}{(k!)^2\sigma_{e,m}^{3k}\sigma_s^k}K_k\left(\frac{2r_{y_{e,m}}}{\sigma_s\sigma_{e,m}}\right)\right]\right\}\frac{2r_{y_{e,m}}}{\pi\sigma_{e,m}^2\sigma_s^2}\times$$
$$\exp\left(-\frac{r_{\mu_{e,m}}^2}{\sigma_{e,m}^2}\right)\sum_{k=0}^{\infty}\frac{r_{\mu_{e,m}}^{2k}r_{y_{e,m}}^{k}}{(k!)^2\sigma_{e,m}^{3k}\sigma_s^k}K_k\left(\frac{2r_{y_{e,m}}}{\sigma_s\sigma_{e,m}}\right)=$$
$$\frac{2}{\pi\sigma_{e,m}^2\sigma_s^2}\exp\left(-\frac{r_{\mu_{e,m}}^2}{\sigma_{e,m}^2}\right)\sum_{k=0}^{\infty}\frac{r_{\mu_{e,m}}^{2k}}{(k!)^2\sigma_{e,m}^{3k}\sigma_s^k}\int_0^{\infty}r_{y_{e,m}}^{k+1}K_k\left(\frac{2r_{y_{e,m}}}{\sigma_s\sigma_{e,m}}\right)\times$$
$$\log_2\sum_{k=0}^{+\infty}\left[\underbrace{\frac{r_{\mu_{e,m}}^{2k_1}r_{y_{e,m}}^{k_1}}{(k_1!)^2\sigma_{e,m}^{3k_1}\sigma_s^{k_1}}}_{f(k_1)}K_{k_1}\left(\frac{2r_{y_{e,m}}}{\sigma_s\sigma_{e,m}}\right)\right]\mathrm{d}r_{y_{e,m}}\tag{7-84}$$

其中：Φ_2 中的积分部分表示为 Φ_3，可以被推导为

$$\Phi_3\geqslant\frac{\Gamma(k+1)\Gamma(1)}{4\sigma_s^{-k-2}\sigma_{e,m}^{-k-2}}\left[\log_2M+\frac{1}{M}\sum_{k_1=0}^{M-1}\log_2f(k_1)\right]+$$
$$\frac{1}{M}\sum_{k_1=1}^{M-1}\left\{k_1\underbrace{\int_0^{\infty}(\log_2r_{y_{e,m}})r_{y_{e,m}}^{k+1}K_k\left(\frac{2r_{y_{e,m}}}{\sigma_s\sigma_{e,m}}\right)\mathrm{d}r_{y_{e,m}}}_{\Phi_4}+\right.$$
$$\left.\underbrace{\int_0^{\infty}\left[\log_2K_{k_1}\left(\frac{2r_{y_{e,m}}}{\sigma_s\sigma_{e,m}}\right)\right]r_{y_{e,m}}^{k+1}K_k\left(\frac{2r_{y_{e,m}}}{\sigma_s\sigma_{e,m}}\right)\mathrm{d}r_{y_{e,m}}}_{\Phi_5}\right\}\tag{7-85}$$

并且

$$\left.\begin{aligned}\Phi_5&=\left(\frac{\sigma_s\sigma_{e,m}}{2}\right)^{k+2}\int_0^{\infty}\log_2(K_{k_1}(t))t^{k+1}K_k(t)\mathrm{d}t\\\Phi_4&=\sum_{k_2=1}^{\infty}\frac{1}{2k_2-1}\sum_{r=0}^{2k_2-1}\left[C_{2k_2-1}^{r}(-1)^r\cdot\frac{2^{2r+k-1}\Gamma(k+1)}{(\sigma_s\sigma_{e,m})^{r-1}}S_{-r-k,-r+k+1}\left(\frac{2}{\sigma_s\sigma_{e,m}}\right)\right]\end{aligned}\right\}\tag{7-86}$$

其中：$S_{\mu,v}(z)$ 表示 Lommel 函数。另外，

$$\Phi_5=\left(\frac{\sigma_s\sigma_{e,m}}{2}\right)^{k+2}\int_0^{\infty}\log_2(K_{k_1}(t))t^{k+1}K_k(t)\mathrm{d}t$$

因为

$$\log(K_{k_1}(t))=2\sum_{k_3=1}^{\infty}\frac{1}{2k_3-1}\left(\frac{K_{k_1}(t)-1}{K_{k_1}(t)+1}\right)^{2k_2-1}=$$
$$2\sum_{k_3=1}^{\infty}\frac{1}{2k_3-1}\left(1-\frac{2}{K_{k_1}(t)+1}\right)^{2k_2-1}\geqslant-2\sum_{k_3=1}^{\infty}\frac{1}{2k_3-1}\tag{7-87}$$

Φ_5 的下界可以被推导为

$$\Phi_5\geqslant\left(\frac{\sigma_s\sigma_{e,m}}{2}\right)^{k+2}\left(-2\sum_{k_3=1}^{\infty}\frac{1}{2k_3-1}\right)\int_0^{\infty}t^{k+1}K_k(t)\mathrm{d}t=$$
$$-\left(\frac{\sigma_s\sigma_{e,m}}{2}\right)^{k+2}\left(2\sum_{k_3=1}^{\infty}\frac{1}{2k_3-1}\right)2^k\Gamma(k+1)\tag{7-88}$$

其中：式(7-87)服从文献[126]中的式(6.561.16)。将上述 $\Phi_1\sim\Phi_5$ 结合起来，并将其代入

式(7－82)中,可以得到 $h(y_{e,m})$ 的闭式解。因此,可以得到在特殊情况 $P_s \to 0$ 和 $\sigma^2=0$ 下系统遍历保密速率的近似闭式解。

附录 C:公式(7－77)证明

在 SS-NOMA 方案中,因为用户 1 处的接收信号不同于其他用户,首先获得式(7－65)中的 $s_{1,1}$ 和 $s_{1,2}$ 的总的遍历速率,然后推导 $s_{2,2}, s_{3,2}, \cdots, s_{K,2}$ 的总遍历速率。令 $t_{1,i} \overset{\text{def}}{=\!=} |\boldsymbol{h}_i \boldsymbol{w}_h|^2, t_{2,i} = \|\boldsymbol{h}_i\|^2$,其与 t_1 和 t_2 的分布相同,因此我们可得

$$
\begin{aligned}
\sum_{i=2}^{K} \overline{R}_{i,2} = {} & E_{t_{1,i},t_{2,i}}\left[\sum_{i=2}^{K}\left[\log_2\left(1+\frac{(\sum_{l=1}^{i}\beta_l t_{2,i}+\beta_0 P_s t_{1,i})\sigma_s^2}{\sigma^2}\right)-\right.\right. \\
& \left.\left.\log_2\left(1+\frac{(\sum_{l=1}^{i-1}\beta_l t_{2,i}+\beta_0 P_s t_{1,i})\sigma_s^2}{\sigma^2}\right)\right] \mid t_{1,i}, t_{2,i}\right]= \\
& E_{t_{1,i},t_{2,i}}\left[\log_2(1+\frac{(t_{2,K}+\beta_0 P_s t_{1,K})\sigma_s^2}{\sigma^2})-\right. \\
& \left.\log_2(1+\frac{(\beta_1 t_{2,2}+\beta_0 P_s t_{1,2})\sigma_s^2}{\sigma^2}) \mid t_{1,i}, t_{2,i}\right]= \\
& E_{t_1,t_2}\left[\log_2(1+\frac{(t_2+\beta_0 P_s t_1)\sigma_s^2}{\sigma^2})-\log_2\left[1+\frac{(\beta_1 t_2+\beta_0 P_s t_1)\sigma_s^2}{\sigma^2}\right] \mid t_1, t_2\right]= \\
& \frac{1}{\ln 2}\left[-\left(1-\frac{1}{\beta_0 P_S}\right)^{-N}+\left(1-\frac{\beta_1}{\beta_0 P_S}\right)^{-N}\right] \mathrm{e}^{\frac{\sigma^2}{\beta_1 P_s \sigma_s^2}} \mathrm{Ei}\left(-\frac{\sigma^2}{\beta_1 P_s \sigma_s^2}\right)
\end{aligned} \tag{7-89}
$$

另外,可以得到遍历速率

$$
\begin{aligned}
\sum_{i=2}^{K} \overline{R}_{i,1} = {} & E_{t_{1,i}}\left[\sum_{i=2}^{K}\log_2\left(1+\frac{\beta_0 P_s t_{1,i}\sigma_s^2\beta_i}{\sum_{l=1}^{i-1} t_{1,i}\beta_0 P_s \beta_l \sigma_s^2+\sigma^2}\right) \mid t_{1,i}\right]= \\
& \frac{1}{\ln 2}\left[-\exp\left(\frac{\sigma^2}{\beta_0 P_s \sigma_s^2}\right)\mathrm{Ei}\left(-\frac{\sigma^2}{\beta_0 P_s \sigma_s^2}\right)+\right. \\
& \left.\exp\left(\frac{\sigma^2}{\beta_0 \beta_1 P_s \sigma_s^2}\right)\mathrm{Ei}\left(-\frac{\sigma^2}{\beta_0 \beta_1 P_s \sigma_s^2}\right)\right]
\end{aligned} \tag{7-90}
$$

将式(7－65)及以上两个式子相加,K 用户网络的总遍历速率即为式(7－77)所示。

第8章 MISO网中基于安全干扰利用技术的预编码方案设计

8.1 引　　言

5G无线通信中，对高速率，大容量，高效率和安全通信的需求不断增长。由于无线信号的广播特性，无线通信会面临各种安全威胁。传统上，通常在上层使用基于密钥的加密技术来隐藏信息，以保护信息信号免受潜在窃听者的窃听。例如，在文献[136]中，我们提出了一种干扰速率分割方案，使得K用户多输入单输出广播信道在具有不完全CSI的条件下获得更多的自由度。除了上述添加干扰的方式外，还有大量的工作致力于设计预编码方案以提高传输的保密性。例如，在文献[137]中，作者研究了具有多个窃听者的多用户毫米波通信系统中的定向混合模数预编码设计；在文献[139][140]中，作者提出了一种低复杂度的算法来优化信能同传网络的安全预编码。

在上述传统方法中，总是在目的接收机处消除或抑制干扰信号。一种基于瞬时数据符号信息，通过符号级预编码(Symbol-Level-Precoding, SLP)实现的干扰利用技术[在文献[154]中也被称为有益干扰(Constructive Interference, CI)]，已经推翻了关于多用户传输中干扰为有害信号的传统观点。其研究表明，通过合适的预编码，干扰功率可以进一步增强接收信号功率，并有利于接收端的检测。基于这种观点，在各种调制星座下对符号级预编码策略进行了研究。例如，在文献[143][144]中，作者介绍了有益区域的概念，并研究了多用户MISO(MU-MISO)下行链路信道中相移键控调制信号的非严格相位旋转约束，从而获得更好的检测性能。在文献[145]～文献[147]中，作者进一步将CI扩展到MISO和多输入多输出(MIMO)干扰信道中的通用多级调制，即正交幅度调制(QAM)。文献[148]研究了下行链路多用户MISO信道中采用幅度PSK调制的空时超奈奎斯特的SLP方法。此外，一些相关工作还引入了有效的算法来解决SLP优化问题。在文献[148]中，作者针对多用户下行链路网络中CI预编码的信干噪比(SINR)最大化问题得出了一种封闭形式的解决方案，并表明CI机制的性能远优于迫零机制。在文献[150]中，建立了最小化多用户MIMO系统中的总功率的基于SLP的凸优化问题，并提出了一种低延迟算法来找到优化问题的启发式解决方案。在文献[151]中，推导了多用户MISO单播信道中功率最小化问题的简化公式，并使用Karush-Kuhn-Tucker(KKT)最优性条件获得了闭式解。

受到上述工作的启发，CI 的概念也已扩展到物理层安全领域，在文献[60][61] 中，干扰信号被设计为对合法用户有益，而对窃听者有害。例如，在文献[60] 中，针对多窃听网络设计了一种干扰方案，在完全、统计和未知窃听信道 CSI 的情况下，通过最小化发射功率来设计干扰信号。在文献[61] 中，作者采用了定向调制的概念，提出了一种非干扰方案，以增强存在一个窃听者的 MIMO 窃听网络中多接收机的安全性。另外，物理层安全和 SLP 的联合方案也已扩展到文献[62] 中的能量收集机制中，与传统的非 SLP 方案相比，CI 方案可节省大量功率。

尽管上述工作中利用了 CI 策略以提高能量效率和安全性能，但是在安全性方面仍有一些问题需要进一步解决。在文献[60][62] 中，提出的干扰利用方法仅针对 PSK 和 QAM 星座图利用了窃听方接收信号的“完整破坏性区域” 的一部分，因此这些工作中的结论是次优的，将在下面进一步对其进行数学上的详细说明。此外，文献[60][62] 中的破坏性约束包括了由于数学错误而导致的不可行区域，优化问题也仅考虑了预编码对功率的影响，而忽略了边界对破坏性区域的影响，并且也没有对 SINR 平衡问题进行分析。此外，上述 SLP 方案的安全性是基于以下假设来实现的：窃听者以最小均方误差(MMSE) 估计、迫零(ZF) 的方法解码信号或作为合法用户直接解码，这被称为普通窃听者。但是，如果窃听者足够聪明，可以利用最大似然(ML) 方法在发射机预编码策略和全局CSI已知的情况下拦截信号，这时文献[60] ～ 文献[62] 中方案的安全性无法保证。因此，为了解决上述问题，我们旨在存在普通 / 智慧窃听者的情况下保证基于 IE 预编码的 K 用户 MISO 窃听信道的安全性。

8.2　系 统 模 型

8.2.1　系统模型

考虑一个 K 用户 MISO窃听信道，配备 N 根天线的源节点(Alice) 向 K 个单天线用户发送保密符号，其中用户 $k(U_k, k\in\{1,2,\cdots,K\})$ 的数据符号 s_k 可以从 M-PSK 星座图或 M-QAM 星座图中得到。$s_k=d_k\mathrm{e}^{\mathrm{j}\varphi_k}$，其中 d_k 和 φ_k 分别表示符号 s_k 的幅度和相位。系统中还存在一个单天线外部窃听者(Eve)，它靠近其中一个用户，假定为 U_m，并试图窃听相应的信息符号 s_m。为了保护保密符号，将干扰符号 $v=|v|\mathrm{e}^{\mathrm{j}\varphi_v}\sim CN(0,1)$ 插入到发送信号中，得到

$$\boldsymbol{x}=\sum_{i=1}^{K}\boldsymbol{w}_i s_i+\boldsymbol{p}\frac{v}{|v|} \tag{8-1}$$

其中：$\boldsymbol{w}_i\in\mathbb{C}^N$ 和 $\boldsymbol{p}\in\mathbb{C}^N$ 分别表示 s_i 和 v 的预编码向量。这样，U_k 和 Eve 处的接收信号分别为

$$y_k=\boldsymbol{h}_k^{\mathrm{T}}\boldsymbol{x}+n_k \tag{8-2}$$

$$y_e=\boldsymbol{g}_e^{\mathrm{T}}\boldsymbol{x}+n_e \tag{8-3}$$

其中：$\boldsymbol{h}_k\sim \mathrm{CN}(\boldsymbol{0},\boldsymbol{I}_N)\in\mathbb{C}^N$ 和 $\boldsymbol{g}_e\sim CN(\boldsymbol{0},\boldsymbol{I}_N)\in\mathbb{C}^N$ 分别表示 Alice 和$\{U_k,\mathrm{Eve}\}$ 之间的复高斯信道向量。这里假设 Alice 知道合法信道 $\boldsymbol{h}_k^{\mathrm{H}}$ 的信道状态信息(CSI)，同文献[60] ～ 文献[62] 一致。$n_k\sim(0,\sigma_k^2)$ 和 $n_e\sim(0,\sigma_e^2)$ 分别是 U_k 和 Eve 处的加性高斯噪声。

8.2.2 “有益”和“破坏性”约束

在本节中，我们将首先介绍 CI 的基本概念和有益约束条件，然后在考虑物理层安全的条件下给出 PSK 和 QAM 星座图重新设计后的破坏性区域。

与传统的迫零和 MMSE 干扰消除方案不同的是，有益干扰(CI)是一种利用多用户干扰来帮助每个用户解码信号的符号级预编码方案。CI 的基本原理是，发射机根据已知的 CSI 和信息符号设计预编码向量，目的是将接收到的信号推离调制符号星座图上的相应检测门限。现有文献中有两种 CI 约束，分别称为“严格 CI”约束和“非严格 CI”约束。对于“严格 CI”约束，所有干扰都与用户的无噪声接收信号的相位严格对齐；而对于“非严格 CI”约束，则将接收信号的相位约束在预期符号的检测区域中，而非严格对齐。在文献[149]中已经表明，“非严格 CI”约束比“严格 CI”约束更先进。因此，同现有的文献[149]一致，本章也采用了“非严格 CI”约束。

与传统方法相比，基于 CI 的方案在应用于物理层安全时也带来了很多好处。一方面，通过明智地设计带有 CI 的预编码策略，可以使所有干扰信号对信息符号有益，从而改善了合法接收机处预期符号的可解码性。另一方面，当发送方知道完整的 Eve 的 CSI 时，基于 CI 的方案可以推动窃听信号到信息符号的破坏性区域，以进一步降低 Eve 的性能。接下来，我们从数学上介绍相应的 CI 条件。

1. 有益区域

对于 M-PSK 调制，基于 CI 的方案利用 CSI 以及预期符号和干扰符号来设计预编码向量，从而使 U_k 处的接收信号的幅值和相位位于相应所需符号 $\boldsymbol{s}_k$ 的有益区域中。显然，有益区域是从用户的角度获得的。在此，我们以图 8-1 中的 PSK 星座图的一个区域为例。具体来说，$\overrightarrow{OA}=t_k \cdot \boldsymbol{s}_k$ 表示缩放数据符号，$\overrightarrow{OB}=\boldsymbol{h}_k^{\mathrm{T}}\boldsymbol{x}$ 表示无噪声接收信号，其中 $t_k=\sqrt{\Gamma_k\sigma_k^2}$ 被视为有益区域与检测门限之间的距离，而 Γ_k 是 U_k 对应的 SINR 目标。定义

$$\boldsymbol{h}_k^{\mathrm{T}}\boldsymbol{x}=\lambda_k\boldsymbol{s}_k,\quad \forall k \tag{8-4}$$

根据 CI 的概念，为了让合法用户以较小的 SER 检测到预期信号，则需要让最终接收到的无噪声信号 $\overrightarrow{OB}=\lambda_k\boldsymbol{s}_k$ 远离传输符号 $\boldsymbol{s}_k$，即位于图 8-1 中的灰色“有益区域”。与原始星座图相比，该区域可被视为 s_k 的 t 缩放移位区域，可以很容易地从图 8-1 中的几何关系中获得，信息符号 $\overrightarrow{OA}$ 和 $\overrightarrow{AB}$ 之间的角度 θ_{AB} 不应大于 M-PSK 星座图的星座角 $\theta=\dfrac{\pi}{M}$，即 $\theta_{AB}\leqslant\theta$。

此外，可以将该约束进一步表示为复标量 λ_k 的函数，它由下式给出：

$$\begin{aligned}&\tan\theta_{AB}\leqslant\tan\theta\\ \Rightarrow\quad &\frac{|\overrightarrow{AC}|}{|\overrightarrow{BC}|}=\frac{|\operatorname{Im}(\lambda_k)|}{\operatorname{Re}(\lambda_k)-t_k}\leqslant\tan\theta\quad\forall k\end{aligned} \tag{8-5}$$

其中：$|\operatorname{Im}(\lambda_k)|$ 和 $\operatorname{Re}(\lambda_k)$ 实质上是将期望符号旋转到对应的星座符号的轴线上。

对于 M-QAM 调制，例如 16-QAM，在图 8-2 中绘制了其有益区域，其中整个星座图被分成六个子区域，称为“A-B_1-B_2-C_1-C_2-D”。到目前为止，现有文献[145][146]已经研究了

QAM 下 CI 方案的安全问题，其中数据符号被分为可以利用 CI 的外部符号和不能利用 CI 的内部符号。由于外部星座点可以受益于 CI，降低噪声放大效应，因此与传统的 ZF 方案相比，QAM 方案可以获得较大的增益。为了获得准确的有益约束，在表 8-1 中总结了每个用户可行且正确的有益区域。可以看到，每个子区域都有其对应的有益和破坏性约束。

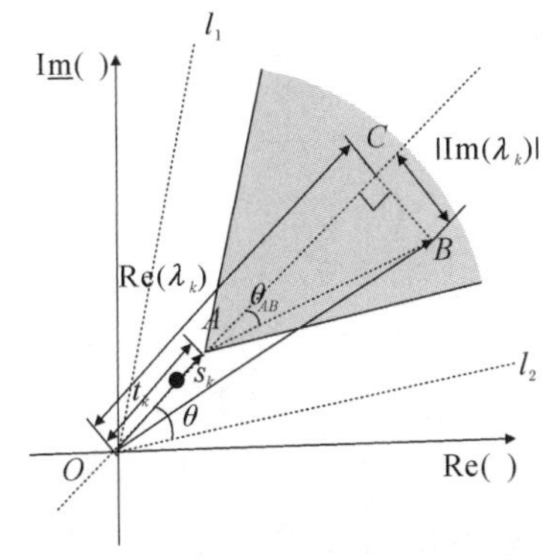

图 8-1　PSK 调制下用户的有益区域

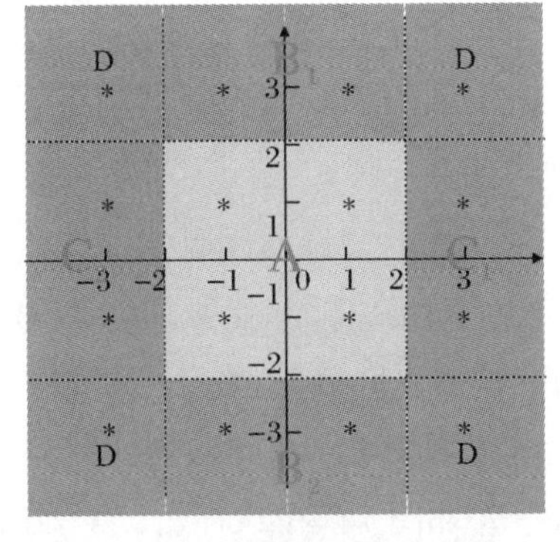

图 8-2　16-QAM 调制下用户的有益区域

表 8-1　16-QAM 的有益约束和破坏性区域

子区域	有益约束条件 Ⅰ	破坏约束条件 Ⅱ
	$\boldsymbol{h}_k^{\mathrm{T}}\boldsymbol{x}=\lambda_k s_k$	$\lvert\mathrm{Re}(\boldsymbol{g}_e^{\mathrm{T}}\boldsymbol{x})\rvert > t_e\lvert\mathrm{Re}(s_m)\rvert$
	and $t_k=\lambda_k$	or $\lvert\mathrm{Im}(\boldsymbol{g}_e^{\mathrm{T}}\boldsymbol{x})\rvert > t_e\lvert\mathrm{Im}(s_m)\rvert$
	$\mathrm{Re}(\boldsymbol{h}_k^{\mathrm{T}}\boldsymbol{x})=t_k\mathrm{Re}(s_k)$	$\lvert\mathrm{Re}(\boldsymbol{g}_e^{\mathrm{T}}\boldsymbol{x})\rvert > t_e\lvert\mathrm{Re}(s_m)\rvert$
A	and $\mathrm{Im}(\boldsymbol{h}_k^{\mathrm{T}}\boldsymbol{x})\geqslant t_k\mathrm{Im}(s_k)$	or $\mathrm{Im}(\boldsymbol{g}_e^{\mathrm{T}}\boldsymbol{x}) < t_e\mathrm{Im}(s_m)$
B_1	$\mathrm{Re}(\boldsymbol{h}_k^{\mathrm{T}}\boldsymbol{x})=t_k\mathrm{Re}(s_k)$	$\lvert\mathrm{Re}(\boldsymbol{g}_e^{\mathrm{T}}\boldsymbol{x})\rvert > t_e\lvert\mathrm{Re}(s_m)\rvert$
B_2	and $\mathrm{Im}(\boldsymbol{h}_k^{\mathrm{T}}\boldsymbol{x})\leqslant t_k\mathrm{Im}(s_k)$	or $\mathrm{Im}(\boldsymbol{g}_e^{\mathrm{T}}\boldsymbol{x}) > t_e\mathrm{Im}(s_m)$
C_1	$\mathrm{Im}(\boldsymbol{h}_k^{\mathrm{T}}\boldsymbol{x})=t_k\mathrm{Im}(s_k)$	$\lvert\mathrm{Im}(\boldsymbol{g}_e^{\mathrm{T}}\boldsymbol{x})\rvert > t_e\lvert\mathrm{Im}(s_m)\rvert$
C_2	and $\mathrm{Re}(\boldsymbol{h}_k^{\mathrm{T}}\boldsymbol{x})\geqslant t_k\mathrm{Re}(s_k)$	or $\mathrm{Re}(\boldsymbol{g}_e^{\mathrm{T}}\boldsymbol{x}) < t_e\mathrm{Re}(s_m)$
D	$\mathrm{Im}(\boldsymbol{h}_k^{\mathrm{T}}\boldsymbol{x})=t_k\mathrm{Im}(s_k)$	$\lvert\mathrm{Im}(\boldsymbol{g}_e^{\mathrm{T}}\boldsymbol{x})\rvert > t_e\lvert\mathrm{Im}(s_m)\rvert$
	and $\mathrm{Re}(\boldsymbol{h}_k^{\mathrm{T}}\boldsymbol{x})\leqslant t_k\mathrm{Re}(s_k)$	or $\mathrm{Re}(\boldsymbol{g}_e^{\mathrm{T}}\boldsymbol{x}) > t_e\mathrm{Re}(s_m)$
	$\boldsymbol{h}_k^{\mathrm{T}}\boldsymbol{x}=\lambda_k s_k$	$\lvert\mathrm{Im}(\boldsymbol{g}_e^{\mathrm{T}}\boldsymbol{x})\rvert < t_e\lvert\mathrm{Im}(s_m)\rvert$
	$t_k\leqslant\lambda_k$	and $\lvert\mathrm{Re}(\boldsymbol{g}_e^{\mathrm{T}}\boldsymbol{x})\rvert < t_e\lvert\mathrm{Re}(s_m)\rvert$

2. 破坏性区域

对于窃听传输，考虑发送端具有理想 Eve CSI 时使用 CI 情况，这适用于 Eve 仍然是活跃用户，但执行其他业务，或者在网络的某些业务上与合法用户相比优先级较低的场景。例如，考虑蜂窝网络中的视频点播服务，为该服务付费的用户组成一个组，其他用户组成另一个组。当基站播放需购买的视频时，需要向付费用户发送质量更好的信号，同时避免向非付费用户泄露或只向非付费用户发送噪声信号。如果这些非付费用户试图不花钱就享受服务，他们就会成为潜在的窃听者。在这个群认证场景中，发送端从相互通信中知道所有用户的 CSI，包括潜在窃听者的 CSI，在完全已知 Eve 的 CSI 的情况下，讨论安全问题是必要的。

为了避免被窃听者截获，文献[60]提出了“破坏性区域”的概念，用于 PSK 调制和 Eve 的 CSI 完全可知的情况下，这是一个与有益区域相反的概念，目的是扭曲 Eve 的接收信号。几何上，它的目标是将窃听信号约束在破坏区域 A 和 B，这样 Eve 只能解码错误的数据符号。具体如下：定义

$$\boldsymbol{g}_e^{\mathrm{T}}\boldsymbol{x} = \phi_e s_m \tag{8-6}$$

其中：s_m 是被窃听的信息符号。破坏约束表示为

$$[\mathrm{Re}(\phi_e) - t_e]\tan\theta \leqslant |\mathrm{Im}(\phi_e)| \tag{8-7}$$

其中，$t_e = \sqrt{\Gamma_e\sigma_e^2}$ 定义为 Eve 处破坏区域与检测门限之间的距离，Γ_e 为 Eve 的 SINR 目标。然而，在实现上述干扰约束时，文献[60]只考虑了 $\mathrm{Re}(\phi_e) - t_e \geqslant 0$ 的情况，而忽略了 $\mathrm{Re}(\phi_e) - t_e \leqslant 0$ 时的其他破坏区域。这意味着文献[60]中优化问题的可行域变小，优化问题的解为次优解。此外，尽管考虑 $\mathrm{Re}(\phi_e) - t_e \geqslant 0$ 的情况，文献[60]的式(8-23)和式(8-24)中的推导与约束式(8-7)相矛盾。在这种情况下，在图 8-3 和表 8-2 中给出了完整和正确的破坏性区域，其中，位于线 l_b 右侧的区域表示区域 A 和 B，位于线 l_b 左侧的区域 C 和 D 与线 l_a 对称。当随机干扰符号与 t_e 之间的夹角大于 $\frac{\pi}{2}$ 时，接收到的信号就在 C 或 D 内。为此，所有的子区域 A－D 组成了 Eve 处的“完全破坏性区域”。

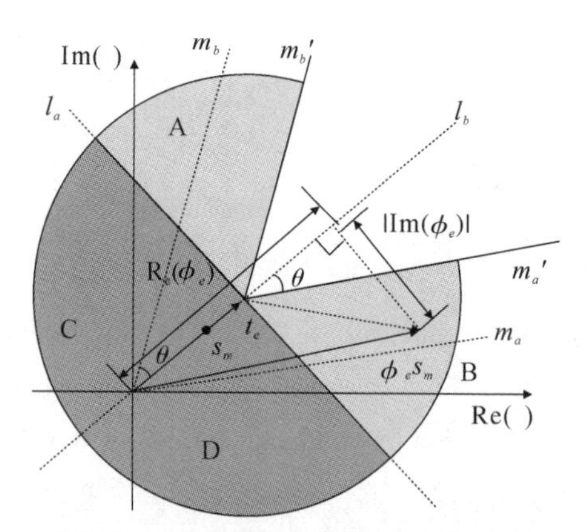

图 8-3　PSK 调制下窃听端的破坏区域

表 8-2　PSK 调制下的破坏性约束

子区域	X
A	$\mathrm{Re}(\phi_e) - t_e \geqslant 0, \mathrm{Im}(\varphi_e) \geqslant \tan\theta(Re(\varphi_e) - t_e)$
B	$\mathrm{Re}(\varphi_e) - t_e \geqslant 0, \mathrm{Im}(\varphi_e) \leqslant -\tan\theta(Re(\varphi_e) - t_e)$
C&D	$\mathrm{Re}(\varphi_e) - t_e \leqslant 0$

对于 16-QAM 调制，虽然文献[62]已经讨论了破坏区域，但它只考虑了完全破坏区域的一部分。为了提高 CI 方案的保密性能，本章还在表 8-1 中给出了每个子区域的破坏性约

束 Ⅱ(见图 8-2),类似的分析可以应用到一般的 M-QAM 情况。在每个约束下,窃听信号被设计成位于信息符号 s_m 的错误检测区域。注意,对于表 8-1 和表 8-2 中关系为"或"的破坏性约束,在下面的优化问题中,每个子约束都应该单独考虑。

表 8-3　P_5 中 16-QAM 的有益约束

子区域	有益约束 Ⅲ
A	$\boldsymbol{h}_k^{\mathrm{T}}\sum_{i=1}^{K}\boldsymbol{w}_i s_i = \tau_k s_k$ and $t_k = \tau_k$
B_1	$\mathrm{Re}\left(\boldsymbol{h}_k^{\mathrm{T}}\sum_{i=1}^{K}\boldsymbol{w}_i s_i\right)= t_k\mathrm{Re}(s_k)$, $\mathrm{Im}\left(\boldsymbol{h}_k^{\mathrm{T}}\sum_{i=1}^{K}\boldsymbol{w}_i s_i\right)\geqslant t_k\mathrm{Im}(s_k)$
B_2	$\mathrm{Re}\left(\boldsymbol{h}_k^{\mathrm{T}}\sum_{i=1}^{K}\boldsymbol{w}_i s_i\right)= t_k\mathrm{Re}(s_k)$, $\mathrm{Im}\left(\boldsymbol{h}_k^{\mathrm{T}}\sum_{i=1}^{K}\boldsymbol{w}_i s_i\right)\leqslant t_k\mathrm{Im}(s_k)$
C_1	$\mathrm{Im}\left(\boldsymbol{h}_k^{\mathrm{T}}\sum_{i=1}^{K}\boldsymbol{w}_i s_i\right)= t_k\mathrm{Im}(s_k)$, $\mathrm{Re}\left(h_k^{T}\sum_{i=1}^{K}\boldsymbol{w}_i s_i\right)\geqslant t_k\mathrm{Re}(s_k)$
C_2	$\mathrm{Im}\left(\boldsymbol{h}_k^{\mathrm{T}}\sum_{i=1}^{K}\boldsymbol{w}_i s_i\right)= t_k\mathrm{Im}(s_k)$, $\mathrm{Re}\left(\boldsymbol{h}_k^{\mathrm{T}}\sum_{i=1}^{K}\boldsymbol{w}_i s_i\right)\leqslant t_k\mathrm{Re}(s_k)$
D	$\boldsymbol{h}_k^{\mathrm{T}}\sum_{i=1}^{K}\boldsymbol{w}_i s_i = \tau_k s_k$ and $t_k \leqslant \tau_k$

8.3　针对普通窃听的有益干扰方案

在这一节中,将重点讨论具有普通窃听的有益干扰方案,即窃听者作为合法用户,无需任何操作即可直观地对信息信号进行解码。首先考虑了窃听者处目标信噪比的影响,提出了一种改进的功率最小化问题,该问题在给定 t_k 条件下对预编码器 $\boldsymbol{w}$ 和 $\boldsymbol{p}$ 在发射功率和有益/破坏约束下进行优化。为了提高信息信号在用户处的安全性,分别在具有完全、统计和无 Eve 处 CSI 的条件下研究了基于 IE 的 SINR 均衡问题。将详细说明 PSK 星座图的优化问题,并简要阐述 QAM 星座图的对应问题。

8.3.1　改进的功率最小化问题

基于上述推导出的 PSK 调制下的完全破坏区域,通过联合优化预编码向量和 Eve 处的 SINR 阈值 t_e 来建立功率最小化问题,以追求源节点更低的功耗:

$$\mathrm{P}_1:\qquad \min_{\boldsymbol{w}_i,\boldsymbol{p},t_e}\ \left\|\sum_{i=1}^{K}\boldsymbol{w}_i s_i + \boldsymbol{p}\mathrm{e}^{\mathrm{j}\varphi_v}\right\|_2^2$$

约束条件为:式(8-4)～(8-6)

$$\mathcal{X} \tag{8-8a}$$

$$t_e \geqslant 0 \tag{8-8b}$$

其中：式(8－4)和式(8－5)表示U_k的有益区域条件；式(8－6)和式(8－8a)表示Eves的破坏区域条件，为子区域A-D的几何条件。注意，由于这四个条件相互矛盾，Alice需要在每个子破坏区域下分别计算上述优化问题，并选择最优的，即作为最终结果的最小发射功率。总体而言，该优化问题考虑了预编码向量以及检测门限与破坏区域之间的距离对发射功率的影响，比现有的文献[60][61]中的算法更具通用性，进一步节省了发射功率。

同样，P_1问题也可以推广到QAM调制的情况。唯一的区别是两种情况下的有益和破坏性约束不同。因此，对于16-QAM调制，式(8－4)～式(8－6)应该被用不同符号重新设计的约束Ⅰ和Ⅱ所取代。

注意，优化问题P_1在PSK和QAM下都是凸问题，它可以很容易地用数学工具，如CVX来解决。为了使所提出的方案更适用于实际场景，我们将在下一节进一步推导上述问题在低复杂度PSK调制下的闭式解。由于类似的分析可以应用于QAM调制，因此在本书中省略了重复表达。

8.3.2 SINR平衡问题

SINR平衡问题是在发射机的总可用发射功率约束下，通过最大化用户接收的最小SINR值来提高无线通信系统的公平性。CI问题的目的是通过符号级预编码来提高每个用户接收到的信噪比，还需要在总发射功率约束下保证每个用户的公平性和每个符号的可靠性和安全性。因此，在PSK和QAM两种情况下，分别利用推导的完全破坏区域来考虑具有完全、统计和无Eve的CSI情况下的SINR平衡问题。这里，最大化SINR的最小值，即$t=\min\{t_1,\cdots,t_K\}$，并在SINR平衡问题中考虑用户和窃听方的SINR门限，以提高保密性能。具体情况如下。

1. 完全已知Eve的CSI

考虑一个发射机完全已知Eve的CSI的情况，我们试图在给定的发射功率下最大化所有合法用户的最小可达到的SINR t，同时将Eve接收到的信号限制在破坏性区域内。对于PSK情况，这个SINR平衡问题被构造为

$$P_2:\quad \min_{\boldsymbol{w}_i,\boldsymbol{p},t_e,t} \; -t$$

约束条件为：(8－4)～(8－6)

$$|\operatorname{Im}(\lambda_k)|\leqslant \tan\theta(\operatorname{Re}(\lambda_k)-t),\forall k \tag{8-9a}$$

$$\mathcal{X} \tag{8-9b}$$

$$\left\|\sum_{i=1}^{K}\boldsymbol{w}_i s_i+\boldsymbol{p}e^{j\varphi_v}\right\|_2^2\leqslant P_s \tag{8-9c}$$

$$t\geqslant 0 \tag{8-9d}$$

$$t_e\geqslant 0 \tag{8-9e}$$

其中：式(8－9c)为总发射功率约束；P_s为发射机最大可用发射功率。对于QAM星座图，用约束Ⅰ和约束Ⅱ构造$_s$，而不是式(8－9a)和式(8－9b)。无论哪种调制类型，在完全已知Eve

的 CSI 的情况下 SINR 平衡问题是凸优化问题，可以通过 CVX 等数学工具来解决。

2. 统计已知 Eve 的 CSI

当 Alice 只能通过长时间的观测得到窃听信道的统计 CSI 而不能得到瞬时 CSI 时，Eve 的窃听能力应该用这些平均值来约束。设 $\boldsymbol{R}_e = E\{\boldsymbol{g}_e\boldsymbol{g}_e^{\mathrm{H}}\}$ 为窃听信道 $\boldsymbol{g}_e$ 的相关矩阵，假定 $\boldsymbol{R}_e$ 为非奇异正定矩阵。那么，Eve 处接收到的 SINR 可以表示为

$$\overline{\Gamma}_e = \frac{\boldsymbol{w}_m^{\mathrm{H}}\boldsymbol{R}_e\boldsymbol{w}_m}{\sum_{i=1,i\neq m}^{K}\boldsymbol{w}_i^{\mathrm{H}}\boldsymbol{R}_e w_i + \boldsymbol{p}^{\mathrm{H}}R_e\boldsymbol{p} + \sigma_e^2} \tag{8-10}$$

对于 PSK 调制，当应用式(8－10) 时，可以将统计 SINR 平衡问题构造为

P_3：

$$\min_{w_i,\boldsymbol{p},t,t_e} -t$$

约束条件为：式(8－4)

$$|\mathrm{Im}(\lambda_k)| \leqslant \tan\theta(\mathrm{Re}(\lambda_k) - t),\quad \forall k \tag{8-11a}$$

$$\overline{\Gamma}_e \leqslant t_e \tag{8-11b}$$

$$\sum_{K}^{i=1}\boldsymbol{w}_i s_i + \boldsymbol{p}\mathrm{e}^{\mathrm{j}\varphi_v}\,{}_2^2 \leqslant P_s \tag{8-11c}$$

$$t \geqslant 0, t_e \geqslant 0$$

U_k 处的接收信号仍然位于信息符号的有益区域，而在 Eve 处的窃听 SINR 被限制低于目标门限 t_e。同样，对于 QAM 星座图的情况，将约束式(8－4)、式(8－6) 和式(8－11a) 替换为表 8－1 中 $t_k = t$ 的约束 Ⅰ。注意，约束式(8－11b) 表示一个非凸集，我们将根据下一节的泰勒展开来处理它。

3. 未知 Eve 的 CSI

在上述两种情况下，Eve 的窃听能力受到破坏区域或 SINR 门限的限制。考虑一个更糟糕的情况，没有 Eve 的 CSI，Alice 无法在 Eve 处预编码截获的信号，因此 CI 条件仅用于用户处的有用符号。这样，对于 PSK 星座，有

P_4：

$$\max_{w_i,\boldsymbol{p},t} t$$

约束条件为：式(8－4)

$$|\mathrm{Im}(\lambda_k)| \leqslant \tan\theta(\mathrm{Re}(\lambda_k) - t), \forall k \tag{8-12a}$$

$$\left\| \sum_{i=1}^{K}\boldsymbol{w}_i s_i + \boldsymbol{p}e^{j\phi_v} \right\|_2^2 \leqslant P_s \tag{8-12b}$$

$$\|\boldsymbol{p}\|_2^2 \geqslant P_0 \tag{8-12c}$$

$$t \geqslant 0$$

其中：P_0 为干扰功率门限，可以根据 Eve 处的符号错误率(SER) 数值进行选择。如果使用 QAM 星座图，则式(8－4) 和式(8－12a) 条件应替换为表 8－1 中 $t_k = t$ 的约束Ⅰ。注意式(8－12c) 是一个非凸约束，将在下一节通过泰勒展开式将其重新表述为一个线性约束。

8.4 针对智慧窃听的干扰利用方案

除了上一节针对普通窃听者提出的优化问题外，窃听者也可以是模仿发送端传输方案的智能窃听者，文献[61]中已经考虑了这一点。如果窃听者潜藏在通信网络中扮演合法用户，其可以已知调制类型和传输策略，把自己放在发射机的位置，利用已知的信道状态知识遍历所有的传输符号组合，然后使用最大似然检测法找到最优的预编码器。例如，对于相移键控调制下 $M=4, K=2$ 的情况，智慧窃听者接收信号后，通过搜索所有 $M^K=16$ 种可能传播符号的组合进行有益干扰优化求解，从而得到16个无噪声的接收信号 $y_e^i, i\in\{1,2,\cdots,16\}$。此时，窃听者采用ML检测法检测信号，即

$$\{\hat{s}_1,\hat{s}_2\}=\arg\min_{\{s_1^i,s_2^i\},i\in\{1,2,\cdots M^K\}}\|y_e-y_e^i\| \tag{8-13}$$

式中：$\{s_1^i,s_2^i\}$——第 i 个数据组合；

$\{\hat{s}_1,\hat{s}_2\}$——遍历搜索后的解。

在这种情况下，窃听者即使不知道确切的干扰信号，也可以为系统实现有益干扰条件产生等效的预编码向量，使传输方案变得不安全。为了解决智慧窃听者存在时的问题，我们提出了两种随机方案来确保PSK和QAM星座图中的网络安全，并且考虑了Alice不知道窃听信道的最坏情况。

8.4.1 随机干扰方案(RJS)

在前一节的干扰方案中，随机性是迷惑窃听者以保证安全性的关键因素。因此，一个很自然的想法是，发射信号中的干扰信号 $\boldsymbol{p}e^{j\phi_v}$ 不应被视为有益干扰信号，而应被视为对所有接收机的噪声。这样，预编码向量 $\boldsymbol{p}$ 应设计在合法信道的零空间中，使接收机不受干扰。定义 $\boldsymbol{H}=[\boldsymbol{h}_1,\boldsymbol{h}_2,\cdots,\boldsymbol{h}_K]^T\in\mathbb{C}^{K\times N}$，则零空间条件表示为 $\boldsymbol{Hp}=\boldsymbol{0}$。注意，当 $N-K\geqslant 1$，$\mathrm{rank}(\boldsymbol{H})=K$ 成立，$\boldsymbol{H}$ 的奇异值分解(SVD)由 $\boldsymbol{H}=\boldsymbol{U}_0\boldsymbol{\Sigma}\boldsymbol{V}_0$ 给出，其中 $\boldsymbol{U}_0$ 的列为 $\boldsymbol{H}$ 的左奇异向量，$\boldsymbol{\Sigma}$ 为奇异值对角矩阵，$\boldsymbol{V}_0$ 的列为 $\boldsymbol{H}$ 的右奇异向量。将 $\boldsymbol{V}_0\in\mathbb{C}^{N\times N}$ 的最后 $N-K$ 列表示为矩阵 $\boldsymbol{V}_1\in\mathbb{C}^{N\times(N-K)}$，则 $\boldsymbol{Hp}=\boldsymbol{0}$ 的通解可表示为 $\boldsymbol{p}=\dfrac{\boldsymbol{V}_1\boldsymbol{k}}{\|\boldsymbol{V}_1\boldsymbol{k}\|_F}$，其中 $\boldsymbol{k}\in\mathbb{C}^{N-K}$ 是一个随机向量。因此，这里将传输信号 $\boldsymbol{x}$ 重写为

$$\boldsymbol{x}=\sum_{i=1}^{K}\boldsymbol{w}_i s_i+\sqrt{P_n}\,\boldsymbol{p}\,\frac{v}{|v|} \tag{8-14}$$

式中：P_n 为分配给干扰信号的功率。据此，对于PSK星座图，优化预编码向量和合法用户的SINR门限的SINR平衡问题可表示为

$$\mathrm{P}_5:\quad \max_{w_i,t}\ t$$

$$\text{约束条件为：}\boldsymbol{h}_k^T\sum_{i=1}^{K}\boldsymbol{w}_i s_i=\tau_k s_k,\ \forall k \tag{8-15a}$$

$$|\mathrm{Im}(\tau_k)|\leqslant\tan\theta[\mathrm{Re}(\tau_k)-t],\ \forall k \tag{8-15b}$$

$$\left\| \sum_{i=1}^{K} \boldsymbol{w}_i s_i \right\|_2^2 \leqslant P_s - P_n \tag{8-15c}$$

$$t \geqslant 0 \tag{8-15d}$$

这样，U_k 和 Eve 接收到的信号分别表示为

$$\boldsymbol{y}_k = \tau_k \boldsymbol{s}_k + \boldsymbol{n}_k \tag{8-16}$$

$$\boldsymbol{y}_e = \boldsymbol{g}_e^{\mathrm{T}} \sum_{i=1}^{K} \boldsymbol{w}_i s_i + \sqrt{P_n} \boldsymbol{g}_e^{\mathrm{T}} \boldsymbol{p} \mathrm{e}^{\mathrm{j}\phi_v} + \boldsymbol{n}_e \tag{8-17}$$

由式(8-14) ~ 式(8-17) 可以看出，在所提出的随机干扰方案中，CI 只对合法用户作用，而为了安全起见，干扰信号的随机性在 Eve 处被保留。此外，通过控制 P_n 值，在检测性能和合法用户的安全性能之间存在一种权衡。对于 QAM 星座的情况，由于只对符号项 $\sum_{i=1}^{K} \boldsymbol{w}_i s_i$，而不是对所有传输信号 $\boldsymbol{x}$ 提出 CI 约束，原设计的 CI 约束条件 Ⅰ 在表 8-3 中重构。这样，约束式(8-14a) ~ (8-14b) 就被表 8-3 中的约束 Ⅲ 所取代。

8.4.2　随机预编码方案(RPS)

需要注意的是，在安全重要的场景下，采用上述随机干扰方案，系统需要较高的干扰功率来保证安全，从而降低了信息信号的分配功率，导致合法用户的性能较差。为了提高信息信号在合法接收机上的可解码性，我们提出了一种基于对齐条件的随机预编码方案，利用随机预编码向量来保证安全性。

具体来说，将传输信号重新设计为

$$\boldsymbol{x} = \sum_{i=1}^{K} \boldsymbol{w}_i s_i + \sqrt{P_n} \boldsymbol{p} \tag{8-18}$$

设 $\boldsymbol{s} = [s_1, s_2, \cdots, s_K]^{\mathrm{T}} \in \mathbb{C}^K$，$\boldsymbol{p}$ 通过以下两个步骤设计：

(1) 首先构造一个中间变量 $\hat{\boldsymbol{p}}$，它满足条件 $\boldsymbol{H}\hat{\boldsymbol{p}} = \boldsymbol{s}$；

(2) 将向量 $\hat{\boldsymbol{p}}$ 归一化得到 $\boldsymbol{p}$，即 $\boldsymbol{p} = \dfrac{\hat{\boldsymbol{p}}}{\|\hat{\boldsymbol{p}}\|}$。

当 $N-K \geqslant 1$ 时，条件 $\mathrm{rank}(\boldsymbol{H}) = K < N$ 成立。与 RJS 方案类似，$\hat{\boldsymbol{p}}$ 可以表示为 $\hat{\boldsymbol{p}} = \boldsymbol{V}_1 \boldsymbol{k} + \boldsymbol{r}_0$，其中 $\boldsymbol{r}_0$ 是方程 $\boldsymbol{H}\hat{\boldsymbol{p}} = \boldsymbol{s}$ 的特解，可以表示为 $\boldsymbol{r}_0 = \boldsymbol{H}^{\dagger}\boldsymbol{s}$。这说明由于 $\boldsymbol{k}$ 是随机的，所以 $\hat{\boldsymbol{p}}$ 存在无穷解，因此可以从无穷解中随机选取 $\hat{\boldsymbol{p}}$。然后，利用 P_5 中为 PSK 调制设计的 $\boldsymbol{w}_i$，分别给出了 U_k 和 Eve 接收到的信号：

$$\boldsymbol{y}_k = \tau_k \boldsymbol{s}_k + \sqrt{P_n} \boldsymbol{h}_k^{\mathrm{T}} \boldsymbol{p} + \boldsymbol{n}_k = \left(\tau_k + \frac{\sqrt{P_n}}{\|\hat{\boldsymbol{p}}\|} \right) \boldsymbol{s}_k + \boldsymbol{n}_k \tag{8-19}$$

$$\boldsymbol{y}_e = \boldsymbol{g}_e^{\mathrm{T}} \sum_{i=1}^{K} \boldsymbol{w}_i s_i + \sqrt{P_n} \boldsymbol{g}_e^{\mathrm{T}} \boldsymbol{p} + \boldsymbol{n}_e \tag{8-20}$$

同样，对于 QAM 星座，在优化问题中应该使用 CI 约束 Ⅲ。不同于随机干扰方案和传统的预编码方案，提出的随机预编码方案将 U_k 处接收信号的方向与预期信号对齐，同时在 Eve 处的窃听信号插入了随机性，而不会导致合法用户的功率损耗，提高了源端的能量效

率。注意，在文献[60]中，干扰信号与传输信号是在CI约束下一起设计的。物理层安全的一个基本概念是干扰信号一旦被设计出来，就会失去对窃听者的随机性，无法保证安全。这就是文献[60]的干扰方案在窃听者进行ML检测不能保证安全性的原因。为了增加窃听者接收信号的随机性，我们提出了RJS和RPS。在RJS中，由于干扰信号与P_5中的优化问题无关，即使窃听者得到M^K个无噪声接收信号并进行ML检测，窃听者接收到的信号中存在的干扰信号对其来说仍然是随机的，并且会对检测结果产生干扰。在RPS中，随机性因为$\boldsymbol{p}$无穷解而增加。

综上所述，当窃听者直接解码信号时，提出的基于$P_1 \sim P_4$的预编码设计可以保护信息信号；当窃听者足够智能进行ML检测时，提出的RJS和RPS更适合保证安全性。在实际系统中，当窃听者的解码策略在发送端不可预知时，所提出的随机方案是一种更实用、更普遍的方法。接下来，我们将给出一种有效的算法来解决上述优化问题$P_1 \sim P_5$。

8.5 高效算法

在本节中，针对PSK调制下的问题P_1、P_2和P_5凸优化问题提出一种有效的迭代算法，其中预编码器的闭式解在每次迭代中都能得到。由于该算法也可以很容易地扩展到QAM星座，为了避免重复，我们省略了详细的分析。对于问题$P_3 \sim P_4$非凸问题，采用泰勒展开，将其转化为凸问题，并可应用于PSK和QAM星座。

8.5.1 解决问题P_1、P_2和P_5的高效算法

回顾问题P_1、P_2和P_5都是凸的问题，我们将以子区域A中最复杂的问题P_2为例探讨其解决方法。通过类似的过程，该算法也可以应用于问题P_1和P_5。在问题P_2中，首先将功率约束式(8-9c)重写为文献[149]中所示

$$\sum_{i=1}^{K} \boldsymbol{w}_i^{\mathrm{H}} \boldsymbol{w}_i + \boldsymbol{p}^{\mathrm{H}} \boldsymbol{p} \leqslant \frac{P_s}{K+1} \tag{8-21}$$

根据式(8-21)，利用拉格朗日和KKT条件分析问题P_2，拉格朗日函数如下：

$$\begin{aligned} & L_1(\boldsymbol{w}_i, \boldsymbol{p}, t, t_e, \delta_0, \delta_1, \delta_{2,k}, \delta_{3,k}, \delta_4, \kappa_1, \kappa_2, \kappa_3) = \\ & -t + \sum_{k=1}^{K} \delta_{2,k} \left[\boldsymbol{h}_k^{\mathrm{T}} \left(\sum_{i=1}^{K} \boldsymbol{w}_i s_i + \boldsymbol{p} \mathrm{e}^{\mathrm{j}\phi_v} \right) - \lambda_k \boldsymbol{s}_k \right] + \\ & \sum_{k=1}^{K} \delta_{3,k} \{ | \operatorname{Im}(\lambda_k) | - \tan\theta [\operatorname{Re}(\lambda_k) - t] \} + \\ & \delta_4 \left(\sum_{i=1}^{K} \boldsymbol{w}_i^{\mathrm{H}} \boldsymbol{w}_i + \boldsymbol{p}^{\mathrm{H}} \boldsymbol{p} - \frac{P_s}{K+1} \right) + \\ & \kappa_1 \left[\boldsymbol{g}_e^{\mathrm{T}} \left(\sum_{i=1}^{K} \boldsymbol{w}_i s_i + \boldsymbol{p} \mathrm{e}^{j\phi_v} \right) - \phi_e s_m \right] + \kappa_2 [t_e - \operatorname{Re}(\varphi_e)] + \\ & \kappa_3 \{ \tan\theta [\operatorname{Re}(\phi_e) - t_e] - \operatorname{Im}(\phi_e) \} - \delta_0 t_e - \delta_1 t \end{aligned} \tag{8-22}$$

式中：$\delta_0, \delta_1, \delta_{3,k}, \delta_4, \kappa_2, \kappa_3$——非负拉格朗日系数。

基于拉格朗日函数,给出了问题 P_2 最优性的 KKT 条件。

$$\frac{\partial L_1}{\partial \boldsymbol{w}_i}=\sum_{k=1}^{K}\delta_{2,k}\boldsymbol{h}_k^{\mathrm{T}}s_i+2\delta_4\boldsymbol{w}_i^{\mathrm{H}}+\kappa_1\boldsymbol{g}_e^{\mathrm{T}}s_i=\boldsymbol{0} \tag{8-23a}$$

$$\frac{\partial L_1}{\partial \boldsymbol{p}}=\sum_{k=1}^{K}\delta_{2,k}\boldsymbol{h}_k^{\mathrm{T}}\mathrm{e}^{\mathrm{j}\phi_v}+2\delta_4\boldsymbol{p}^{\mathrm{H}}+\kappa_1\boldsymbol{g}_e^{\mathrm{T}}\mathrm{e}^{\mathrm{j}\phi_v}=\boldsymbol{0} \tag{8-23b}$$

$$\frac{\partial L_1}{\partial t_e}=-\delta_0+\kappa_2-\kappa_3\tan\theta=0 \tag{8-23c}$$

$$\frac{\partial L_1}{\partial t}=-1-\delta_1+\sum_{i=1}^{K}\delta_{3,k}\tan\theta=0 \tag{8-23d}$$

$$\delta_{2,k}\left[\boldsymbol{h}_k\left(\sum_{i=1}^{K}\boldsymbol{w}_is_i+\boldsymbol{p}\mathrm{e}^{\mathrm{j}\phi_v}\right)-\lambda_k\boldsymbol{s}_k\right]=0,\quad \forall k \tag{8-23e}$$

$$\delta_{3,k}\{|\mathrm{Im}(\lambda_k)|-\tan\theta[\mathrm{Re}(\lambda_k)-t]\}=0,\quad \forall k \tag{8-23f}$$

$$\delta_4\left(\sum_{i=1}^{K}\boldsymbol{w}_i^{\mathrm{H}}\boldsymbol{w}_i+\boldsymbol{p}^{\mathrm{H}}\boldsymbol{p}-\frac{P_s}{K+1}\right)=0 \tag{8-23g}$$

$$\kappa_1\left[\boldsymbol{g}_e\left(\sum_{i=1}^{K}\boldsymbol{w}_is_i+\boldsymbol{p}\mathrm{e}^{\mathrm{j}\phi_v}\right)-\phi_e\boldsymbol{s}_m\right]=0 \tag{8-23h}$$

$$\kappa_2[t_e-\mathrm{Re}(\phi_e)]=0 \tag{8-23i}$$

$$\kappa_3[\tan\theta(\mathrm{Re}(\phi_e)-t_e)-\mathrm{Im}(\phi_e)]=0 \tag{8-23j}$$

$$-\delta_0t_e=0 \tag{8-23k}$$

$$-\delta_1t=0 \tag{8-23l}$$

由式(8-23a) 和式(8-23b) 可以得到最优的预编码向量为

$$\boldsymbol{w}_i^{\mathrm{H}}=-\frac{1}{2\delta_4}\left(\sum_{k=1}^{K}\delta_{2,k}\boldsymbol{h}_k^{\mathrm{T}}+\kappa_1\boldsymbol{g}_e^{\mathrm{T}}\right)s_i=(\hat{\boldsymbol{\delta}}\boldsymbol{H}+\hat{\kappa}\boldsymbol{g}_e^{\mathrm{T}})s_i \tag{8-24}$$

$$\boldsymbol{p}^{\mathrm{H}}=(\hat{\boldsymbol{\delta}}\boldsymbol{H}+\hat{\kappa}\boldsymbol{g}_e^{\mathrm{T}})\mathrm{e}^{\mathrm{j}\phi_v} \tag{8-25}$$

其中:$\delta_{2,k}$ 和 κ_1 是复变量,$\hat{\boldsymbol{\delta}}=\left[-\frac{\delta_{2,1}}{2\delta_4},-\frac{\delta_{2,2}}{2\delta_4},\cdots,-\frac{\delta_{2,K}}{2\delta_4}\right]$,$\hat{\kappa}=-\frac{\kappa_1}{2\delta_4}$。

令 $\boldsymbol{b}=[s_1,s_2,\cdots,s_K,\mathrm{e}^{\mathrm{j}\phi_v}]^{\mathrm{T}}$,进一步得到

$$\boldsymbol{W}=[\boldsymbol{w}_1,\boldsymbol{w}_2,\cdots,\boldsymbol{w}_K,\boldsymbol{p}]=[\boldsymbol{H}^{\mathrm{H}}\hat{\boldsymbol{\delta}}^{H}+\boldsymbol{g}_e^{*}\hat{\kappa}^{\mathrm{H}}]\boldsymbol{b}^{\mathrm{H}} \tag{8-26}$$

同时,式(8-4) 和式(8-6) 可以分别写成如下矩阵形式

$$\boldsymbol{HWb}=\mathrm{diag}\{\boldsymbol{\lambda}\}\boldsymbol{s} \tag{8-27}$$

$$\boldsymbol{g}_e^{\mathrm{T}}\boldsymbol{Wb}=\phi_es_m \tag{8-28}$$

其中:$\boldsymbol{\lambda}=[\lambda_1,\lambda_2,\cdots,\lambda_K]^{\mathrm{T}}$。将式(8-26) 代入式(8-27) 和式(8-28) 中,可以得到约束系数 $\hat{\boldsymbol{\delta}}^{\mathrm{H}}$ 和 $\hat{\boldsymbol{\kappa}}^{*}$

$$\hat{\boldsymbol{\delta}}^{\mathrm{H}}=(\boldsymbol{HH}^{\mathrm{H}})^{-1}\left(\frac{1}{K+1}\mathrm{diag}\{\boldsymbol{\lambda}\}\boldsymbol{s}-\boldsymbol{H}\boldsymbol{g}_e^{*}\hat{\kappa}\right) \tag{8-29}$$

$$\hat{\boldsymbol{\kappa}}^{*}=\frac{1}{(K+1)a}[\phi_e\boldsymbol{s}_m-\boldsymbol{g}_e^{\mathrm{T}}\boldsymbol{H}^{\mathrm{H}}(\boldsymbol{HH}^{\mathrm{H}})^{-1}\mathrm{diag}\{\boldsymbol{\lambda}\}\boldsymbol{s}] \tag{8-30}$$

其中:$a=\boldsymbol{g}_e^{\mathrm{T}}[\boldsymbol{I}_N-\boldsymbol{H}^{\mathrm{H}}(\boldsymbol{HH}^{\mathrm{H}})^{-1}\boldsymbol{H}]\boldsymbol{g}_e^{*}$。联合式(8-29) 和式(8-30),式(8-26) 中的 W 可以

表示为变量 diag$\{\boldsymbol{\lambda}\}$ 和 ϕ_e 的封闭函数，即

$$\boldsymbol{W}=\frac{1}{K+1}(\boldsymbol{A}\mathrm{diag}\{\boldsymbol{\lambda}\}\boldsymbol{s}+\boldsymbol{C}\phi_e s_m)\boldsymbol{b}^{\mathrm{H}} \tag{8-31}$$

其中

$$\boldsymbol{A}=\left\{\boldsymbol{I}_N-\frac{1}{a}[\boldsymbol{I}_N-\boldsymbol{H}^{\mathrm{H}}(\boldsymbol{H}\boldsymbol{H}^{\mathrm{H}})^{-1}\boldsymbol{H}]\boldsymbol{g}_e^*\boldsymbol{g}_e^{\mathrm{T}}\right\}\boldsymbol{H}^{\mathrm{H}}(\boldsymbol{H}\boldsymbol{H}^{\mathrm{H}})^{-1} \tag{8-32}$$

$$\boldsymbol{C}=\frac{1}{a}[\boldsymbol{I}_N-\boldsymbol{H}^{\mathrm{H}}(\boldsymbol{H}\boldsymbol{H}^{\mathrm{H}})^{-1}\boldsymbol{H}]\boldsymbol{g}_e^* \tag{8-33}$$

由 $\delta_4\neq 0$ 可知，功率约束式(8－9c) 变为

$$\|\boldsymbol{W}\boldsymbol{b}\|_2^2=\boldsymbol{b}^{\mathrm{H}}\boldsymbol{W}^{\mathrm{H}}\boldsymbol{W}\boldsymbol{b} \tag{8-34}$$

将式(8－26) 代入式(8－34)，有

$$\begin{aligned}&\boldsymbol{b}^{\mathrm{H}}\boldsymbol{W}^{\mathrm{H}}\boldsymbol{W}\boldsymbol{b}=\\&\boldsymbol{\lambda}^{\mathrm{H}}\underbrace{\mathrm{diag}\{\boldsymbol{s}^{\mathrm{H}}\}A^{\mathrm{H}}\boldsymbol{A}\mathrm{diag}\{\boldsymbol{s}\}}_{\boldsymbol{T}_1}\boldsymbol{\lambda}+\boldsymbol{\lambda}^{\mathrm{H}}\underbrace{\mathrm{diag}\{\boldsymbol{s}^{\mathrm{H}}\}\boldsymbol{A}^{\mathrm{H}}\boldsymbol{C}s_m}_{\boldsymbol{T}_2}\phi_e+\\&\phi_e^*\underbrace{s_m^*\boldsymbol{C}^{\mathrm{H}}\boldsymbol{A}\mathrm{diag}\{\boldsymbol{s}\}}_{\boldsymbol{T}_3}\boldsymbol{\lambda}+\phi_e^*\underbrace{s_m^*\boldsymbol{C}^{\mathrm{H}}\boldsymbol{C}s_m}_{\boldsymbol{T}_4}\phi_e=\\&\boldsymbol{\lambda}^{\mathrm{H}}\boldsymbol{T}_1\lambda+\boldsymbol{\lambda}^{\mathrm{H}}\boldsymbol{T}_2\phi_e+\phi_e{}^{\mathrm{H}}\boldsymbol{T}_3\lambda+\phi_e{}^{\mathrm{H}}\boldsymbol{T}_4\phi_e\leqslant P_s\end{aligned} \tag{8-35}$$

由于 $\boldsymbol{\lambda}$ 和 φ 都是复的，将它们展开成实等价形式，$\hat{\boldsymbol{\lambda}}=[\mathrm{Re}(\boldsymbol{\lambda}),\mathrm{Im}(\boldsymbol{\lambda})]^{\mathrm{T}}$，$\hat{\boldsymbol{\Phi}}=[\mathrm{Re}(\phi_e),\mathrm{Im}(\phi_e)]^{\mathrm{T}}$，$\hat{\boldsymbol{T}}_i=[\mathrm{Re}(\boldsymbol{T}_i),-\mathrm{Im}(\boldsymbol{T}_i);\mathrm{Im}(\boldsymbol{T}_i),\mathrm{Re}(\boldsymbol{T}_i)]$，$i\in\{1,2,3,4\}$。相应的，式(8－35) 能够写为

$$\hat{\boldsymbol{\lambda}}^{\mathrm{H}}\hat{\boldsymbol{T}}_1\hat{\boldsymbol{\lambda}}+\hat{\boldsymbol{\lambda}}^{\mathrm{H}}\hat{\boldsymbol{T}}_2\hat{\boldsymbol{\Phi}}+\hat{\boldsymbol{\Phi}}^{\mathrm{H}}\hat{\boldsymbol{T}}_3\hat{\boldsymbol{\lambda}}+\hat{\boldsymbol{\Phi}}^{\mathrm{H}}\hat{\boldsymbol{T}}_4\hat{\boldsymbol{\Phi}}\leqslant P_s \tag{8-36}$$

因此，子区域 A 中的 P_2 问题转化为

P_6：

$$\min_{\hat{\lambda},\hat{\boldsymbol{\Phi}},t_e,t}\ -t$$

约束条件为：式(8－26)

$$\frac{\mathrm{Im}(\lambda_k)}{\tan\theta}\leqslant\mathrm{Re}(\lambda_k)-t,\ \forall k \tag{8-37a}$$

$$-\frac{\mathrm{Im}(\lambda_k)}{\tan\theta}\leqslant\mathrm{Re}(\lambda_k)-t,\ \forall k \tag{8-37b}$$

$$t_e-\mathrm{Re}(\phi_k)\leqslant 0 \tag{8-37c}$$

$$-\frac{\mathrm{Im}(\phi_k)}{\tan\theta}\leqslant t_e-\mathrm{Re}(\phi_k) \tag{8-37d}$$

$$t\geqslant 0 \tag{8-37e}$$

$$t_e\geqslant 0 \tag{8-37f}$$

简单起见，定义 $\hat{\boldsymbol{T}}_5=\begin{bmatrix}-\boldsymbol{I}_K & \frac{1}{\tan\theta}\boldsymbol{I}_K\\ -\boldsymbol{I}_K & -\frac{1}{\tan\theta}\boldsymbol{I}_K\end{bmatrix}$，$\hat{\boldsymbol{T}}_6=\begin{bmatrix}-1 & 0\\ 1 & -\frac{1}{\tan\theta}\end{bmatrix}$，$\boldsymbol{F}_1=\begin{bmatrix}\hat{\boldsymbol{T}}_1\hat{\boldsymbol{T}}_2\\ \hat{\boldsymbol{T}}_3\hat{\boldsymbol{T}}_4\end{bmatrix}$，$\boldsymbol{F}_2=$

$[\hat{\boldsymbol{T}}_5, \boldsymbol{0}_{2K\times 2}]$，$\gamma = [\hat{\boldsymbol{\lambda}}^{\mathrm{T}}, \hat{\boldsymbol{\Phi}}^{\mathrm{T}}]^{\mathrm{T}}$，$1 = [1, \cdots, 1]^{\mathrm{T}} \in \mathbb{R}^{2K}$，$\boldsymbol{1}_0 = [-1, 1]^{\mathrm{T}}$，则 P_6 可以写成

P_7：

$$\min_{\gamma, t_e, t} -t$$

$$约束条件为：\boldsymbol{\gamma}^{\mathrm{T}}\boldsymbol{F}_1\boldsymbol{\gamma} - P_s \leqslant 0 \tag{8-38a}$$

$$\boldsymbol{F}_2\boldsymbol{\gamma} + t\boldsymbol{1} \leqslant \boldsymbol{0}_{2K} \tag{8-38b}$$

$$\boldsymbol{F}_3\gamma - t_e\boldsymbol{1}_0 \leqslant \boldsymbol{0}_2 \tag{8-38c}$$

$$t \geqslant 0 \tag{8-38d}$$

$$t_e \geqslant 0 \tag{8-38e}$$

在 P_7 中，预编码向量 $\boldsymbol{w}_i$ 和 $\boldsymbol{p}$ 退化为单个向量 $\boldsymbol{\gamma}$，而 IE 约束被重新表述为式(8-38b)～(8-38c) 的紧凑形式。将拉格朗日函数 P_7 写成

$$\begin{aligned}&\mathrm{L}_2(\boldsymbol{\gamma}, t_e, t, \delta_0, \delta_1, \mu_0, \boldsymbol{\mu}_1, \boldsymbol{\mu}_2) = \\ &-t - \delta_0 t_e - \delta_1 t + \mu_0(\boldsymbol{\gamma}^{\mathrm{T}}\boldsymbol{F}_1\boldsymbol{\gamma} - P_s) + \boldsymbol{\mu}_1^{\mathrm{T}}(\boldsymbol{F}_2\boldsymbol{\gamma} + t\boldsymbol{1}) + \\ &\boldsymbol{\mu}_2^{\mathrm{T}}(\boldsymbol{F}_3\boldsymbol{\gamma} - t_e 1_{\boldsymbol{0}})\end{aligned} \tag{8-39}$$

其中：$\boldsymbol{\mu}_0 \geqslant 0$，$\boldsymbol{\mu}_i \geqslant 0$，$i \in \{1,2\}$。推导了 L_2 的 KKT 条件如下：

$$\frac{\partial \mathrm{L}_2}{\partial \gamma} = 2\mu_0\boldsymbol{F}_1\boldsymbol{\gamma} + \boldsymbol{F}_2^{\mathrm{T}}\boldsymbol{\mu}_1 + \boldsymbol{F}_3^{\mathrm{T}}\boldsymbol{\mu}_2 = \boldsymbol{0} \tag{8-40a}$$

$$\frac{\partial \mathrm{L}_2}{\partial t_e} = -\delta_0 - \boldsymbol{\mu}_2^{\mathrm{T}}\boldsymbol{1}_0 = 0 \tag{8-40b}$$

$$\frac{\partial \mathrm{L}_2}{\partial t} = -1 - \delta_1 + \boldsymbol{\mu}_1^{\mathrm{T}}\boldsymbol{1} = 0 \tag{8-40c}$$

$$\mu_0(\boldsymbol{\gamma}^{\mathrm{T}}\boldsymbol{F}_1\gamma - P_s) = 0 \tag{8-40d}$$

$$\boldsymbol{\mu}_1^{\mathrm{T}}(\boldsymbol{F}_2\boldsymbol{\gamma} + t\boldsymbol{1}) = 0 \tag{8-40e}$$

$$\boldsymbol{\mu}_2^{\mathrm{T}}(\boldsymbol{F}_3\boldsymbol{\gamma} - t_e\boldsymbol{1}_0) = 0 \tag{8-40f}$$

$$-\delta_0 t_e = 0 \tag{8-40g}$$

$$-\delta_1 t = 0 \tag{8-40h}$$

其中：式(8-40a) 满足 $\boldsymbol{F}_1^{\mathrm{T}} = \boldsymbol{F}_1$。令 $\boldsymbol{F} = [\boldsymbol{F}_2^{\mathrm{T}}, \boldsymbol{F}_3^{\mathrm{T}}]$，$\boldsymbol{\mu} = [\boldsymbol{\mu}_1^{\mathrm{T}}, \boldsymbol{\mu}_2^{\mathrm{T}}]^{\mathrm{T}}$，可以推导出 $\boldsymbol{\gamma}$ 的封闭表达式为

$$\boldsymbol{\gamma} = -\frac{1}{2\mu_0}\boldsymbol{F}_1^{-1}\boldsymbol{F}\boldsymbol{\mu} \tag{8-41}$$

将式(8-41) 代入式(8-40d) 中，对偶变量 μ_0 推导为

$$\mu_0 = \sqrt{\frac{\boldsymbol{\mu}^{\mathrm{T}}\boldsymbol{F}^{\mathrm{T}}\boldsymbol{F}_1^{-1}\boldsymbol{F}\boldsymbol{\mu}}{4P_s}} \tag{8-42}$$

根据式(8-28)，由于优化问题 P_7 是一个凸问题，且满足 Slater 条件，因此强对偶性成立。本节将用式(8-40)～式(8-42) 来分析其对应的对偶问题，如下：

$$G = \max_{\boldsymbol{\mu}, \delta_0, \delta_1, \mu_0} \min_{\gamma, t_e, t} \mathrm{L}_2 = \max_{\mu} -\sqrt{P_s\boldsymbol{\mu}^{\mathrm{T}}\boldsymbol{F}^{\mathrm{T}}\boldsymbol{F}_1^{-1}\boldsymbol{F}\boldsymbol{\mu}} \tag{8-43}$$

令 $\boldsymbol{Q} = \boldsymbol{F}^{\mathrm{T}}\boldsymbol{F}_1^{-1}\boldsymbol{F}$，$\boldsymbol{f}_1 = [\boldsymbol{0}_{2K}^{\mathrm{T}}, \boldsymbol{1}_0^{\mathrm{T}}]^{\mathrm{T}}$，$\boldsymbol{f}_2 = [\boldsymbol{1}^{\mathrm{T}}, \boldsymbol{0}_2^{\mathrm{T}}]^{\mathrm{T}}$，对偶问题可以用来构造

P_8：

$$\min_{\boldsymbol{\mu}} \boldsymbol{\mu}^{\mathrm{T}}(\boldsymbol{Q}\boldsymbol{\mu})$$

$$约束条件为：-\boldsymbol{\mu}^{\mathrm{T}}\boldsymbol{f}_1 \geqslant 0 \tag{8-44a}$$

$$\boldsymbol{\mu}^{\mathrm{T}}\boldsymbol{f}_2 - 1 \geqslant 0 \tag{8-44b}$$

为了提高优化问题的计算效率，这里将问题 P_8 转化为无约束问题，提出了一种基于罚函数法的迭代算法。具体地说，首先通过引入辅助变量ξ_1 和ξ_2，将式(8-44a) ～ 式(8-44b)变换为等式约束，即

$$-\boldsymbol{\mu}^{\mathrm{T}}\boldsymbol{f}_1 = \xi_1 \geqslant 0 \tag{8-45a}$$

$$\boldsymbol{\mu}^{\mathrm{T}}\boldsymbol{f}_2 - 1 = \xi_2 \geqslant 0 \tag{8-45b}$$

根据罚函数法的原理，问题 P_8 可以转化为以下无约束问题：

$$P_9: \quad \min_{\boldsymbol{\mu},\xi_1,\xi_2} \boldsymbol{\mu}^{\mathrm{T}}\boldsymbol{Q}\boldsymbol{\mu} + \eta[(-\boldsymbol{\mu}^{\mathrm{T}}\boldsymbol{f}_1 - \xi_1)^2 + (\boldsymbol{\mu}^{\mathrm{T}}\boldsymbol{f}_2 - 1 - \xi_2)^2] \tag{8-46}$$

其中：η 为惩罚因子。为了求解问题 P_9，这里提出了一种交替优化变量 $\boldsymbol{\mu}$ 和(ξ_1，ξ_2) 的迭代方法，具体如下：

首先，通过固定(ξ_1，ξ_2) 对 $\boldsymbol{\mu}$ 进行优化，目标函数式(8-46) 记为 $f_1(\boldsymbol{\mu})$。由于问题 P_9 的目标函数为二次函数，因此 $f_1(\boldsymbol{\mu})$ 对 $\boldsymbol{\mu}$ 的导数可表示为

$$\frac{\mathrm{d}f_1(\boldsymbol{\mu})}{\mathrm{d}\boldsymbol{\mu}} = 2\boldsymbol{Q}\boldsymbol{\mu} + 2\eta[(\boldsymbol{f}_1\boldsymbol{f}_1^{\mathrm{T}} + \boldsymbol{f}_2\boldsymbol{f}_2^{\mathrm{T}})\boldsymbol{\mu} + \xi_1\boldsymbol{f}_1 - (1+\xi_2)\boldsymbol{f}_2] \tag{8-47}$$

令$\dfrac{\mathrm{d}f_1(\boldsymbol{\mu})}{\mathrm{d}\boldsymbol{\mu}} = 0$，$\boldsymbol{\mu}$ 的封闭形式表示为

$$\boldsymbol{\mu} = \eta[\boldsymbol{Q} + \eta(\boldsymbol{f}_1\boldsymbol{f}_1^{\mathrm{T}} + \boldsymbol{f}_2\boldsymbol{f}_2^{\mathrm{T}})]^{-1}[-\xi_1\boldsymbol{f}_1 + (1+\xi_2)\boldsymbol{f}_2] \tag{8-48}$$

其次，通过固定 $\boldsymbol{\mu}$ 优化(ξ_1，ξ_2)，将目标函数式(8-46) 简化为

$$f_2(\xi_1,\xi_2) = (\boldsymbol{\mu}^{\mathrm{T}}\boldsymbol{f}_1 + \xi_1)^2 + (\boldsymbol{\mu}^{\mathrm{T}}\boldsymbol{f}_2 - 1 - \xi_2)^2 \tag{8-49}$$

计算 $f_2(\xi_1,\xi_2)$ 分别对 ξ_1 和 ξ_2 的偏导数，可以得到(ξ_1，ξ_2) 的最优解

$$\xi_1 = -\boldsymbol{\mu}^{\mathrm{T}}\boldsymbol{f}_1 \tag{8-50}$$

$$\xi_2 = \boldsymbol{\mu}^{\mathrm{T}}\boldsymbol{f}_2 - 1 \tag{8-51}$$

最后，在算法 1(见表 8-4) 中进行了总结。该算法在每次迭代中，都得到了 $\boldsymbol{\mu}$ 的闭式解。将 $\boldsymbol{\mu}$ 代入式(8-41)，结合式(8-26)，可得到最优预编码矩阵的封闭形式为

$$\boldsymbol{W} = -\frac{1}{2\mu_0(K+1)}(\boldsymbol{A}\mathrm{diag}\{\boldsymbol{U}_1\boldsymbol{F}_1^{-1}\boldsymbol{F}\boldsymbol{\mu}\}\boldsymbol{s} + \boldsymbol{u}_2\boldsymbol{F}_1^{-1}\boldsymbol{F}\boldsymbol{\mu}\boldsymbol{C}\boldsymbol{s}_m)\boldsymbol{b}^{\mathrm{H}} \tag{8-52}$$

其中：$\boldsymbol{U}_1 = [\boldsymbol{I}_K \quad \mathrm{j}\boldsymbol{I}_K \quad \boldsymbol{0}_{K\times 2}] \in \mathbb{R}^{K\times 2(K+1)}$ 和 $\boldsymbol{u}_2 = [\boldsymbol{0}_{1\times 2K} \quad \boldsymbol{1}\mathrm{j}] \in \mathbb{R}^{1\times 2(K+1)}$ 用来将实值的 $\boldsymbol{\lambda}$ 和 ϕ_e 转换成对应的复表达式。

表 8-4　算法 1

算法 1　P_9 的迭代优化算法
1. 设定初值 $\boldsymbol{\mu}^n \geqslant \boldsymbol{0}$ 和 η，其中 η 是一个非常大的正值。 2. 用式(8-50) 和式(8-51) 计算(ξ_1^n，ξ_2^n) 和 $\boldsymbol{\mu}^n$； 3. 用式(8-48) 计算 $\boldsymbol{\mu}^{n+1}$ 和(ξ_1^n，ξ_2^n)； 4. 当 $\lvert\boldsymbol{\mu}^{n+1} - \boldsymbol{\mu}^n\rvert > \grave{o}$，执行循环 5. 更新 $n = n+1$，令 $\boldsymbol{\mu}^n = \boldsymbol{\mu}^{n+1}$； 6. 重复步骤 2 和 3 7. 结束循环 8. 返回最优解 $\boldsymbol{\mu} = \boldsymbol{\mu}^n$，($\xi_1$，$\xi_2$) = ($\xi_1^n$，$\xi_2^n$)

8.5.2　解决问题 P_3 和问题 P_4 的线性算法

由于 P_3 和 P_4 中的约束式(8-11b)和式(8-12c)的非凸性，很难直接求解相应的优化问题。另外，与现有文献[60]算法不同的是，t_e 在提出的方案中成为需要优化的变量。因此，这里利用泰勒展开将非凸约束线性化为凸约束。

定义 $t_z=\frac{1}{t_e}$，约束式(8-11b)变为

$$\boldsymbol{w}_m^{\mathrm{H}}\boldsymbol{R}_e\boldsymbol{w}_m\leqslant\frac{1}{t_z}\Big(\sum_{i=1,i\neq m}^{K}\boldsymbol{w}_i^{\mathrm{H}}\boldsymbol{R}_e\boldsymbol{w}_i+\boldsymbol{p}^{\mathrm{H}}\boldsymbol{R}_e\boldsymbol{p}+\sigma_e^2\Big)\tag{8-53}$$

注意：式(8-53)的左侧和右侧都是凸的，并且右侧是二次过线性的，因此，用一阶泰勒展开将右侧线性化，可以有效地将约束式(8-11b)转化为凸约束。具体来说，引入松弛变量 $\widetilde{t}_z,\widetilde{\boldsymbol{w}}_i,\widetilde{\boldsymbol{p}}$ 和 $\widetilde{t}$，对函数 $f_U(\boldsymbol{x},y)=\frac{\boldsymbol{x}^{\mathrm{H}}\boldsymbol{U}\boldsymbol{x}}{y}$ 和 $f(y)=1/y$ 分别在点 $(\widetilde{\boldsymbol{x}},\widetilde{y})$ 和 $y=\widetilde{y}$ 进行一阶泰勒展开，得到

$$F_U(\boldsymbol{x},y,\widetilde{\boldsymbol{x}},\widetilde{y})=\frac{2\mathrm{Re}(\widetilde{\boldsymbol{x}}^{\mathrm{H}}\boldsymbol{U}\boldsymbol{x})}{\widetilde{y}}-\frac{\widetilde{\boldsymbol{x}}^{\mathrm{H}}\boldsymbol{U}\widetilde{\boldsymbol{x}}}{\widetilde{y}^2}y\tag{8-54}$$

$$F(y,\widetilde{y})=\frac{1}{\widetilde{y}}-\frac{y-\widetilde{y}}{\widetilde{y}^2}\tag{8-55}$$

由此，式(8-53)可以近似为

$$\boldsymbol{w}_m^{\mathrm{H}}\boldsymbol{R}_e\boldsymbol{w}_m\leqslant\sum_{i=1,i\neq m}^{K}F_{\mathbf{R}_e}(\boldsymbol{w}_i,t_z,\widetilde{\boldsymbol{w}}_i,\widetilde{t}_z)+F_{\mathbf{R}_e}(\boldsymbol{p},t_z,\widetilde{\boldsymbol{p}},\widetilde{t}_z)+\sigma_e^2F(t_z,\widetilde{t}_z)\tag{8-56}$$

然后，利用式(8-56)，优化问题 P_3 变成了一个凸优化问题，可以用 CVX 工具有效地解决。

同样，对于问题 P_4，也将非凸约束式(8-12b)变换为

$$P_0\leqslant F(\boldsymbol{p},\widetilde{\boldsymbol{p}})\tag{8-57}$$

其中：$F(\boldsymbol{x},\widetilde{\boldsymbol{x}})=2\mathrm{Re}(\widetilde{\boldsymbol{x}}^{\mathrm{H}}\boldsymbol{x})-\widetilde{\boldsymbol{x}}^{\mathrm{H}}\widetilde{\boldsymbol{x}}$ 表示 $f(\boldsymbol{x})=\boldsymbol{x}^{\mathrm{H}}\boldsymbol{x}$ 在 $\boldsymbol{x}=\widetilde{\boldsymbol{x}}$ 点的泰勒变换。因此，问题 P_5 可以用 CVX 工具求解。

8.5.3　计算复杂度

最后，本文基于文献[152]估计了不同类型算法的复杂度。清晰起见，将计算复杂度结果总结在表 8-5 中，其中 n 为决策变量个数。具体分析如下。

表 8-5　PSK 和 QAM 星座下问题的复杂度分析

算法	阶数 n	复杂度
P_1	$O((K+1)N+1)$	PSK：A&B：$\ln(1/\grave{o})\ \sqrt{2K+3}\,n[n^2+n(3+2K)+3+2K]$ PSK：C&D：$\ln(1/\grave{o})\ \sqrt{2K+2}\,n[n^2+n(2+2K)+2+2K]$ QAM：A：$\ln(1/\grave{o})\ \sqrt{2}\,n[n^2+2n+2]$ QAM：B_1-C_2：$\ln(1/\grave{o})\ \sqrt{K+2}\,n[n^2+n(K+2)+K+2]$ QAM：D：$\ln(1/\grave{o})\ \sqrt{K+3}\,n[n^2+n(K+3)+K+3]$

续 表

算法	阶数 n	复杂度
P_2	$O((K+1)N+2)$	PSK:A&B:$\ln(1/\grave{o})\ \sqrt{2K+6}\,n[n^2+n(4+2K)+(N^2(K+1)^2+2K+4)]$ PSK:C&D:$\ln(1/\grave{o})\ \sqrt{2K+5}\,n[n^2+n(3+2K)+(N^2(K+1)^2+2K+3)]$ QAM:A:$\ln(1/\grave{o})\sqrt{5}\,n[n^2+3n+3+(K+1)^2N^2]$ QAM:B_1-C_2:$\ln(1/\grave{o})\ \sqrt{K+5}\,n[n^2+n(K+3)+K+3+(K+1)^2N^2]$ QAM:D:$\ln(1/\grave{o})\ \sqrt{K+6}\,n[n^2+n(K+4)+K+4+(K+1)^2N^2]$
P_3	$O((K+1)N+2)$	PSK:$\ln(1/\grave{o})\ \sqrt{2K+6}\,n[n^2+n(2K+2)+(2K+2+N^2(K+1)^2+(N+1)^2)]$ QAM:A:$\ln(1/\grave{o})\sqrt{6}\,n[n^2+2n+2+(K+1)^2N^2+(N+1)^2]$ QAM:B_1-D:$\ln(1/\grave{o})\ \sqrt{K+6}\,n[n^2+n(K+2)+K+2+(K+1)^2N^2+(N+1)^2]$
P_4	$O((K+1)N+1)$	PSK:$\ln(1/\grave{o})\ \sqrt{2K+4}\,n[n^2+n(2K+2)+(2K+2+N^2(K+1)^2)]$ QAM:A:$\ln(1/\grave{o})\sqrt{5}\,n[n^2+n+1+(K+1)^2N^2+N^2]$ QAM:B_1-D:$\ln(1/\grave{o})\ \sqrt{K+5}\,n[n^2+n(K+1)+K+1+(K+1)^2N^2+N^2]$
P_5	$O(KN+1)$	PSK:$\ln(1/\grave{o})\ \sqrt{2K+3}\,n[n^2+n(2K+1)+2K+1+K^2N^2]$ QAM:A:$\ln(1/\grave{o})\sqrt{3}\,n[n^2+n+1+K^2N^2]$ QAM:B_1-D:$\ln(1/\grave{o})\ \sqrt{K+3}\,n[n^2+n(K+1)+K+1+K^2N^2]$

(1) 在问题 P_1 中，决策变量的数量近似等于$(K+1)N+1$。对于 PSK 调制，它在子区域 A 和 B 有 $3+2K$ 大小为 1 的线性矩阵不等式(LMI) 约束，在子区域 C 和 D 有 $2+2K$ 大小为 1 的线性矩阵不等式(LMI) 约束。对于 QAM 调制，它在子区域 A、B_1-C_2 和 D 中分别有 2、$2+K$ 和 $3+K$ 个大小为 1 的 LMI 约束。

(2) 在问题 P_2 中，决策变量的数量近似等于$(K+1)N+2$ 和一个维度为$(K+1)N$ 的 SOC 约束。对于 PSK 调制，当窃听信号位于子区域 A 和 B 时，有 $4+2K$ 个大小为 1 的 LMI 约束；其他区域则有 $3+2K$ 个大小为 1 的 LMI 约束。对于 QAM 调制，它在子区域 A、B_1-C_2 和 D 中分别有 3、$3+K$ 和 $4+K$ 个大小为 1 的 LMI 约束。

(3) 用式(8-56)代替问题 P_3 中的式(8-11b)，决策变量的数量近似等于$(K+1)N+2$。它包含一个维度为$(K+1)N$ 和一个维度为 $N+1$ 的 SOC 约束。对于 PSK 调制，它有 $2K+2$ 个大小为 1 的 LMI 约束，对于 QAM 调制，在子区域 A 和子区域 B_1-D 分别有 2 和 $K+2$ 个大小为 1 的 LMI 约束。

(4) 用式(8-57) 代替 P_4 中的式(8-12c)，决策变量的数量近似等于$(K+1)N+1$。它包含一个维度为$(K+1)N$ 和一个维度为 N 的 SOC 约束。对于 PSK 调制，它有 $2K+1$ 个大小为 1 的 LMI 约束；对于 QAM 调制，在子区域 A 和子区域 B_1-D 分别有 1 和 $K+1$ 个大小为 1 的 LMI 约束。

(5) 在问题 P_4 中，决策变量的数量近似等于 $KN+1$。它包含一个维度为 KN 的 SOC 约束。对于 PSK 调制，它有 $2K+1$ 个大小为 1 的 LMI 约束；对于 QAM 调制，在子区域 A 和子区域 B_1-D 分别有 1 和 $K+1$ 个大小为 1 的 LMI 约束。

8.6　仿 真 结 果

在本节中，将通过蒙特卡罗模拟提供所提算法的仿真结果。对于合法用户，其直接解码信息符号。对于普通窃听者，其解码方法与合法用户相同，没有其他操作。对于智慧窃听者，假设其采用 ML 检测，在这种情况下，将所提出的随机方案与文献[60]中的 DJS 和文献[61]中的 NJS 进行比较。简单起见，用 Γ_k 和 Γ_e 来表示用户 K 和 Eve 处的接收信噪比，其中 $t_k=\sigma_k\sqrt{\Gamma_k}$，$t_e=\sigma_e\sqrt{\Gamma_e}$，令 $\sigma_e^2=\sigma_k^2=1,\forall k$。

首先，本章研究了在完全已知 Eve 的 CSI 时，在 QPSK 调制下问题 P_1 和文献[60]中的 DJS 方案的发射功率。如图 8-4 和图 8-5 所示，DJS 的保密性能在 $\Gamma_e=\{-5\text{ dB},0\text{ dB},5\text{ dB},10\text{ dB},0\}$ 下评估，假设用户处的信噪比为 $\Gamma_k=\Gamma$。从图 8-4 可以看出，当 t_e 作为一个变量进行优化时，提出的功率最小化问题 P_1 比固定 t_e 时的 DJS 方案在发射端消耗的功率更少，特别是在低信噪比区域，这验证了所提方法的优越性。在图 8-5 中，发射功率增益定义为 DJS 所需功率与提出的问题 P_1 所需功率之差，可以清楚地看出所提方案在能量效率方面的优势。此外，还研究了 $\Gamma_e=0$ 的特殊情况，这表示没有信息泄露给 Eve，此种情况比最优情况需要更多的传输功率，这表明这种绝对安全性是以牺牲比所提方案更多的传输功率为代价的。

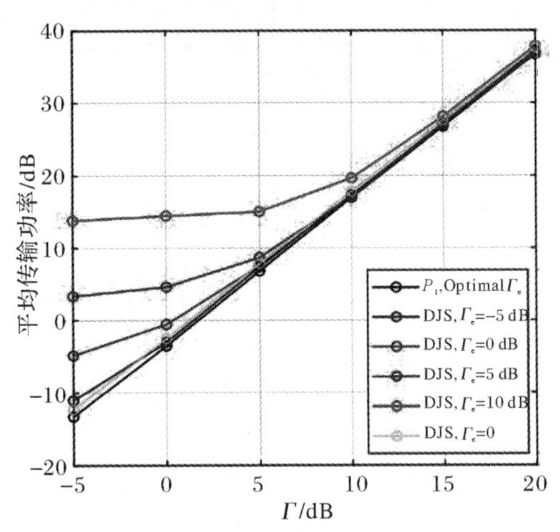

图 8-4　平均传输功率和 Γ，$N=6$，$K=2$

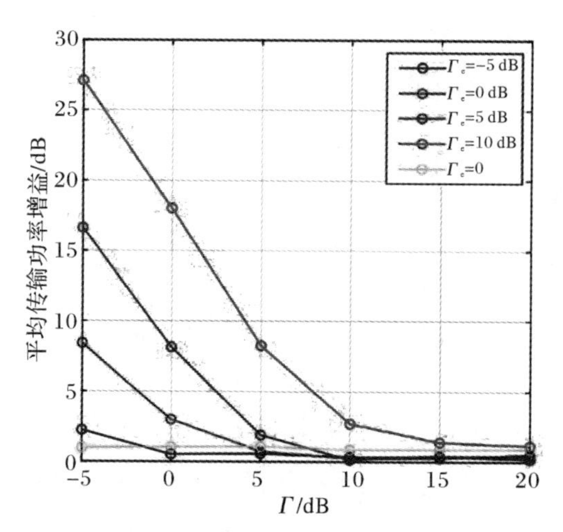

图 8-5　平均传输功率增益和 $\Gamma, N=6, K=2$

接下来，给出了随着最大传输信噪比的增加问题 $P_2 \sim P_4$ 的 SER 性能，即 P_s/σ_k^2。图 8-6 和图 8-7 显示，当发射机已知完整 Eve 的 CSI 时，由于窃听信号被设计在信息符号的破坏区域，因此 Eve 处的 SER 性能要优于统计已知和未知 Eve 的 CSI 的情况。但是，由于可行域的限制，用户的 SER 相比这两种情况要更差一些。此外，我们还证明了所提出的算法 1 可以实现与 CVX 工具几乎相同的 SER 性能。注意，仿真是在主频为 3.4 GHz 的 Intel i7-6700 CPU 和 16 GB 内存条件下进行的。从图 8-8 可以看出，算法 1 的执行时间比使用 CVX 工具大大减少，仅占用 CVX 所用时间的 6% ～ 8%，显著提高了效率。

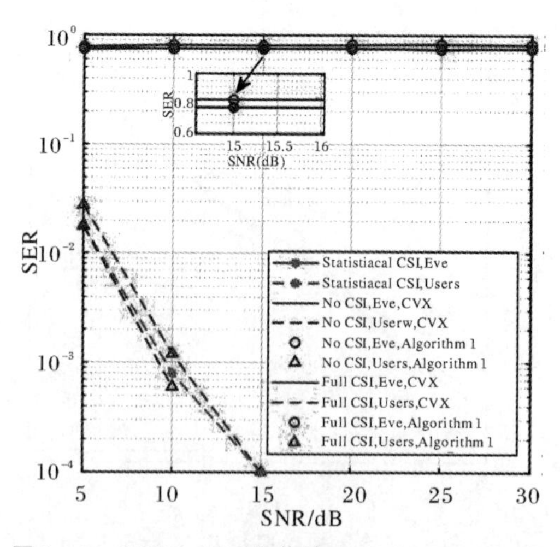

图 8-6　QPSK：SER 和传输 SNR，$N=6, K=2$

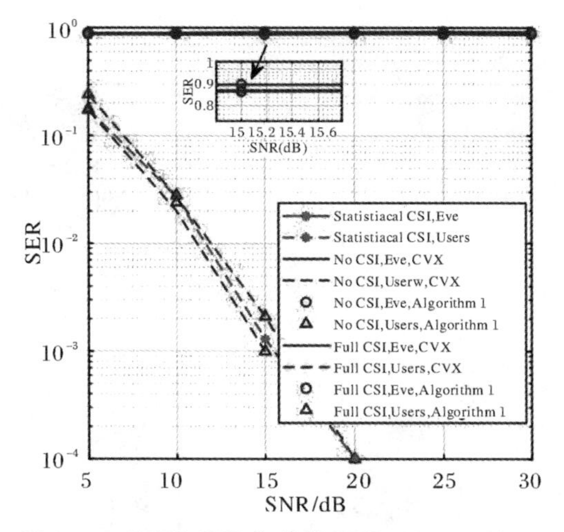

图 8－7　8PSK:SER **和传输** SNR,$N=6$,$K=2$

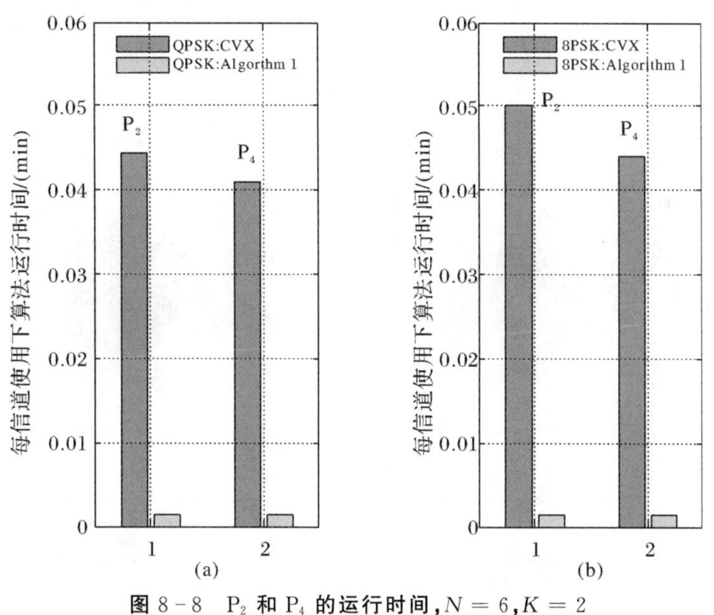

图 8－8　P_2 **和** P_4 **的运行时间**,$N=6$,$K=2$

考虑到智慧窃听者的情况,我们首先评估图 8-9 中 DJS 方案和 NJS 方案在用户 1 和 Eve 处 1 000 个信道条件下的接收信号星座图,信噪比为设置为 15 dB。显然,智慧 Eve 可以通过 ML 检测对信息符号进行高概率解码,因为它可以将信息符号对应的信号表达出来。图 8－10 给出了所提 RJS 和 RPS 方案在 SNR＝10 dB,$\rho=P_0/P_s=0.5$ 时的星座图,可见,用户处接收到的符号位于与信息符号相同的期望有益区域,而 Eve 处的窃听符号则随机分布在各个区域,从而保证了安全。

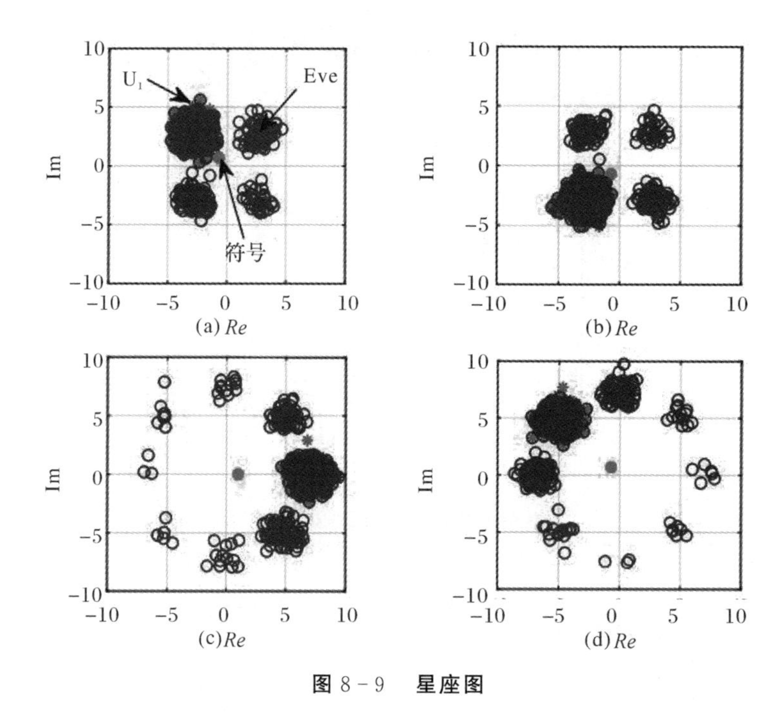

图 8-9　星座图

(a)DJS:QPSK (b)NJS:QPSK;(c)DJS:8PSK;(d)NJS:8PSK,$N=6$,$K=2$

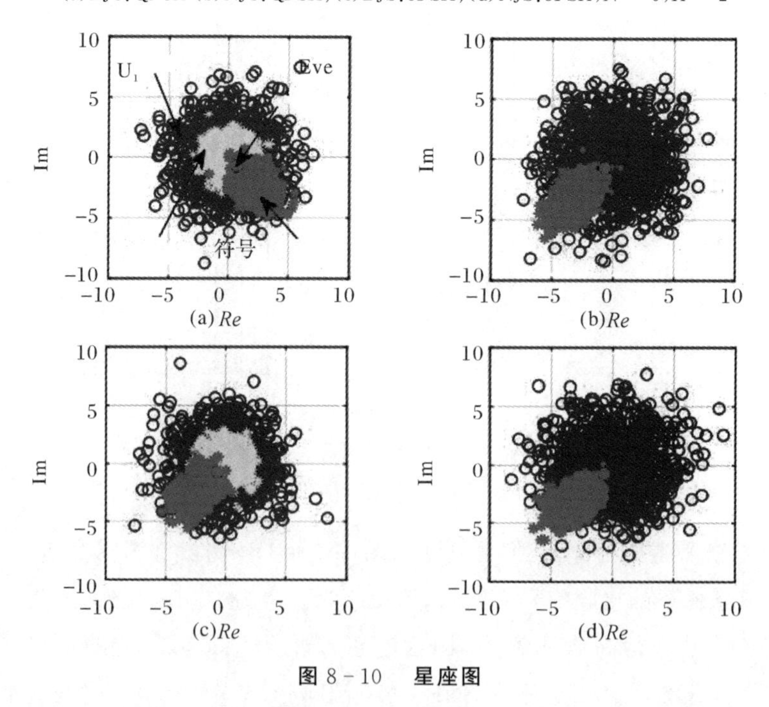

图 8-10　星座图

(a)RJS:QPSK (b)RPS:QPSK;(c)RJS:8PSK;(d)RPS:8PSK,$N=6$,$K=2$

另外,随着信噪比的增加,将所提出的RJS和RPS方案的SER性能与图8-11中DJS和RJS方案进行比较,在公平性方面,比较方案的SINR平衡问题与我们所提出的方案接近,其

中 $\rho=0.5$。结果表明，在 Eve 使用 ML 检测时，DJS 和 NJS 很难保证信息符号的安全，而我们提出的方案可以成功保护信息信号。其原因在于，比较方案中的干扰信号或预编码器都是基于无随机性的 CI 条件设计的，对于所提出的 RJS 和 RPS，干扰信号和预编码向量 $\boldsymbol{p}$ 的随机性得以保留，使得窃听信号在每个信道条件下随机变化。此外，可以观察到 RPS 方案在用户方面的性能优于 RJS 方案，这是因为通过严格 CI 条件实现的预编码器是由合法用户可解码性决定的。

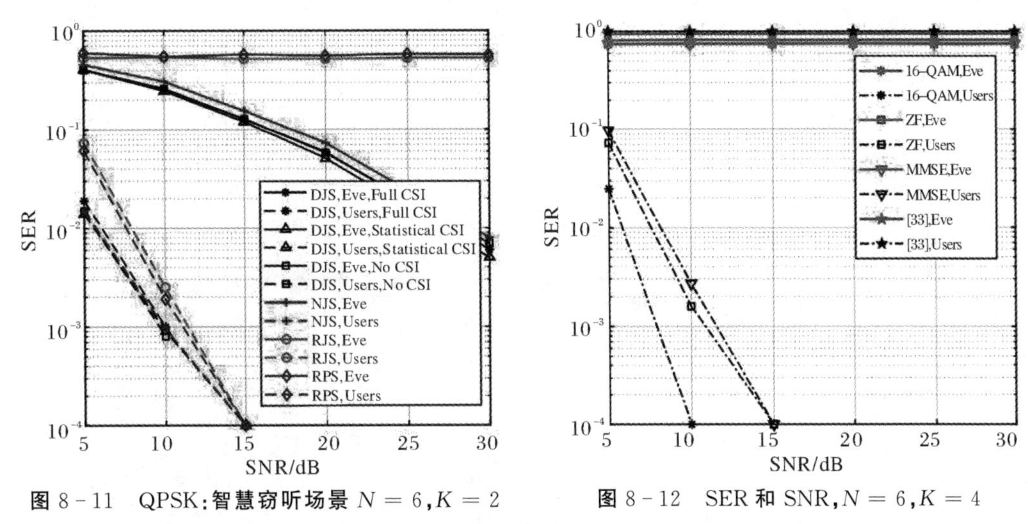

图 8-11　QPSK：智慧窃听场景 $N=6, K=2$　　图 8-12　SER 和 SNR，$N=6, K=4$

为了评估提出的 QAM 方案的安全性能，这里在图 8-12 和图 8-13 中，将 CI 条件下 16-QAM 的 SER 性能与传统的 ZF、MMSE 和文献[33]中的 QAM 方案进行比较。显然，提出的 QAM 方案能够保证合法用户的安全性，达到比文献[62]中更低的 SER，这是因为文献[62]中子区域 B_1 和 B_2，C_1 和 C_2 的 CI 约束是混乱的，其余的破坏约束也不完整。同时，与 ZF 和 MMSE 相比，提出的 QAM 方案的性能优于传统的方案。这是因为 CI 方案可以利用干扰信号而不是消除干扰信号，从而提高了信号传输的能量效率。

同时，本书研究了 PSK 调制下随着用户数量增加的 SER 性能，如图 8-14 和图 8-15 所示。图 8-14 中，SNR = 15 dB，$\rho=0.5$；图 8-15 中，$N=10, K\in\{4,6,8\}$。显然，图 8-14 中 RJS 和 RPS 方案在 $N\geqslant K+1$ 的条件下，即使有大量的窃听者，也能保护信息符号。两幅图都表明，随着用户数量的增加，SER 性能变差，而 QPSK 和 8 PSK 下的 RPS 性能都优于 RJS，这是因为 RPS 中发射端能量效率更高。

最后，本书在图 8-16 中研究了完全已知 Eve 的 CSI 时，QPSK 和 16-QAM 调制下问题的可行性，其中 $N\in\{4,6,8\}$。由图 8-16 可知，对于单级调制方案 QPSK 和多级调制方案 16-QAM，当发射天线数大于用户数量时，所提出的 CI 方案能够以几乎 1 的可行性概率支持用户的传输。结果还表明，当 $K>N$ 时，CI 方案能够以特定的概率支持更多的用户。此外，多级调制比单级调制支持的用户少。

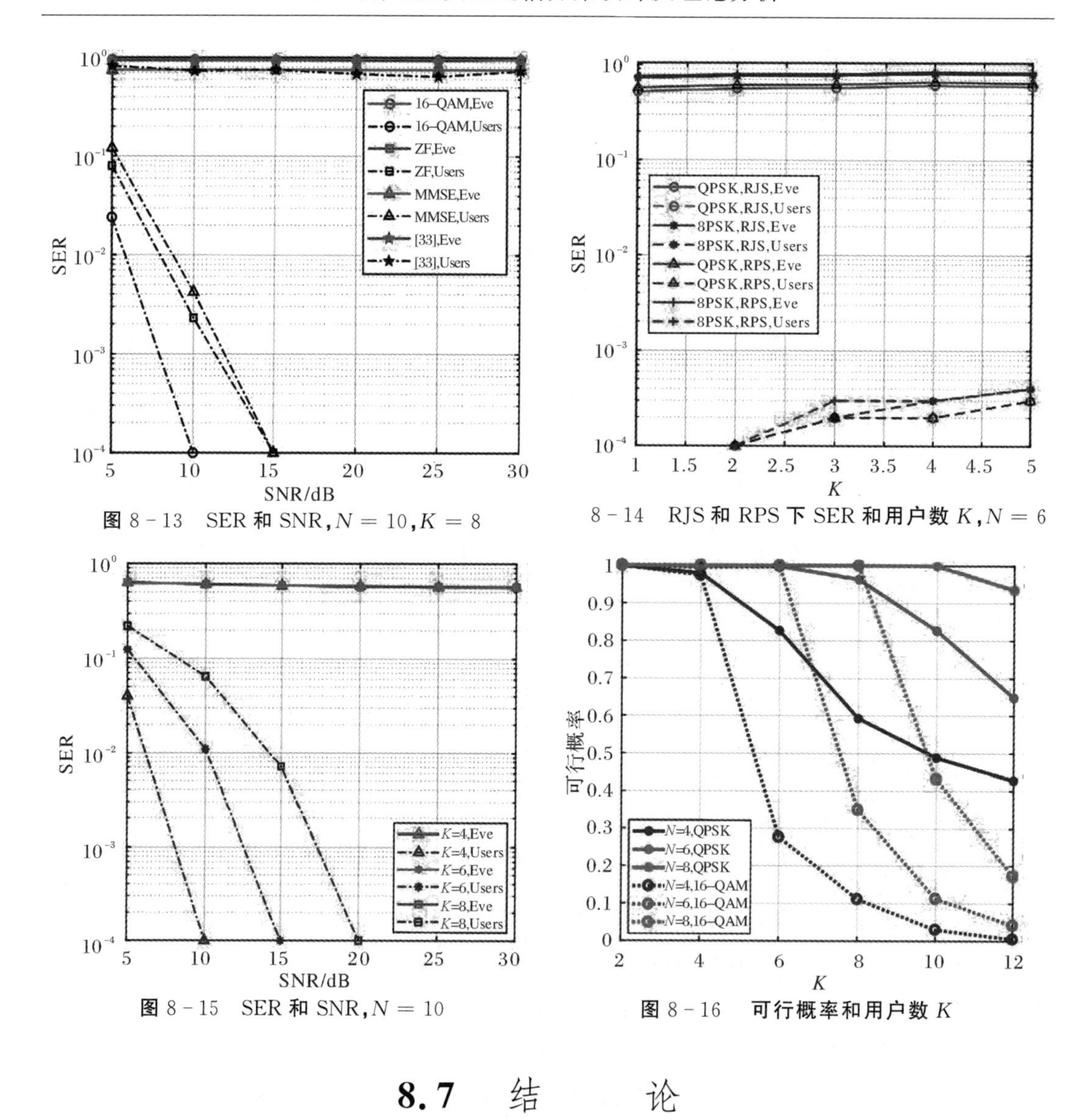

图 8-13　SER 和 SNR, $N=10, K=8$

8-14　RJS 和 RPS 下 SER 和用户数 $K, N=6$

图 8-15　SER 和 SNR, $N=10$

图 8-16　可行概率和用户数 K

8.7　结　　论

本节研究了 K 用户 MISO 窃听信道当存在一个普通或智慧窃听者时的物理层安全问题。我们分析了 CI 在 PSK 和 QAM 星座图中的应用。对于存在普通窃听者的网络，在完全已知 Eve 的 CSI 时，通过修正现有工作中的不可行区域，引入“完全破坏区域”，并联合优化窃听 SINR 门限，节省了网络额外的传输功耗。为了提高网络的保密性能，我们分析了完整、统计和无 Eve 的 CSI 下的 SINR 平衡问题，并利用预编码向量优化了合法用户和窃听者的 SINR 门限。对于进行 ML 解码策略的智慧窃听者，我们提出了基于 SLP 的 RJS 和 RPS 方案来保护信息符号。进一步，提出了求解凸优化问题的简化迭代算法，得到了预编码向量的闭式解，还利用泰勒展开将非凸问题转化为凸问题。仿真结果表明，所提出的功率最小化问题在能量效率上优于 DJS，RJS 和 RPS 在 SER 性能上优于 DJS 和 NJS。同时，提出的算法显著提高了 SLP 问题的计算效率。

第9章　一种PSK调制下的安全干扰鲁棒欺骗方案设计

9.1　引　　言

正如在上一节所述，有益干扰(CI)技术被作为一种很有前途和潜力的预编码方法，被认为可以应用在未来的无线通信系统中。与传统预编码方案相比，有益干扰方案在误码率(SER)、平均发射功率、能效等方面都有显著提高。将其应用于物理层安全方面，其可以利用干扰信号来帮助提升网络的安全性和可靠性。例如，在文献[173]中，干扰信号被插入到MISO广播信道的发射信号中，窃听者所接收到的信号被设计成位于信息符号的破坏性区域，从而保证了安全性。文献[174]研究了当窃听者是智慧窃听者时的情况，其提出随机干扰方案和随机的预编码方案来抵制智慧窃听者的窃听，其中智慧窃听者使用最大似然(ML)检测(而不是使用破坏性区域技术)来在一个MISO下行信道进行信号检测。文献[175]提出了一个“携带信息信号抑制方案”(Information-Carrying Signal Suppressing, ICSS)，从窃听者的角度来克服窃听。文献[176]研究了具有复杂的信道估计方法的情况，如极大似然估计(MLE)和最小均方误差估计(MMSEE)，以抵制上行链路中智慧欺骗窃听者的导频欺骗攻击。文献[177]的作者利用窃听者接收到的不同信号之间的欧氏距离作为安全度量，研究了在不完全信道状态信息假设下，合法信道和窃听信道的多用户MISO系统的安全性。

对于上述符号级物理层安全方案，存在两个需要进一步讨论的问题。首先，多用户网络的符号级安全是由针对窃听者而设计的破坏性区域来保证的。然而，这种安全性仅适用于抵御直接解码接收到的信号的普通窃听者，而不适用于能够使用最大似然检测或虚假信号抵消技术来解码信息符号的智慧窃听者。此外，当发射机仅获得不完全的信道状态信息时，会影响有益干扰设计的准确性。然而，在文献[174][175]中，并没有明确探讨信道的不确定性对预编码设计的影响。

为了解决存在智慧窃听者情况下的安全问题，本章节针对PSK调制下具有多个窃听者的单用户多输入单输出(MISO)窃听信道，设计了一种针对不完美信道状态信息的鲁棒符号级预编码安全方法，并进行了全面的理论和仿真分析来验证所提出的方案的性能。数值结果表明，我们所提出的欺骗方案优于传统的块级预编码方案和基于有益干扰的方案。此外，本章还证明了所提出的迭代算法在完美和不完美CSI时的计算效率都显著优于现有的优化方法。

9.2 基础知识

9.2.1 窃听信道

对于一个 MISO 监听信道，在有 K 个单天线窃听者的情况下，装有 N 个天线的发射机(Alice) 试图将秘密信息信号发送给单天线合法接收机(Bob)，其中 $N \geqslant K+1$。假设数据符号来自一个单位范数 PSK 调制星座，记为 $s = \mathrm{e}^{j\varphi_s}$。对符号 s 进行编码后，Alice 发射的信号记为 $\boldsymbol{x} \in \mathbb{C}^N$，Bob 处接收到的信号和第 k 个窃听者(Eve_k) 处接收的信号分别为

$$\boldsymbol{y} = \boldsymbol{h}^{\mathrm{T}} \boldsymbol{x} + \boldsymbol{n} \tag{9-1}$$

$$\boldsymbol{y}_{e,k} = \boldsymbol{g}_{e,k}^{\mathrm{T}} \boldsymbol{x} + \boldsymbol{n}_{e,k} \tag{9-2}$$

其中，$\boldsymbol{h} \in \mathbb{C}^N$ 和 $\boldsymbol{g}_{e,k} \in \mathbb{C}^N$ 分别表示 Bob 和 Eve_k 之间的具有零均值和单位方差的复高斯信道向量。假设发送端已知完全或不完全的 CSI，窃听端知道窃听信道的 CSI。此外，$n \sim CN(0,\sigma^2)$ 和 $n_{e,k} \sim CN(0,\sigma_{e,k}^2)$ 分别表示 Bob 和 Eve_k 的加性高斯噪声。

9.2.2 有益干扰安全方案

基于有益干扰的概念，文献[173] 提出了一种针对 MISO 窃听信道的干扰方案，该方案的干扰信号遵循有益干扰原则被设计成有益于 Bob。具体来说，是将传输信号 $\boldsymbol{x}_0$ 构造为

$$\boldsymbol{x}_0 = \boldsymbol{w}s + \boldsymbol{p} \tag{9-3}$$

其中，$\boldsymbol{w} \in \mathbb{C}^N$ 表示信息符号 s 的预编码器，$\boldsymbol{p} \in \mathbb{C}^N$ 表示人工噪声向量。此时，Bob 接收到的信号既包含了信息信号，也包含了干扰信号。与文献[159][161] 不同，这里我们并没有消去人工噪声信号，而是将在 Bob 处接收到的信号重写为

$$\boldsymbol{y} = \underbrace{\boldsymbol{h}^{\mathrm{T}} (\boldsymbol{w} + \boldsymbol{p}\mathrm{e}^{-j\phi_s})}_{\lambda} s + \boldsymbol{n} \tag{9-4}$$

为了说明有益干扰条件，在图 9-1 中展示了 QPSK 调制的 1/4 部分。假设在第一象限，$t = \sqrt{\Gamma\sigma^2}$ 为有益区域与 s 的原始检测阈值之间的距离，Γ 为 Bob 处的目标信噪比。从直观上看，当接收信号位于远离检测边界的位置(即在有益区域) 时，接收信号对噪声的鲁棒性更强，检测性能也有望得到改善。基于图 9-1 中的几何关系，将 Bob 点的有益干扰约束设为

$$\frac{|\operatorname{Im}(\lambda)|}{\operatorname{Re}(\lambda) - t} \leqslant \tan\theta \tag{9-5}$$

其中，$\theta = \dfrac{\pi}{M}$(对于 M-PSK)，$|\operatorname{Im}(\lambda)|$ 和 $\operatorname{Re}(\lambda)$ 实质上是将期望符号的观测值旋转到上述星座符号的轴线上。

这里采用文献[173] 中的物理层安全有益干扰预编码方法，其假设已知 Eve 的 CSI。当 Eve 试图窃听信息符号 s 时，Eve_k 端的窃听信号会被改写为

$$\boldsymbol{y}_{e,k} = \underbrace{\boldsymbol{g}_{e,k}^{\mathrm{T}} (\boldsymbol{w} + \boldsymbol{p}\mathrm{e}^{-j\phi_s})}_{\phi_{e,k}} s + \boldsymbol{n}_{e,k} \tag{9-6}$$

为了确保安全，在 Eve_k 端，窃听信号被设计为位于 s 的有益区域之外，如图 9-2 所示中

的灰色阴影区域所示。按照上一章所述，将图 9-2 中灰色的子区域定义为完全破坏性区域。在本例中，这些区域的有益干扰条件为

$$\mathrm{Re}(\phi_{e,k})-t_{e,k}\geqslant 0,\ \forall k,\quad |\mathrm{Im}(\phi_{e,k})|\geqslant \tan\theta[\mathrm{Re}(\phi_{e,k})-t_{e,k}] \tag{9-7a}$$

或

$$\mathrm{Re}(\phi_{e,k})-t_{e,k}\leqslant 0,\forall k \tag{9-7b}$$

其中，$t_{e,k}$ 定义为在 Eve_k 端的破坏性区域与检测阈值之间的距离。按照上述设计原则，在 Bob 和众多的 Eve 处所接收到的信号分别位于有益区域和破坏性区域，这有利于在 Bob 处解码，同时防止了窃听者的截取。

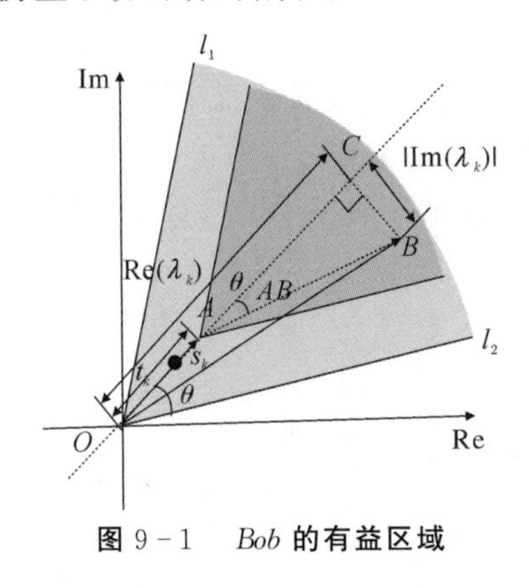

图 9-1　*Bob* 的有益区域

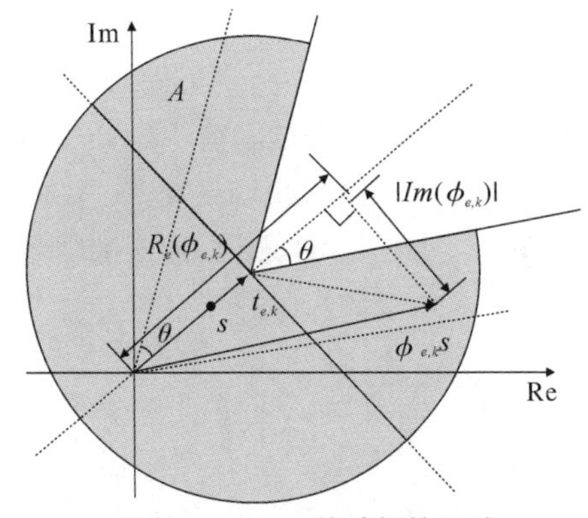

图 9-2　Eve_k 的破坏性区域

在传统的基于有益干扰的物理层安全方案中，所有的 Eve 处的窃听信号都被放到了破坏性区域。因此，SINR 平衡问题可以表述为

P_0：

$$\min_{\boldsymbol{w},\boldsymbol{p},t} -t$$

$$\text{约束条件为：}\boldsymbol{h}^{\mathrm{T}}(\boldsymbol{w}+\boldsymbol{p}\mathrm{e}^{-\mathrm{j}\phi_s})s=\lambda s \tag{9-8a}$$

$$\boldsymbol{g}_{e,k}^{\mathrm{T}}(\boldsymbol{w}+\boldsymbol{p}\mathrm{e}^{-\mathrm{j}\phi_s})s=\varphi_{e,k}s \tag{9-8b}$$

$$\|\boldsymbol{w}s+\boldsymbol{p}\|_2^2\leqslant P_s \tag{9-8c}$$

$$t\geqslant 0 \tag{9-8d}$$

式中：式(9-8c)为 Alice 端的总功率约束。

这里需要注意，在问题 P_0 中，t 是一个优化变量，而 $t_{e,k}=\sqrt{\Gamma_{e,k}}\sigma_{e,k}$ 是一个参数，其被设为能满足安全要求的任何一个正数，$\Gamma_{e,k}$ 是 Eve_k 端的 SNR 阈值。

9.2.3　现有方案的安全风险

然而，反思上述符号级的安全方案，其存在安全风险，即当窃听者是智慧窃听者时，窃听者知道他们将收到一个错误的符号。这种情况在实际中是会发生的，例如之前的小组身份认证场景的例子，其中 Eve 是一个未付费视频用户，他知道他会收到干扰信号。在这种情况下，窃听者即使不知道合法的传输信道，也可以智能地改变解码策略，先去掉接收到的错误码元，再解码出真实的信息码元，这对安全传输来说是很危险的。我们举一个通信过程中的安全风险示例：以 BPSK 调制为例，当发送端向 Bob 发送符号 $s=-1$ 时，它将设计预编码器使

被窃听信号位于 Eve_k 的破坏性区域,即相反符号 $s=1$ 的检测区域和符号 $s=-1$ 的重叠区域。在这种情况下,尽管 Eve 表面上估计符号 $s=1$ 来自 $y_{e,k}$,但它可以巧妙地从相反的角度得到合法的符号 $s=-1$。在这种情况下,即使Eve不了解发射机详细的预编码策略和合法的信道状态信息,它也可以排除错误的情况,在 M-PSK 调制方法下,将原来的窃听 SER 从 $(M-1)/M$ 提高到 $(M-2)/(M-1)$。因此,传统的破坏性区域反窃听方案不适合这种具有先验知识的窃听者的情况。

9.3 完全 CSI 下符号级预编码方案的欺骗通信

为了克服上述安全风险,这里提出了一种新的安全方案,该方案旨在通过随机传输策略而不是使用破坏性区域来欺骗窃听者,并将对智慧窃听者表现出良好的保密性能。在此,提出了一种基于有益干扰的欺骗方案,该方案假设窃听者能够正确解码随机符号,但不能区分被解码符号的真实性。具体来说,传输的信号被重写为

$$\boldsymbol{x}=\boldsymbol{w}s+\sum_{i=1}^{K}\boldsymbol{p}_i v_i \tag{9-9}$$

式中: v_i—— 针对 Eve_i 的干扰符号,采用与 s 相同的调制类型,即 $v_i=\mathrm{e}^{\mathrm{j}\phi_i}$;

$\boldsymbol{p}_i\in\mathbb{C}^N$—— 符号 v_i 的预编码器,与传统基于有益干扰的安全方案不同,这里所提出的欺骗方案中,发送端向窃听者发送随机符号 v_i,并期望窃听者正确解码这些符号。

为了达到这一目的,发射机设计了预编码向量,使每个窃听者的窃听信号位于相应随机符号的有益区域,该有益区域应满足以下条件

$$\frac{|\operatorname{Im}(\phi_{e,k})|}{\operatorname{Re}(\phi_{e,k})-t_{e,k}}\leqslant\tan\theta \tag{9-10}$$

这样一来,窃听者在解码接收到的信号时,就无法辨别检测到的信号的真假,因此就不能窃听信息符号。在本节中,我们将提出一个新的基于有益干扰的 SINR 平衡问题,进而来介绍我们提出的欺骗安全方案,然后我们设计了一种有效算法来解决此优化问题。

9.3.1 欺骗预编码设计

基于式(9-10)所示的欺骗安全策略,通过设计一个新的欺骗 SINR 平衡问题来重新考虑多窃听网络的公平性。与传统的多用户 MISO 网络安全有益干扰公式不同的是,提出的问题会考虑在 Eve 端的欺骗质量,这是成功欺骗窃听者的关键。因此,定义目标 $t_e=\min\{t_{e,1},t_{e,2},\cdots,t_{e,K}\}$,通过构造检测函数 t 与 t_e 的关系来量化欺骗质量,其中 t 是下面公式中所构造的欺骗优化问题中的要最大化优化目标:

P_1:

$$\min_{\boldsymbol{w},\boldsymbol{p}_i,t,t_e}\ -t$$

$$\text{约束条件为:}\boldsymbol{h}^{\mathrm{T}}\Big(\boldsymbol{w}+\sum_{i=1}^{K}\boldsymbol{p}_i\mathrm{e}^{\mathrm{j}(\phi_i-\phi_s)}\Big)s=\lambda s \tag{9-11a}$$

$$|\operatorname{Im}(\lambda)|\leqslant\tan\theta[\operatorname{Re}(\lambda)-t] \tag{9-11b}$$

$$\boldsymbol{g}_{e,k}^{\mathrm{T}}\Big(\boldsymbol{w}\mathrm{e}^{\mathrm{j}(\phi_s-\phi_k)}+\sum_{i=1}^{K}\boldsymbol{p}_i e^{\mathrm{j}(\phi_i-\phi_k)}\Big)v_k=\phi_{e,k}v_k,\quad\forall k \tag{9-11c}$$

$$|\operatorname{Im}(\phi_{e,k})| \leqslant \tan\theta[\operatorname{Re}(\phi_{e,k}) - t_e], \quad \forall k \tag{9-11d}$$

$$\| \boldsymbol{w}s + \sum_{i=1}^{K} \boldsymbol{p}_i v_i \|_F^2 \leqslant P_s \tag{9-11e}$$

$$t_e \geqslant t \tag{9-11f}$$

$$t \geqslant 0 \tag{9-11g}$$

式中：有益干扰约束式(9-11d)使被窃听信号位于干扰符号 v_i 的有益区域。由于将 SINR 阈值 t 最大化作为优化对象来提高 Bob 处的可解码性，因此提出了约束式(9-11f)来保证安全目的，即在较高的信噪比目标 t_e 下可以成功欺骗窃听者，这有助于提高欺骗性能。注意，这种考虑是基于欺骗方案中信息信号的安全性和可靠性平衡的角度所提出的，其中可靠性从优化对象的角度考虑，安全性在式(9-11f)中考虑。

在上述欺骗方案中，采取了与文献[173]中传统的安全方案完全相反的方式，后者迫使在各个 Eve 端的窃听信号是一个错误的符号，与其相反，设计的欺骗方案能迷惑窃听者，让他们在不能判断真假的情况下解码信号。

9.3.2　对问题 $\mathbf{P}_1$ 的有效优化算法

除了提出安全方案 1 来保证安全性，还需要有效地解决这个问题。注意，P_1 是一个凸问题，它可以很容易地通过数学工具(如 CVX)来解决。为了使所提出的方案更适用于实际场景，在接下来的分析中进一步推导出上述问题的一个低复杂度的闭式解。

对于问题 P_1，我们首先将功率约束式(9-11e)依照文献[27]重写为

$$\boldsymbol{w}^{\mathrm{H}}\boldsymbol{w} + \sum_{i=1}^{K} \boldsymbol{p}_i^{\mathrm{H}} \boldsymbol{p}_i \leqslant \frac{P_s}{K+1} \tag{9-12}$$

由于问题 P_1 是凸问题，并且具有等式和不等式约束，用拉格朗日乘子法和 KKT 条件来求解它。应用式(9-12)，问题 P_1 的拉格朗日函数为

$$\begin{aligned} & L_1(\boldsymbol{w}, \boldsymbol{p}_i, t, t_e, \delta_0, \delta_1, \delta_2, \delta_3, \delta_4, \kappa_{1,k}, \kappa_{2,k}) = \\ & -t + \delta_2\left[\boldsymbol{h}^{\mathrm{T}}\left(\boldsymbol{w}s + \sum_{i=1}^{K}\boldsymbol{p}_i \mathrm{e}^{\mathrm{j}\phi_i}\right) - \lambda s\right] + \delta_3\{|\operatorname{Im}(\lambda)| - \tan\theta[\operatorname{Re}(\lambda) - t]\} + \\ & \delta_4\left(\boldsymbol{w}^{\mathrm{H}}\boldsymbol{w} + \sum_{i=1}^{K}\boldsymbol{p}_i^{\mathrm{H}}\boldsymbol{p}_i - \frac{P_s}{K+1}\right) + \sum_{k=1}^{K}\kappa_{1,k}\left[\boldsymbol{g}_{e,k}^{\mathrm{T}}\left(\boldsymbol{w}s + \sum_{i=1}^{K}\boldsymbol{p}_i \mathrm{e}^{\mathrm{j}\phi_i}\right) - \phi_{e,k}v_k\right] + \\ & \delta_0(t - t_e) + \sum_{k=1}^{K}\kappa_{2,k}\{|\operatorname{Im}(\phi_{e,k})| - \tan\theta[\operatorname{Re}(\phi_{e,k}) - t_e]\} - \delta_1 t \end{aligned} \tag{9-13}$$

其中：$\delta_0, \delta_1, \delta_2, \delta_3, \delta_4, \kappa_{1,k}, \kappa_{2,k}$ 为非负拉格朗日系数。基于此拉格朗日函数，问题 P_1 最优的的 KKT 条件为

$$\frac{\partial L_1}{\partial \boldsymbol{w}} = \delta_2 \boldsymbol{h}^{\mathrm{T}} s + \delta_4 \boldsymbol{w}^{\mathrm{H}} + \sum_{k=1}^{K}\kappa_{1,k}\boldsymbol{g}_{e,k}^{\mathrm{T}} s = \mathbf{0} \tag{9-14a}$$

$$\frac{\partial L_1}{\partial \boldsymbol{p}_i} = \delta_2 \boldsymbol{h}^{\mathrm{T}} \mathrm{e}^{j\phi_v} + \delta_4 \boldsymbol{p}_i^{\mathrm{H}} + \sum_{k=1}^{K}\kappa_{1,k}\boldsymbol{g}_{e,k}^{\mathrm{T}} v_i = \mathbf{0} \tag{9-14b}$$

$$\frac{\partial L_1}{\partial t_e} = -\delta_0 + \sum_{k=1}^{K}\kappa_{2,k}\tan\theta = 0 \tag{9-14c}$$

$$\frac{\partial L_1}{\partial t}=-1+\delta_0-\delta_1+\delta_3\tan\theta=0 \tag{9-14d}$$

$$\delta_2\left[\boldsymbol{h}^{\mathrm{T}}\left(\boldsymbol{w}s+\sum_{i=1}^{K}\boldsymbol{p}_i v_i\right)-\lambda s\right]=0 \tag{9-14e}$$

$$\delta_3\{|\operatorname{Im}(\lambda)|-\tan\theta[\operatorname{Re}(\lambda)-t]\}=0 \tag{9-14f}$$

$$\delta_4\left(\boldsymbol{w}^{\mathrm{H}}\boldsymbol{w}+\sum_{i=1}^{K}\boldsymbol{p}_i^{\mathrm{H}}\boldsymbol{p}_i-\frac{P_s}{K+1}\right)=0 \tag{9-14g}$$

$$\kappa_{1,k}\left[\boldsymbol{g}_e\left(\boldsymbol{w}s+\sum_{i=1}^{K}\boldsymbol{p}_i v_i\right)-\phi_{e,k}v_k\right]=0,\quad\forall k \tag{9-14h}$$

$$\kappa_{2,k}\{|\operatorname{Im}(\phi_{e,k})|-\tan\theta[\operatorname{Re}(\varphi_{e,k})-t_e]\}=0,\quad\forall k \tag{9-14i}$$

$$\delta_0(t-t_e)=0 \tag{9-14j}$$

$$-\delta_1 t=0 \tag{9-14k}$$

从式(9－14a)和式(9－14b),可以得到最优预编码向量为

$$\boldsymbol{w}=-\frac{1}{\delta_4}(\delta_2^{\mathrm{H}}\boldsymbol{h}^*+\sum_{k=1}^{K}\kappa_{1,k}^{\mathrm{H}}\boldsymbol{g}_{e,k}^*)s^*=(\boldsymbol{h}^*\hat{\delta}+\boldsymbol{G}^*\hat{\boldsymbol{\kappa}})s^* \tag{9-15}$$

$$\boldsymbol{p}_i=(\boldsymbol{h}^*\hat{\delta}+\boldsymbol{G}^*\hat{\boldsymbol{\kappa}})v_i^* \tag{9-16}$$

其中:δ_2 和 $\kappa_{1,k}$ 是复变量,$\boldsymbol{G}^*=[\boldsymbol{g}_1^*,\boldsymbol{g}_2^*,\cdots,\boldsymbol{g}_K^*]\in\mathbb{C}^{N\times K}$,$\hat{\delta}=-\frac{\delta_2^{\mathrm{H}}}{\delta_4}$,$\hat{\boldsymbol{\kappa}}=[-\frac{\kappa_{1,1}^{H}}{\delta_4},-\frac{\kappa_{1,2}^{\mathrm{H}}}{\delta_4},\cdots,-\frac{\kappa_{1,K}^{\mathrm{H}}}{\delta_4}]^{\mathrm{T}}$。

令 $\boldsymbol{b}=[s,v_1,\cdots,v_K]^{\mathrm{T}}$,可得

$$\boldsymbol{W}=[\boldsymbol{w},\boldsymbol{p}_1,\boldsymbol{p}_2,\cdots,\boldsymbol{p}_K]=(\boldsymbol{h}^*\hat{\delta}+\boldsymbol{G}^*\hat{\boldsymbol{\kappa}})\boldsymbol{b}^{\mathrm{H}} \tag{9-17}$$

此外,这里定义 $\boldsymbol{v}=[v_1,v_2,\cdots,v_K]^{\mathrm{T}}$,式(9－11a)和式(9－11c)可以被分别用矩阵的形式改写为

$$\boldsymbol{h}^{\mathrm{T}}\boldsymbol{W}\boldsymbol{b}=\lambda s \tag{9-18a}$$

$$\boldsymbol{G}^{\mathrm{T}}\boldsymbol{W}\boldsymbol{b}=\operatorname{diag}\{\boldsymbol{\Phi}\}\boldsymbol{v} \tag{9-18b}$$

其中:$\boldsymbol{\Phi}=[\phi_1,\phi_2,\cdots,\phi_K]^{\mathrm{T}}$,将式(9－17)插入式(9－18),则可得出约束系数 $\hat{\delta}$ 和 $\hat{\kappa}$ 为

$$\hat{\delta}=(\boldsymbol{h}^{\mathrm{T}}\boldsymbol{h}^*)^{-1}\left(\frac{1}{K+1}\lambda s-\boldsymbol{h}^{\mathrm{T}}\boldsymbol{G}^*\hat{\boldsymbol{\kappa}}\right) \tag{9-19}$$

$$\hat{\boldsymbol{\kappa}}=\frac{1}{K+1}\boldsymbol{A}^{-1}[\operatorname{diag}\{\boldsymbol{\Phi}\}\boldsymbol{v}-\boldsymbol{G}^{\mathrm{T}}\boldsymbol{h}^*(\boldsymbol{h}^{\mathrm{T}}\boldsymbol{h}^*)^{-1}\lambda s] \tag{9-20}$$

其中:$\boldsymbol{A}=\boldsymbol{G}^{\mathrm{T}}(\boldsymbol{I}_N-\boldsymbol{h}^*(\boldsymbol{h}^{\mathrm{T}}\boldsymbol{h}^*)^{-1}\boldsymbol{h}^{\mathrm{T}})\boldsymbol{G}^*$。利用式(9－19)和式(9－20),式(9－17)中的 $\boldsymbol{W}$ 可以被表示为变量 λ 和 $\boldsymbol{\Phi}$ 的闭式函数,即

$$\boldsymbol{W}=\frac{1}{K+1}(\boldsymbol{a}\lambda s+\boldsymbol{C}\operatorname{diag}\{\boldsymbol{\Phi}\}\boldsymbol{v})\boldsymbol{b}^{\mathrm{H}} \tag{9-21}$$

其中:

$$\boldsymbol{a}=[\boldsymbol{I}_N-(\boldsymbol{I}_N-\boldsymbol{h}^*(\boldsymbol{h}^{\mathrm{T}}\boldsymbol{h}^*)^{-1}\boldsymbol{h}^{\mathrm{T}})\boldsymbol{G}^*\boldsymbol{A}^{-1}\boldsymbol{G}^{\mathrm{T}}]\boldsymbol{h}^*(\boldsymbol{h}^{\mathrm{T}}\boldsymbol{h}^*)^{-1} \tag{9-22}$$

$$\boldsymbol{C}=[\boldsymbol{I}_N-\boldsymbol{h}^*(\boldsymbol{h}^{\mathrm{T}}\boldsymbol{h}^*)^{-1}\boldsymbol{h}^{\mathrm{T}}]\boldsymbol{G}^*\boldsymbol{A}^{-1} \tag{9-23}$$

由于 $\delta_4\neq 0$,功率限制式(9－11e)可以被推导为

$$\begin{aligned}
&\| \boldsymbol{W}\boldsymbol{b} \|_F^2 \leqslant P_s \\
&\Rightarrow \boldsymbol{b}^{\mathrm{H}}\boldsymbol{W}^{\mathrm{H}}\boldsymbol{W}\boldsymbol{b} \leqslant P_s \\
&\Rightarrow \boldsymbol{\lambda}^{\mathrm{H}} \boldsymbol{a}^{\mathrm{H}}\boldsymbol{a}\lambda + \boldsymbol{\lambda}^{\mathrm{H}} \boldsymbol{a}^{\mathrm{H}}\boldsymbol{C}\boldsymbol{\Phi} + \boldsymbol{\Phi}^{\mathrm{H}} \boldsymbol{C}^{\mathrm{H}}\boldsymbol{a}\lambda + \boldsymbol{\Phi}^{\mathrm{H}} \boldsymbol{C}^{\mathrm{H}}\boldsymbol{C}\boldsymbol{\Phi} \leqslant P_s \\
&\Rightarrow \boldsymbol{\lambda}^{\mathrm{H}}\boldsymbol{T}_1\boldsymbol{\lambda} + \boldsymbol{\lambda}^{\mathrm{H}}\boldsymbol{T}_2\boldsymbol{\Phi} + \boldsymbol{\Phi}^{\mathrm{H}}\boldsymbol{T}_3\lambda + \boldsymbol{\Phi}^{\mathrm{H}}\boldsymbol{T}_4\boldsymbol{\Phi} \leqslant P_s
\end{aligned} \tag{9-24}$$

其中：$\boldsymbol{T}_1 = \boldsymbol{a}^{\mathrm{H}}\boldsymbol{a}$，$\boldsymbol{T}_2 = \boldsymbol{a}^{\mathrm{H}}\boldsymbol{C} \in \mathbb{C}^{1\times K}$，$\boldsymbol{T}_3 = \boldsymbol{C}^{\mathrm{H}}\boldsymbol{a} \in \mathbb{C}^{K}$，$\boldsymbol{T}_4 = \boldsymbol{C}^{\mathrm{H}}\boldsymbol{C} \in \mathbb{C}^{K\times K}$。由于变量 $\boldsymbol{\lambda}$ 和 $\boldsymbol{\Phi}$ 为复数，在优化前我们需要将它们分解为实变量。定义 $\hat{\boldsymbol{\lambda}} = [\mathrm{Re}(\lambda),\mathrm{Im}(\lambda)]^{\mathrm{T}}$，$\hat{\boldsymbol{\Phi}} = [\mathrm{Re}(\boldsymbol{\Phi}),\mathrm{Im}(\boldsymbol{\Phi})]^{\mathrm{T}}$，$\hat{\boldsymbol{T}}_1 = [\mathrm{Re}(\boldsymbol{T}_1),\mathrm{Im}(\boldsymbol{T}_1)]^{\mathrm{T}}$，$\hat{\boldsymbol{T}}_i = [\mathrm{Re}(\boldsymbol{T}_i), -\mathrm{Im}(\boldsymbol{T}_i);\mathrm{Im}(\boldsymbol{T}_i),\mathrm{Re}(\boldsymbol{T}_i)]$，$i \in \{2,3,4\}$，式(9－24)可以改写为

$$\hat{\boldsymbol{\lambda}}^{\mathrm{H}}\hat{\boldsymbol{T}}_1\hat{\boldsymbol{\lambda}} + \hat{\boldsymbol{\lambda}}^{\mathrm{H}}\hat{\boldsymbol{T}}_2\hat{\boldsymbol{\Phi}} + \hat{\boldsymbol{\Phi}}^{\mathrm{H}}\hat{\boldsymbol{T}}_3\hat{\boldsymbol{\lambda}} + \hat{\boldsymbol{\Phi}}^{\mathrm{H}}\hat{\boldsymbol{T}}_4\hat{\boldsymbol{\Phi}} \leqslant P_s \tag{9-25}$$

于是，问题 P_1 可以改写为

P_2：

$$\min_{\hat{\lambda},\hat{\Phi},t_e,t} -t$$

约束条件为：(9－25)，式(9－11f)～式(9－11g)　　(9－26a)

$$\frac{\| \mathrm{Im}(\boldsymbol{\lambda}) \|}{\tan\theta} \leqslant \mathrm{Re}(\boldsymbol{\lambda}) - t \tag{9-26a}$$

$$\frac{\| \mathrm{Im}(\varphi_{e,k}) \|}{\tan\theta} \leqslant \mathrm{Re}(\varphi_{e,k}) - t_e, \quad \forall k \tag{9-26b}$$

为了简化问题 P_2，定义 $\boldsymbol{\Lambda} = [\lambda;\Phi] \in \mathbb{C}^{K+1}$，则 $\boldsymbol{\Lambda}$ 的实向量表达式记为 $\hat{\boldsymbol{\Lambda}} = [\mathrm{Re}(\boldsymbol{\Lambda});\mathrm{Im}(\boldsymbol{\Lambda})] \in \mathbb{R}^{2(K+1)}$。令

$$\boldsymbol{r} = [t,t_e]^T \in \mathbb{R}^2,\boldsymbol{G}_1 = \begin{bmatrix} \hat{\boldsymbol{T}}_1 & \hat{\boldsymbol{T}}_2 \\ \hat{\boldsymbol{T}}_3 & \hat{\boldsymbol{T}}_4 \end{bmatrix} \in \mathbb{R}^{(2K+2)\times(2K+2)}$$

$$\boldsymbol{G}_2 = \begin{bmatrix} -1 & \boldsymbol{0}_K^{\mathrm{T}} & \dfrac{1}{\tan\theta} & \boldsymbol{0}_K^{\mathrm{T}} \\ -1 & \boldsymbol{0}_K^{\mathrm{T}} & -\dfrac{1}{\tan\theta} & \boldsymbol{0}_K^{\mathrm{T}} \\ \boldsymbol{0}_K & -\boldsymbol{I}_K & \boldsymbol{0}_K & \dfrac{\boldsymbol{I}_K}{\tan\theta} \\ \boldsymbol{0}_K & -\boldsymbol{I}_K & \boldsymbol{0}_K & -\dfrac{\boldsymbol{I}_K}{\tan\theta} \end{bmatrix} \in \mathbb{R}^{(2K+2)\times(2K+2)}$$

$$\boldsymbol{F}_1 = \begin{bmatrix} \boldsymbol{1}_2 & \boldsymbol{0}_2 \\ \boldsymbol{0}_{2K} & \boldsymbol{1}_{2K} \end{bmatrix} \in \mathbb{R}^{(2K+2)\times 2}$$

$$\boldsymbol{F}_2 = \begin{bmatrix} -1 & 0 \\ 1 & -1 \end{bmatrix} \in \mathbb{R}^{2\times 2}$$

$$\boldsymbol{G}_3 = \begin{bmatrix} \boldsymbol{G}_2 \\ \boldsymbol{0}_{2\times(2K+2)} \end{bmatrix} \in \mathbb{R}^{(2K+4)\times(2K+2)}$$

$$\boldsymbol{F}_3 = \begin{bmatrix} \boldsymbol{F}_1 \\ \boldsymbol{F}_2 \end{bmatrix} \in \mathbb{R}^{(2K+4)\times 2},\boldsymbol{F}_4 = [-1,0] \in \mathbb{R}^{1\times 2}$$

问题 P_2 可以进一步改写为

P_3：

$$\min_{\hat{\Lambda},r} \boldsymbol{F}_4\boldsymbol{r}$$

$$\text{约束条件为：}\hat{\boldsymbol{\Lambda}}^{\mathrm{T}}\boldsymbol{G}_1\hat{\boldsymbol{\Lambda}}-P_s\leqslant 0 \tag{9-27a}$$

$$\boldsymbol{G}_3\hat{\boldsymbol{\Lambda}}+\boldsymbol{F}_3\boldsymbol{r}\leqslant\boldsymbol{0}_{2K+4} \tag{9-27b}$$

对问题 P_3 应用拉格朗日乘子法，则拉格朗日函数为

$$L_2(\mu_0,\mu)=\boldsymbol{F}_4\boldsymbol{r}+\boldsymbol{\mu}_0(\hat{\boldsymbol{\Lambda}}^{\mathrm{T}}G_1\hat{\boldsymbol{\Lambda}}-P_s)+\boldsymbol{\mu}^T(\boldsymbol{G}_3\hat{\boldsymbol{\Lambda}}+\boldsymbol{F}_3\boldsymbol{r}) \tag{9-28}$$

然后，在非零对偶变量 μ_0，μ 下，问题 P_3 的最优 KKT 条件为

$$\frac{\partial L_2}{\partial\hat{\boldsymbol{\Lambda}}}=2\mu_0\boldsymbol{G}_1\hat{\boldsymbol{\Lambda}}+\boldsymbol{G}_3^{\mathrm{T}}\mu=\boldsymbol{0}_{2K+2} \tag{9-29a}$$

$$\frac{\partial L_2}{\partial r}=\boldsymbol{F}_4+\mu^{\mathrm{T}}\boldsymbol{F}_3=\boldsymbol{0}_{1\times 2} \tag{9-29b}$$

$$\mu_0(\hat{\boldsymbol{\Lambda}}^{\mathrm{T}}\boldsymbol{G}_1\hat{\boldsymbol{\Lambda}}-P_s)=0 \tag{9-29c}$$

$$\mu^{\mathrm{T}}(\boldsymbol{G}_3\hat{\boldsymbol{\Lambda}}+\boldsymbol{F}_3\boldsymbol{r})=0 \tag{9-29d}$$

由于 $\mu_0>0$，这里可以从式(9－29a) 得到 $\hat{\boldsymbol{\Lambda}}$ 的闭式解：

$$\hat{\boldsymbol{\Lambda}}=-\frac{1}{2\mu_0}\boldsymbol{G}_1^{-1}\boldsymbol{G}_3^{\mathrm{T}}\mu \tag{9-30}$$

令 $\boldsymbol{Q}=\boldsymbol{G}_3\boldsymbol{G}_1^{-1}\boldsymbol{G}_3^{\mathrm{T}}$，则可推得对偶变量 $\mu_0=\sqrt{\frac{\mu^{\mathrm{T}}\boldsymbol{Q}\mu}{4P_s}}$，由于问题 P_3 是凸问题，满足 Slater 条件，故满足强对偶性。因此，L_2 的对偶问题为

$$\boldsymbol{G}=\max_{\mu}-\sqrt{P_s\mu^{\mathrm{T}}\boldsymbol{Q}\mu} \tag{9-31}$$

并且，问题 P_3 的对偶优化问题为

P_4：
$$\min_{\mu}\mu^{\mathrm{T}}\boldsymbol{Q}\mu$$

$$\text{约束条件为：}\boldsymbol{F}_4+\mu^{\mathrm{T}}\boldsymbol{F}_3=\boldsymbol{0}_{1\times 2} \tag{9-32a}$$

$$\mu\geqslant\boldsymbol{0}_{2K+4} \tag{9-32b}$$

显然，上述优化问题 P_4 是一个凸问题，可以用 CVX 工具求解。为了提高问题 P_4 算法的计算效率，改进了罚函数法，提出了问题 P_4 的另一种快速算法。下文详细介绍该算法具体过程：

首先，通过引入一个非负辅助变量 $\xi\geqslant\boldsymbol{0}$，将不等式约束式(9－32b) 转化为一个等式约束

$$\boldsymbol{\mu}-\boldsymbol{\xi}=\boldsymbol{0}_{2K+4} \tag{9-33}$$

由约束式(9－32a) 和式(9－33)，对基本罚函数进行了改进，分别考虑了各约束对优化目标的贡献和权重，如下：

P_5：
$$\min_{\mu,\,\xi\geqslant 0}f(\boldsymbol{\mu},\boldsymbol{\xi})=\mu^{\mathrm{T}}\boldsymbol{Q}\mu+\boldsymbol{\eta}_1\parallel\boldsymbol{F}_4+\mu^{\mathrm{T}}\boldsymbol{F}_3\parallel^2+\boldsymbol{\eta}_2\parallel\mu-\xi\parallel^2 \tag{9-34}$$

其中：$\eta_i(i\in\{1,2\})$ 是惩罚因子。与基本罚函数法中罚因子都相等的方法不同，采用不同的罚因子 η_1 和 η_2 来探讨问题 P_4 中约束对目标函数的权重影响。原因是约束式(9－32a) 通过 $\boldsymbol{F}_3$ 和 $\boldsymbol{F}_4$ 的值反映了有益干扰方案设计对变量 μ 的影响，而约束式(9－32b) 仅是拉格朗日对偶变量的基本条件。这种不相等的条件状态导致了问题 P_5 中不同程度的约束。

为求解 P_5，我们提出了对变量 μ 和 ξ 交替优化的迭代算法，过程如下：

(1) 将 μ 作为固定变量，首先对 ξ 进行优化。由式(9－34)，容易得到 ξ 的闭式解：

$$\xi^*=[\mu]_+ \tag{9-35}$$

其中，$X=[x]_+$，即如果 $x \geqslant 0, X=x$；否则 $X=0$。

(2) 之后，固定 ξ 来优化 μ。在这种情况下，P_5 的目标函数对 μ 的微分为

$$\frac{\mathrm{d}f(\mu)}{\mathrm{d}\mu}=2\boldsymbol{Q}\mu+2\eta_1(\boldsymbol{F}_3\boldsymbol{F}_3^{\mathrm{T}}\mu+\boldsymbol{F}_3\boldsymbol{F}_4^{\mathrm{T}})+2\eta_2(\mu-\xi) \tag{9-36}$$

令 $\frac{\mathrm{d}f(\mu)}{\mathrm{d}\mu}=0$，可推得 μ 的闭式解：

$$\mu^*=[(\boldsymbol{Q}+\eta_1\boldsymbol{F}_3\boldsymbol{F}_3^{\mathrm{T}}+\eta_2\boldsymbol{I}_{2K+4})^{-1}(\eta_2\xi-\eta_1\boldsymbol{F}_3F_4^T)]_+ \tag{9-37}$$

问题 P_5 的迭代算法见算法 9-1，其最终会收敛获得最优的 $\boldsymbol{\mu}^*$ 和 $\boldsymbol{\xi}^*$。注意，对于固定的 $\boldsymbol{\mu}$ 或固定的 $\boldsymbol{\xi}$，对应的子优化问题是凸的，算法 9-1 中的每一次迭代都单调地向最优点靠拢，并且函数 $f(\boldsymbol{\mu},\xi)$ 下界为 0。我们在这里提出一个引理。

算法 9-1　对问题 P_5 的迭代优化算法
1：初始化 $\boldsymbol{\mu}^n \geqslant \boldsymbol{0}$ 与 $\eta_i, i\in\{1,2\}$；
2：基于式(9-35) 用 $\boldsymbol{\mu}^n$ 计算 $\boldsymbol{\xi}^n$；
3：基于式(9-37) 用 $\boldsymbol{\xi}^n$ 计算 $\boldsymbol{\mu}^{n+1}$；
4：当 $\lvert\boldsymbol{\mu}^{n+1}-\boldsymbol{\mu}^n\rvert > \grave{o}$ 时，执行下列循环：
5：令 $n=n+1$，以及令 $\boldsymbol{\mu}^n=\boldsymbol{\mu}^{n+1}$；
6：重复第 2 步和第 3 步；
7：结束循环。
8：返回最优值：$\boldsymbol{\mu}^*=\boldsymbol{\mu}^n, \boldsymbol{\xi}^*=\boldsymbol{\xi}^n$。

引理：算法 9-1 会最终单调地收敛到最优点。

证明：具体证明过程见附录 A。

在提出式(9-30) 后，复变量 $\boldsymbol{\lambda}$ 和 $\boldsymbol{\Phi}$ 可被重构为

$$\boldsymbol{\lambda}=[1\quad \boldsymbol{0}_K^{\mathrm{T}}\quad \mathrm{j}\quad \boldsymbol{0}_K^{\mathrm{T}}]\hat{\boldsymbol{\Lambda}} \tag{9-38}$$

$$\boldsymbol{\Phi}=[\boldsymbol{0}_K\quad \boldsymbol{I}_K\quad \boldsymbol{0}_K\quad \mathrm{j}\boldsymbol{I}_K]\hat{\boldsymbol{\Lambda}} \tag{9-39}$$

之后，将式(9-38)、式(9-39) 加入式(9-21)，可得预编码矩阵 $\boldsymbol{W}$ 的闭式解。

9.4　非理想 CSI 下符号级预编码欺骗通信方案

在基于欺骗的有益干扰的方案中，窃听信号位于任意的星座区域。这表明，有益干扰方案的成功在很大程度上依赖于发送端对 CSI 的了解。然而，在实际的无线通信系统中，由于反馈延迟或估计误差，估计出的发射端 CSI 并不完全。因此，在本节中，将研究鲁棒欺骗有益干扰方案的性能，并提供两种有效的算法来衡量欺骗问题的鲁棒性。

当发送端只有不完全 CSI 时，这里像文献[62]一样假设加性 CSI 误差，其中精确信道向量 $\boldsymbol{h}$ 和 $\boldsymbol{g}_{e,k}, k\in\{1,\cdots,K\}$ 分别被建模为 $\boldsymbol{h}=\hat{\boldsymbol{h}}+\tilde{\boldsymbol{h}}$ 和 $\boldsymbol{g}_{e,k}=\hat{\boldsymbol{g}}_{e,k}+\tilde{\boldsymbol{g}}_{e,k}$。$\hat{\boldsymbol{h}}$ 和 $\hat{\boldsymbol{g}}_{e,k}$ 分别为 CIST 的估计值，$\tilde{\boldsymbol{h}}$ 和 $\tilde{\boldsymbol{g}}_{e,k}$ 分别为估计误差向量，满足约束条件 $\|\tilde{\boldsymbol{h}}\|^2\leqslant\varepsilon_b^2$ 和 $\|\tilde{\boldsymbol{g}}_{e,k}\|^2\leqslant\varepsilon_e^2, \forall k$。在这种情况下，欺骗有益干扰方案 P_1 可以被表示为

$$\mathrm{P}_6: \quad \min_{\boldsymbol{w},\boldsymbol{p},t,t_e} -t$$

$$\text{约束条件为:}(\hat{\boldsymbol{h}}^{\mathrm{T}}+\tilde{\boldsymbol{h}}^{\mathrm{T}})\Big(\boldsymbol{w}+\sum_{i=1}^{K}\boldsymbol{p}_i \mathrm{e}^{\mathrm{j}(\phi_i-\phi_s)}\Big)s=\lambda s, \forall \|\tilde{\boldsymbol{h}}\| \leqslant \varepsilon_b \tag{9-40a}$$

$$(\hat{\boldsymbol{g}}_{e,k}^{\mathrm{T}}+\tilde{\boldsymbol{g}}_{e,k}^{\mathrm{T}})\Big(\boldsymbol{w}\mathrm{e}^{\mathrm{j}(\phi_s-\phi_k)}+\sum_{i=1}^{K}\boldsymbol{p}_i \mathrm{e}^{\mathrm{j}(\phi_i-\phi_k)}\Big)v_k=\phi_{e,k}v_k,$$

$$\forall \|\tilde{\boldsymbol{g}}_{e,k}\| \leqslant \varepsilon_e, \forall k \tag{9-40b}$$

约束条件为:式(9-16b),(9-16d)-(9-11g)

其中:式(9-40a)和式(9-40b)反映了信道估计误差对有益干扰方案的影响,由于它们包含无限约束,因此 P_6 不是一个凸问题,不能直接用凸优化方法求解。为了解决非凸问题 P_6,减少信道不确定性对传输性能的影响,提出以下两种方法。

9.4.1 凸化松弛法

凸化松弛法(CRA)是一种将复数约束分解为实数约束的鲁棒性算法。在这里,简单地通过探讨预编码器的相位旋转关系来解决鲁棒非凸优化问题。为了解决问题 P_6,这里定义 $\boldsymbol{z}_0=\boldsymbol{w}+\sum_{i=1}^{K}\boldsymbol{p}_i \mathrm{e}^{\mathrm{j}(\phi_i-\phi_s)}$,$\boldsymbol{z}_k=\boldsymbol{w}\mathrm{e}^{\mathrm{j}(\phi_s-\phi_k)}+\sum_{i=1}^{K}\boldsymbol{p}_i \mathrm{e}^{\mathrm{j}(\phi_i-\phi_k)}$,则约束式(9-40a),式(9-40b),式(9-11b)和式(9-11d)可以联立表示为

$$|\operatorname{Im}\{(\hat{\boldsymbol{h}}^{\mathrm{T}}+\tilde{\boldsymbol{h}}^{\mathrm{T}})\boldsymbol{z}_0\}| \leqslant \tan\theta[\operatorname{Re}\{(\hat{\boldsymbol{h}}^{\mathrm{T}}+\tilde{\boldsymbol{h}}^{\mathrm{T}})\boldsymbol{z}_0\}-t], \forall \|\tilde{\boldsymbol{h}}\| \leqslant \varepsilon_b \tag{9-41a}$$

$$|\operatorname{Im}\{(\hat{\boldsymbol{g}}_{e,k}^{\mathrm{T}}+\tilde{\boldsymbol{g}}_{e,k}^{\mathrm{T}})\boldsymbol{z}_k\}| \leqslant \tan\theta[\operatorname{Re}\{(\hat{\boldsymbol{g}}_{e,k}^{\mathrm{T}}+\tilde{\boldsymbol{g}}_{e,k}^{\mathrm{T}})\boldsymbol{z}_k\}-t_e], \forall \|\tilde{\boldsymbol{g}}_{e,k}\| \leqslant \varepsilon_e, \forall k \tag{9-41b}$$

之后,定义 $\boldsymbol{m}=\boldsymbol{m}_R+\mathrm{j}\boldsymbol{m}_I$,其中 $\boldsymbol{m}_R$ 和 $\boldsymbol{m}_I$ 表示复向量 $\boldsymbol{m}$ 的实部和虚部,$\boldsymbol{m}\in\{\boldsymbol{z}_i,\hat{\boldsymbol{h}},\hat{\boldsymbol{g}}_{e,k},\tilde{\boldsymbol{h}},\tilde{\boldsymbol{g}}_{e,k}\}$。则非凸约束式(9-41a)和式(9-41b)中的对应项可以被表示为

$$\operatorname{Re}\{(\hat{\boldsymbol{h}}^{\mathrm{T}}+\tilde{\boldsymbol{h}}^{\mathrm{T}})\boldsymbol{z}_0\}=\hat{\boldsymbol{h}}_R^{\mathrm{T}}\boldsymbol{z}_{0,R}-\hat{\boldsymbol{h}}_I^{\mathrm{T}}\boldsymbol{z}_{0,I}+\tilde{\boldsymbol{h}}_R^{\mathrm{T}}\boldsymbol{z}_{0,R}-\tilde{\boldsymbol{h}}_I^{\mathrm{T}}\boldsymbol{z}_{0,I}=(\hat{\boldsymbol{h}}_1^{\mathrm{T}}+\tilde{\boldsymbol{h}}_1^{\mathrm{T}})\bar{\boldsymbol{f}}_0 \tag{9-42a}$$

$$\operatorname{Im}\{(\hat{\boldsymbol{h}}^{\mathrm{T}}+\tilde{\boldsymbol{h}}^{\mathrm{T}})\boldsymbol{z}_0\}=(\hat{\boldsymbol{h}}_1^{\mathrm{T}}+\tilde{\boldsymbol{h}}_1^{\mathrm{T}})\boldsymbol{f}_0 \tag{9-42b}$$

$$\operatorname{Re}\{(\hat{\boldsymbol{g}}_{e,k}^{\mathrm{T}}+\tilde{\boldsymbol{g}}_{e,k}^{\mathrm{T}})\boldsymbol{z}_k\}=(\hat{\boldsymbol{g}}_k^{\mathrm{T}}+\tilde{\boldsymbol{g}}_k^{\mathrm{T}})\bar{\boldsymbol{f}}_k, \quad \forall k \tag{9-42c}$$

$$\operatorname{Im}\{(\hat{\boldsymbol{g}}_{e,k}^{\mathrm{T}}+\tilde{\boldsymbol{g}}_{e,k}^{\mathrm{T}})\boldsymbol{z}_k\}=(\hat{\boldsymbol{g}}_k^{\mathrm{T}}+\tilde{\boldsymbol{g}}_k^{\mathrm{T}})\boldsymbol{f}_k, \quad \forall k \tag{9-42d}$$

其中:$\hat{\boldsymbol{h}}_1^{\mathrm{T}}=[\hat{\boldsymbol{h}}_R^{\mathrm{T}},\hat{\boldsymbol{h}}_I^{\mathrm{T}}]$,$\tilde{\boldsymbol{h}}_1^{\mathrm{T}}=[\tilde{\boldsymbol{h}}_R^{\mathrm{T}},\tilde{\boldsymbol{h}}_I^{\mathrm{T}}]$,$\hat{\boldsymbol{g}}_k^{\mathrm{T}}=[\hat{\boldsymbol{g}}_{e,k,R}^{\mathrm{T}},\hat{\boldsymbol{g}}_{e,k,I}^{\mathrm{T}}]$,$\tilde{\boldsymbol{g}}_k^{\mathrm{T}}=[\tilde{\boldsymbol{g}}_{e,k,R}^{\mathrm{T}},\tilde{\boldsymbol{g}}_{e,k,I}^{\mathrm{T}}]$,$\boldsymbol{f}_i=[\boldsymbol{z}_{i,I};\boldsymbol{z}_{i,R}]$,$\bar{\boldsymbol{f}}_i=[\boldsymbol{z}_{i,R};-\boldsymbol{z}_{i,I}]$,$i\in\{0,1,\cdots,K\}$。注意 $\boldsymbol{f}_k$ 满足以下条件:

$$\boldsymbol{f}_k=\underbrace{\begin{bmatrix}\cos(\phi_s-\phi_k)\boldsymbol{I}_N & -\sin(\phi_s-\phi_k)\boldsymbol{I}_N\\ \sin(\phi_s-\phi_k)\boldsymbol{I}_N & \cos(\phi_s-\phi_k)\boldsymbol{I}_N\end{bmatrix}}_{\boldsymbol{M}_k\in\mathbb{R}^{2N\times 2N}}\boldsymbol{f}_0, \forall k \tag{9-43a}$$

$$\bar{\boldsymbol{f}}_k=\underbrace{\begin{bmatrix}\boldsymbol{0}_{N\times N} & \boldsymbol{I}_N\\ -\boldsymbol{I}_N & \boldsymbol{0}_{N\times N}\end{bmatrix}}_{\boldsymbol{M}_0\in\mathbb{R}^{2N\times 2N}}\boldsymbol{f}_k=\boldsymbol{M}_0\boldsymbol{M}_k\boldsymbol{f}_0 \tag{9-43b}$$

以及

$$\|\boldsymbol{x}\|=\|\boldsymbol{f}_i\|=\|\bar{\boldsymbol{f}}_i\|, \quad i\in\{0,1,2,\cdots,K\} \tag{9-44}$$

为了简化计算,这里对式(9-42)引入变量$\{\lambda_i,\varphi_{i,k}\}$,$i\in\{1,2\}$,即

$$(\hat{\boldsymbol{h}}_1^{\mathrm{T}}+\tilde{\boldsymbol{h}}_1^{\mathrm{T}})\boldsymbol{f}_0=\lambda_1,\quad \forall\ \|\tilde{\boldsymbol{h}}\|\leqslant\varepsilon_b \tag{9-45a}$$

$$(\hat{\boldsymbol{h}}_1^{\mathrm{T}}+\tilde{\boldsymbol{h}}_1^{\mathrm{T}})\overline{\boldsymbol{f}}_0=\lambda_2,\quad \forall\ \|\tilde{\boldsymbol{h}}\|\leqslant\varepsilon_b \tag{9-45b}$$

$$(\hat{\boldsymbol{g}}_k^{\mathrm{T}}+\tilde{\boldsymbol{g}}_k^{\mathrm{T}})\boldsymbol{f}_k=\phi_{1,k},\quad \forall\ \|\tilde{\boldsymbol{g}}_{e,k}\|\leqslant\varepsilon_e,\forall k \tag{9-45c}$$

$$(\hat{\boldsymbol{g}}_k^{\mathrm{T}}+\tilde{\boldsymbol{g}}_k^{\mathrm{T}})\overline{\boldsymbol{f}}_k=\phi_{2,k},\quad \forall\ \|\tilde{\boldsymbol{g}}_{e,k}\|\leqslant\varepsilon_e,\forall k \tag{9-45d}$$

则(9－41) 中的约束变为

$$|\lambda_1|\leqslant\tan\theta(\lambda_2-t) \tag{9-46a}$$

$$|\phi_{1,k}|\leqslant\tan\theta(\phi_{2,k}-t_e),\forall k \tag{9-46b}$$

回到无限约束式(9－45)，我们采用信道估计误差约束 $\|\tilde{\boldsymbol{h}}\|^2\leqslant\varepsilon_b^2$ 和 $\|\tilde{\boldsymbol{g}}_{e,k}\|^2\leqslant\varepsilon_e^2$，$\forall k$ 来松弛式(9－45)，则有：

$$\hat{\boldsymbol{h}}_1^{\mathrm{T}}\boldsymbol{f}_0+\varepsilon_b\|\boldsymbol{f}_0\|\geqslant\lambda_1 \tag{9-47a}$$

$$\hat{\boldsymbol{h}}_1^{\mathrm{T}}\overline{\boldsymbol{f}}_0+\varepsilon_b\|\overline{\boldsymbol{f}}_0\|\geqslant\lambda_2 \tag{9-47b}$$

$$\hat{\boldsymbol{g}}_k^{\mathrm{T}}\boldsymbol{f}_k+\varepsilon_e\|\boldsymbol{f}_k\|\geqslant\phi_{1,k},\forall k \tag{9-47c}$$

$$\hat{\boldsymbol{g}}_k^{\mathrm{T}}\overline{\boldsymbol{f}}_k+\varepsilon_e\|\overline{\boldsymbol{f}}_k\|\geqslant\phi_{2,k},\forall k \tag{9-47d}$$

利用式(9－43) 和式(9－44)，式(9－47) 和式(9－46) 可以改写为

$$\underbrace{\begin{bmatrix}\hat{\boldsymbol{h}}_1^{\mathrm{T}} & & & \\ & \hat{\boldsymbol{g}}_1^{\mathrm{T}} & & \\ & & \ddots & \\ & & & \hat{\boldsymbol{g}}_K^{\mathrm{T}}\end{bmatrix}}_{\mathbf{A}_1\in\mathbb{R}^{(K+1)\times 2N(K+1)}}\underbrace{\begin{bmatrix}\boldsymbol{I}_{2N}\\ \boldsymbol{M}_1\\ \vdots\\ \boldsymbol{M}_K\end{bmatrix}}_{\boldsymbol{M}}\boldsymbol{f}_0+\varepsilon\|\boldsymbol{f}_0\|\geqslant\underbrace{\begin{bmatrix}\lambda_1\\ \phi_{1,1}\\ \vdots\\ \phi_{1,K}\end{bmatrix}}_{\boldsymbol{r}_1} \tag{9-48a}$$

$$\underbrace{\begin{bmatrix}\hat{\boldsymbol{h}}_1^{\mathrm{T}}M_0 & & & \\ & \hat{\boldsymbol{g}}_1^{\mathrm{T}}M_0 & & \\ & & \ddots & \\ & & & \hat{\boldsymbol{g}}_K^{\mathrm{T}}\boldsymbol{M}_0\end{bmatrix}}_{\mathbf{A}_2\in\mathbb{R}^{(K+1)\times 2N(K+1)}}\boldsymbol{M}\boldsymbol{f}_0+\varepsilon\|\boldsymbol{f}_0\|\geqslant\underbrace{\begin{bmatrix}\lambda_2\\ \phi_{2,1}\\ \vdots\\ \phi_{2,K}\end{bmatrix}}_{\boldsymbol{r}_2} \tag{9-48b}$$

$$\frac{1}{\tan\theta}\boldsymbol{r}_1+\boldsymbol{K}\boldsymbol{r}\leqslant\boldsymbol{r}_2 \tag{9-49a}$$

$$-\frac{1}{\tan\theta}\boldsymbol{r}_1+\boldsymbol{K}\boldsymbol{r}\leqslant\boldsymbol{r}_2 \tag{9-49b}$$

其中：$\boldsymbol{M}\in\mathbb{R}^{2N(K+1)\times 2N}$，$\varepsilon=[\varepsilon_b;\boldsymbol{I}_K\varepsilon_e]$，$\boldsymbol{r}_i\in\mathbb{R}^{K+1}$，$i\in\{1,2,\}$，$\boldsymbol{K}=\begin{bmatrix}1 & 0\\ \boldsymbol{0}_K & \boldsymbol{I}_K\end{bmatrix}\in\mathbb{R}^{(K+1)\times 2}$。

此外，我们用最大传输功率来替换式(9－48) 中的 $\|\boldsymbol{f}_0\|$ 项，即 $\|\boldsymbol{f}_0\|=\sqrt{P_s}$，该替换过程的合理性证明见附录 B。最终，原问题被转化为了一个凸问题，表达为

$$\mathrm{P}_7:\quad \min_{f_0,r_1,r_2,r}\ \boldsymbol{F}_4\boldsymbol{r}$$

$$\text{约束条件为：}\mathbf{A}_1\boldsymbol{M}\boldsymbol{f}_0+\varepsilon\sqrt{P_s}\geqslant\boldsymbol{r}_1 \tag{9-50a}$$

$$\mathbf{A}_2\boldsymbol{M}\boldsymbol{f}_0+\varepsilon\sqrt{P_s}\geqslant\boldsymbol{r}_2 \tag{9-50b}$$

$$\frac{1}{\tan\theta}\boldsymbol{r}_1+\boldsymbol{Kr}\leqslant\boldsymbol{r}_2 \tag{9-50c}$$

$$-\frac{1}{\tan\theta}\boldsymbol{r}_1+\boldsymbol{Kr}\leqslant\boldsymbol{r}_2 \tag{9-50d}$$

$$\boldsymbol{F}_2\boldsymbol{r}\leqslant\boldsymbol{0}_2 \tag{9-50e}$$

$$\boldsymbol{f}_0^{\mathrm{T}}\boldsymbol{f}_0\leqslant P_s \tag{9-50f}$$

问题 P_7 是一个凸问题,其可以被 CVX 工具求解。

9.4.2 拉格朗日松弛方法(LRA)

虽然上述 CRA 方法能够处理无限非凸约束,并将鲁棒性问题转化为凸问题,但不能直观地揭示信道估计误差对安全性能的影响。因此,我们进一步提出了基于拉格朗日函数的另一种方法,即拉格朗日松弛法(LRA),简化了原问题 P_6,并提供了一种快速迭代算法,通过实现发射机预编码器的封闭结构来提高计算效率。具体方法阐述如下。

首先,定义变量 $P_m=\|\boldsymbol{w}s+\sum_{i=1}^{K}\boldsymbol{p}_i\mathrm{e}^{j\phi_i}\|_2^2$ 并利用 CSI 误差边界松弛约束式(9-40a)和(9-40b)。这样,问题 P_6 被重新表示为

P_8:
$$\min_{\boldsymbol{w},\boldsymbol{p},t,t_e}\ -t$$

约束条件为:
$$\|\boldsymbol{w}s+\sum_{i=1}^{K}\boldsymbol{p}_i v_i\|_2^2=P_m \tag{9-51a}$$

$$\hat{\boldsymbol{H}}\Big(\boldsymbol{w}s+\sum_{i=1}^{K}\boldsymbol{p}_i v_i\Big)+\varepsilon\sqrt{P_m}\geqslant\mathrm{diag}(\boldsymbol{\Lambda})b \tag{9-51b}$$

$$|\mathrm{Im}(\lambda)|\leqslant\tan\theta[\mathrm{Re}(\lambda)-t] \tag{9-51c}$$

$$|\mathrm{Im}(\phi_{e,k})|\leqslant\tan\theta[\mathrm{Re}(\phi_{e,k})-t_e],\ \forall k \tag{9-51d}$$

$$P_m\leqslant P_s \tag{9-51e}$$

其中:$\hat{\boldsymbol{H}}=[\hat{\boldsymbol{h}}^{\mathrm{T}};\hat{\boldsymbol{g}}_{e,1}^{\mathrm{T}};\cdots;\hat{\boldsymbol{g}}_{e,K}^{\mathrm{T}}]$。由于条件式(9-51b)为非凸的,这里去除式(9-51b)的不等式约束部分,只保留等式约束部分。这种直接的简化方法在不等式约束上的损失可以通过使用一个范围为 $0\sim\varepsilon\sqrt{P_m}$ 的平衡参数 e 来评估,这个参数可被证明是临界的。这样优化出的结果虽然是次优的,但是我们可以用类似于具有完美 CSI 的情况下的拉格朗日方法来处理所转化成的凸优化问题:

$$\begin{aligned}&L_3(\boldsymbol{w},\boldsymbol{p}_i,t,t_e,\alpha_0,\alpha_1,\alpha_{2,k},\alpha_3,\alpha_4,\alpha_5,\alpha_6)=\\&-t+\boldsymbol{\alpha}_0^H\Big[\mathrm{diag}(\boldsymbol{\Lambda})\boldsymbol{b}-\hat{\boldsymbol{H}}\Big(\boldsymbol{w}s+\sum_{i=1}^{K}\boldsymbol{p}_i v_i\Big)-\varepsilon\sqrt{P_m}\Big]+\\&\alpha_1\{|\mathrm{Im}(\lambda)|-\tan\theta[\mathrm{Re}(\lambda)-t]\}+\sum_{k=1}^{K}\alpha_{2,k}\{|\mathrm{Im}(\phi_{e,k})|-\tan\theta[\mathrm{Re}(\phi_{e,k})-t_e]\}+\\&\alpha_3\Big(\|\boldsymbol{w}s+\sum_{i=1}^{K}\boldsymbol{p}_i v_i\|_2^2-P_m\Big)+\alpha_4(P_m-P_s)+\alpha_5(t-t_e)-\alpha_6 t\end{aligned} \tag{9-52}$$

其中:α_0 和 $\alpha_i,i\in\{1,2,\cdots,6\}$ 表示非负的拉格朗日因子。然后,对应的 KKT 为

$$\frac{\partial L_3}{\partial\boldsymbol{w}}=-\alpha_0^{\mathrm{H}}\hat{\boldsymbol{H}}s+\alpha_3\boldsymbol{w}^{\mathrm{H}}=\boldsymbol{0} \tag{9-53s}$$

$$\frac{\partial L_3}{\partial \boldsymbol{p}_i} = -\alpha_0^{\mathrm{H}} \hat{\boldsymbol{H}} v_i + \alpha_3 \boldsymbol{p}_i^{\mathrm{H}} = \boldsymbol{0} \tag{9-53b}$$

$$\frac{\partial L_3}{\partial t} = -1 + \alpha_1 \tan\theta + \alpha_5 - \alpha_6 = 0 \tag{9-53c}$$

$$\frac{\partial L_3}{\partial t_e} = \sum_{k=1}^{K} \alpha_{2,k} \tan\theta - \alpha_5 = 0 \tag{9-53d}$$

$$\alpha_0^{\mathrm{H}} \left[\mathrm{diag}(\boldsymbol{\Lambda}) \boldsymbol{b} - \hat{\boldsymbol{H}} \left(\boldsymbol{w}s + \sum_{i=1}^{K} \boldsymbol{p}_i v_i \right) - \varepsilon \sqrt{P_m} \right] = \boldsymbol{0} \tag{9-53e}$$

$$\alpha_1 \{ | \mathrm{Im}(\lambda) | - \tan\theta [\mathrm{Re}(\lambda) - t] \} = 0 \tag{9-53f}$$

$$\alpha_{2,k} \{ | \mathrm{Im}(\phi_{e,k}) | - \tan\theta [\mathrm{Re}(\phi_{e,k}) - t_e] \} = 0, \forall k \tag{9-53g}$$

$$\alpha_3 \left(\| \boldsymbol{w}s + \sum_{i=1}^{K} \boldsymbol{p}_i v_i \|_2^2 - P_m \right) = 0 \tag{9-53h}$$

$$\alpha_4 (P_m - P_s) = 0 \tag{9-53i}$$

$$\alpha_5 (t - t_e) = 0 \tag{9-53j}$$

$$-\alpha_6 t = 0 \tag{9-53k}$$

由条件式(9－53a)和式(9－53b)，这里可以推得预编码器为

$$\boldsymbol{W} = [\boldsymbol{w}, \boldsymbol{p}_1, \boldsymbol{p}_2, \cdots, \boldsymbol{p}_K] = \hat{\boldsymbol{H}}^{\mathrm{H}} \mathcal{Y} \boldsymbol{b}^{\mathrm{H}} \tag{9-54}$$

其中：$\mathcal{Y} = \frac{\alpha_0}{\alpha_3}, \alpha_3 \neq 0$。将 $\boldsymbol{W}$ 插入条件式(9－53h)和式(9－53i)中，可得

$$P_m = (K+1)^2 \| \mathcal{Y}^{\mathrm{H}} \hat{\boldsymbol{H}} \|^2 = P_s \tag{9-55}$$

并且条件式(9－51b)的等式形式可以表示为

$$(K+1) \hat{\boldsymbol{H}} \hat{\boldsymbol{H}}^{\mathrm{H}} \mathcal{Y} + \boldsymbol{\varepsilon} \sqrt{P_s} = \mathrm{diag}(\boldsymbol{\Lambda}) \boldsymbol{b} \tag{9-56}$$

最终，基于式(9－54)～式(9－56)可以得到预编码器的闭式解，即

$$\boldsymbol{W} = \frac{1}{K+1} \hat{\boldsymbol{H}}^{\mathrm{H}} (\hat{\boldsymbol{H}} \hat{\boldsymbol{H}}^{\mathrm{H}})^{-1} [\mathrm{diag}(\boldsymbol{b}) \boldsymbol{\Lambda} - \boldsymbol{\varepsilon} \sqrt{P_s}] \boldsymbol{b} \tag{9-57}$$

将上面式(9－57)作用于式(9－24)中的功率约束，我们可以得到如下结果

$$\boldsymbol{\Lambda}^{\mathrm{H}} \underbrace{\mathrm{diag}\{\boldsymbol{b}^{\mathrm{H}}\} (\hat{\boldsymbol{H}} \hat{\boldsymbol{H}}^{\mathrm{H}})^{-1} \mathrm{diag}\{\boldsymbol{b}\}}_{\boldsymbol{G}_4} \boldsymbol{\Lambda} - 2\sqrt{P_s} \boldsymbol{\Lambda}^{\mathrm{H}} \underbrace{\mathrm{diag}\{\boldsymbol{b}^{\mathrm{H}}\} (\hat{\boldsymbol{H}} \hat{\boldsymbol{H}}^{\mathrm{H}})^{-1}}_{\boldsymbol{G}_5} \boldsymbol{\varepsilon} +$$

$$P_s \boldsymbol{\varepsilon}^{\mathrm{H}} \underbrace{(\hat{\boldsymbol{H}} \hat{\boldsymbol{H}}^{\mathrm{H}})^{-1}}_{\boldsymbol{G}_6} \boldsymbol{\varepsilon} = P_s \tag{9-58}$$

将式(9－58)中的变量转为实变量之后[参考式(9－25)和式(9－27)]，问题 P_8 重写为

P_9：　$\min\limits_{\hat{\Lambda}, r} \boldsymbol{F}_4 \boldsymbol{r}$

$$\text{约束条件为：} \hat{\boldsymbol{\Lambda}}^{\mathrm{T}} \hat{\boldsymbol{G}}_4 \hat{\boldsymbol{\Lambda}} - 2\sqrt{P_s} \hat{\boldsymbol{\Lambda}}^{\mathrm{T}} \hat{\boldsymbol{G}}_5 \hat{\boldsymbol{\varepsilon}} + P_s \hat{\boldsymbol{\varepsilon}}^{\mathrm{T}} \hat{\boldsymbol{G}}_6 \hat{\boldsymbol{\varepsilon}} - \mathrm{P}_s = 0 \tag{9-59a}$$

$$\boldsymbol{G}_3 \hat{\boldsymbol{\Lambda}} + \boldsymbol{F}_3 \boldsymbol{r} \leqslant \boldsymbol{0}_{2K+4} \tag{9-59b}$$

问题 P_9 为凸问题，故其可以用 CVX 工具来求解。这里，我们给出一个简单的梯度算法来求解问题 P_9，其利用拉格朗日方法。该梯度算法在仿真中表现出了很好的性能。算法的具体步骤阐述如下：

问题 P_9 的拉格朗日函数为

$$L_4(\hat{\boldsymbol{\Lambda}},\boldsymbol{r},\beta_1,\beta_2)=\boldsymbol{F}_4\boldsymbol{r}+\beta_1(\hat{\boldsymbol{\Lambda}}^{\mathrm{T}}\hat{\boldsymbol{G}}_4\hat{\boldsymbol{\Lambda}}-2\sqrt{P_s}\hat{\boldsymbol{\Lambda}}^{\mathrm{T}}\hat{\boldsymbol{G}}_5\hat{\boldsymbol{\varepsilon}}+P_s\hat{\boldsymbol{\varepsilon}}^{\mathrm{T}}\hat{\boldsymbol{G}}_6\hat{\boldsymbol{\varepsilon}}-P_s)+\beta_2^{\mathrm{T}}(\boldsymbol{G}_3\hat{\boldsymbol{\Lambda}}+\boldsymbol{F}_3\boldsymbol{r}) \tag{9-60}$$

该问题的 KKT 条件为

$$\frac{\partial L_4}{\partial\hat{\boldsymbol{\Lambda}}}=2\beta_1\hat{\boldsymbol{G}}_4\hat{\boldsymbol{\Lambda}}-2\sqrt{P_s}\beta_1\hat{\boldsymbol{G}}_5\hat{\boldsymbol{\varepsilon}}+\boldsymbol{G}_3^{\mathrm{T}}\beta_2=\boldsymbol{0} \tag{9-61a}$$

$$\frac{\partial L_4}{\partial p_i}=\boldsymbol{F}_4+\boldsymbol{\beta}_2^{\mathrm{T}}\boldsymbol{F}_3=\boldsymbol{0} \tag{9-61b}$$

$$\beta_1(\hat{\boldsymbol{\Lambda}}^{\mathrm{T}}\hat{\boldsymbol{G}}_4\hat{\boldsymbol{\Lambda}}-2\sqrt{P_s}\hat{\boldsymbol{\Lambda}}^{\mathrm{T}}\hat{\boldsymbol{G}}_5\hat{\boldsymbol{\varepsilon}}+P_s\hat{\boldsymbol{\varepsilon}}^{\mathrm{T}}\hat{\boldsymbol{G}}_6\hat{\boldsymbol{\varepsilon}}-P_s)=0 \tag{9-61c}$$

$$\beta_2^{\mathrm{T}}(\boldsymbol{G}_3\hat{\boldsymbol{\Lambda}}+\boldsymbol{F}_3\boldsymbol{r})=0 \tag{9-61d}$$

由约束式(9－61a)和式(9－61c),可以得到等价预编码器的闭式解,即

$$\hat{\boldsymbol{\Lambda}}=\sqrt{P_s}\hat{\boldsymbol{G}}_4^{-1}\hat{\boldsymbol{G}}_5\hat{\boldsymbol{\varepsilon}}-\frac{1}{\beta_1^*}\hat{\boldsymbol{G}}_4^{-1}\boldsymbol{G}_3^{\mathrm{T}}\beta_2 \tag{9-62}$$

其中:$\beta_1^*=\sqrt{\dfrac{\beta_2^{\mathrm{T}}\boldsymbol{G}_3\hat{\boldsymbol{G}}_4^{-1}\boldsymbol{G}_3^{\mathrm{T}}\boldsymbol{\beta}_2}{4P_s}}$。在这种情况下,原问题的对偶问题为

$$\mathrm{P}_{10}:\quad \max_{\beta_2\succeq\boldsymbol{0},\boldsymbol{r}} g(\beta_2,\boldsymbol{r}) \tag{9-63}$$

其中:

$$g(\beta_2,\boldsymbol{r})=(\boldsymbol{F}_4+\beta_2^{\mathrm{T}}\boldsymbol{F}_3)\boldsymbol{r}+\sqrt{P_s}(\beta_2^{\mathrm{T}}\boldsymbol{G}_3\hat{\boldsymbol{G}}_4^{-1}\hat{\boldsymbol{G}}_5\hat{\boldsymbol{\varepsilon}}-\sqrt{\beta_2^{\mathrm{T}}\boldsymbol{G}_3\hat{\boldsymbol{G}}_4^{-1}\boldsymbol{G}_3\beta_2}) \tag{9-64}$$

由于变量 β_2 的是非负的,很难找到上述对偶问题的闭式解。因此,我们进一步提出一个梯度算法来快速找到一个有效解。对于目标函数 $g(\beta_2,\boldsymbol{r})$,其针对每个变量的偏微分为

$$\frac{\partial g(\beta_2,\boldsymbol{r})}{\partial\boldsymbol{r}}=\boldsymbol{F}_4^{\mathrm{T}}+\boldsymbol{F}_3^{\mathrm{T}}\beta_2=\nabla g_1 \tag{9-65a}$$

$$\frac{\partial g(\beta_2,\boldsymbol{r})}{\partial\beta_2}=\boldsymbol{F}_3\boldsymbol{r}+\sqrt{P_s}\left[\boldsymbol{G}_3\hat{\boldsymbol{G}}_4^{-1}\hat{\boldsymbol{G}}_5\hat{\boldsymbol{\varepsilon}}-\frac{\boldsymbol{G}_3\hat{\boldsymbol{G}}_4^{-1}\boldsymbol{G}_3^{\mathrm{T}}\beta_2}{\sqrt{\beta_2^{\mathrm{T}}\boldsymbol{G}_3\hat{\boldsymbol{G}}_4^{-1}\boldsymbol{G}_3^{\mathrm{T}}\beta_2}}\right]=\nabla g_2 \tag{9-65b}$$

为此,这里将上述梯度算法总结为算法 9－2,其中 e 表示迭代步数。在算法 9－2 返回最优值 $\boldsymbol{r}^*$ 和 $\beta_2{}^*$ 之后,就得到了式(9－62)中的预编码器 $\hat{\boldsymbol{\Lambda}}$,进而可以恢复为复数矩阵并应用到式(9－57)中最终的预编码器 $\boldsymbol{W}$。

算法 9－2　对 P_9 的梯度优化算法

1:初始化 $\boldsymbol{\beta}_2{}^n\geqslant\boldsymbol{0}$ 与 $\boldsymbol{r}^n$;

2:用 $\boldsymbol{r}^{n+1}=\max\{\boldsymbol{r}^n+e\nabla g_1,\boldsymbol{0}\}$ 更新 $\boldsymbol{r}^n$;

3:用 $\boldsymbol{\beta}_2{}^{n+1}=\max\{\boldsymbol{\beta}_2{}^n+e\nabla g_2,\boldsymbol{0}\}$ 更新 $\boldsymbol{\beta}_2{}^n$;

4:当 $|L_4(\boldsymbol{\beta}_2{}^{n+1},\boldsymbol{r}^{n+1})-L_4(\beta_2{}^n,\boldsymbol{r}^n)|>\grave{o}$ 时,执行下列循环:

5:重复第 2 步和第 3 步;

6:结束循环。

7:返回最优值:$\boldsymbol{\beta}_2{}^*=\boldsymbol{\beta}_2{}^n,\boldsymbol{r}^*=\boldsymbol{r}^n$。

9.5　计算复杂度分析

在本节中,根据文献[152],仔细评估了不同类型的{1,4}对于完全 CSI 的情况和{7,9}对于不完全 CSI 的情况所提出的方案的计算复杂度。由于上述问题只涉及线性矩阵不等式

(LMI) 和二阶锥(SOC) 约束,它们都可以用标准内点法(IPM) 求解,该方法由求解器 SeDuMi 使用凸优化工具 CVX 实现。为了明确起见,我们将计算复杂度结果总结在表 9 - 1 中,其中 n 表示决策变量的数量。对计算复杂度的具体分析如下。

(1) 在问题 P_1 中,首先将复数二次规划(conic programs) 转换成等价的实数二次规划。为此,决策变量的个数为 $2N(K+1)+2$。此外,它有 $5+3K$ 个 LMI 约束(尺度为 1) 和 1 个 SOC 约束(维数为 $2N(K+1)$)。

(2) 在问题 P_4 中,决策变量的数量是 $2K+4$。它有一个尺度为 2 的 LMI 约束和一个尺度为 $2K+4$ 的 LMI 约束。

(3) 对于转化后的问题 P_7,决策变量的个数为 $2N+2K+4$。它有一个维数为 $2N$ 的 SOC 约束,4 个尺度为 $K+1$ 的 LMI 约束,和一个尺度为 2 的 LMI 约束。

(4) 在问题 P_9 中,决策变量的个数是 $2K+4$。它有一个维数为 $2(K+1)$ 的 SOC 约束和一个尺度为 $2K+4$ 的 LMI 约束。

(5) 对于由 P_4 和 P_9 变换得到的 P_5 和 P_{10} 问题,算法 9 - 1 和算法 9 - 2 的主要复杂性来自于计算梯度$\{\frac{\mathrm{d}f(\mu)}{\mathrm{d}\mu},\nabla g_1,\nabla g_2\}$和每次迭代的目标函数 $g(\beta_2,\boldsymbol{r})$。具体来说,每次中迭代计算上述梯度和目标函数的复杂度约为 $(2K+4)^2$ 的量级。显然,与其他算法情况相比,这里所提出的算法具有较低的复杂度。

表 9 - 1　PSK 和 QAM 调制下,对所提出的问题的复杂度分析

优化问题	复杂度[忽略 ln(1/ò) 项]
P_1	$\sqrt{3K+7}\,n[3K+5+n(3K+5)+4\,(K+1)^2N^2+n^2]$
P_4	$\sqrt{2K+6}\,n[(2K+4)^3+8+n\,(2K+4)^2+4n+n^2]$
P_7	$\sqrt{7}\,n[4\,(K+1)^3+8+4n(K^2+2K+2)+4N^2+n^2]$
P_9	$\sqrt{6K+8}\,n[(2K+4)^3+n\,(2K+4)^2+4\,(K+1)^2+n^2]$
P_5 和 P_{10}	$(2K+4)^2$

9.6　仿真结果

在本节中,我们给出基于蒙特卡罗仿真的数值结果,其将展示所提出欺骗有益干扰方案的效果以及所提出的高效算法的鲁棒性。将所提出的欺骗方案(DS) 与传统的迫零方案(ZF)、最小均方误差方案(MMSE)、文献[173] 中的安全风险方案(SHS)、ICSS 方案和基于 MMSE-CI 的方案的安全性能进行了比较。为了简单起见,这里假设 $\sigma^2=\sigma_{e,k}^2=1,\forall k$。

在图 9 - 3 中,将所提出的欺骗方案 DS 与文献[175] 中的 ICSS 方案和基于 MMSEE-CI 的方案进行了比较,后者考虑了在 CSI 假设下空间信息 AoAs 的可行性,其中 MMSEE 方案最早由文献[176] 作者提出。通过 Eve 上的 SER 值可以看到,在基于 MMSEE-CI 的方案和所提出的 DS 方案下,系统的安全性能基本相同,表明两种方案都能对信息符号进行保护。然而,基于 MMSEE-CI 的方案在 Bob 处的 SER 比 DS 方案的 SER 大,这说明 MMSEE-CI 方案的可靠性比 DS 方案的可靠性差。主要原因是在第一导频阶段，基于 MMSEE 的信道估计性能下降了。另外，在 ICSS 方案中，与 DS 相比，在 Eve 处的 SER 较小，在 Bob 处的 SER 较高，这意味着 ICSS 方案在 Bob 处的可靠性和信息信号的安全性较差。综上所述，DS 方案在多窃听网络下获得了较好的安全性能。

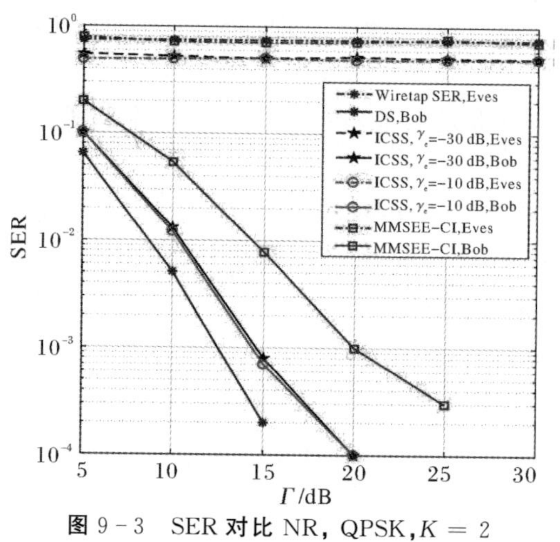

图 9－3　SER **对比** NR，QPSK，$K=2$

图 9－4 展示了所提出的 DS 方案在不同天线配置下的保密性能。结果表明，合法用户的 SER 随着发射天线数量的增加而减小。这是因为更多的发射天线将提供更多的自由度来产生可行的预编码向量。因此，如果发射机配置更多的天线，在多窃听环境下就会获得更好的安全性能。此外，QPSK 下的方案比 8 PSK 下的方案具有更好的 SER 性能。这是因为在 QPSK 下星座中各符号之间的距离大于 8 PSK 下星座中各符号之间的距离，这有利于接收端解码，使接收端更容易区分 QPSK 下的信息符号。因此，QPSK 下的 SER 要小于 8PSK 下的 SER。

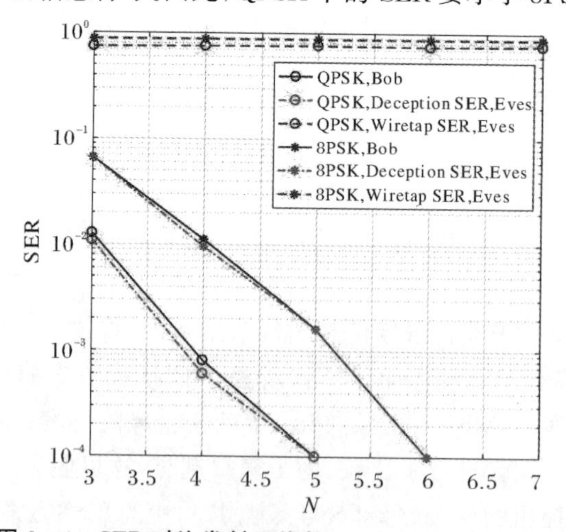

图 9－4　SER **对比发射天线数** N，$K=2$，$\Gamma=20$ dB

在图 9－5 和图 9－6 中，将所提出的欺骗方案 DS 与传统方案 ZF、MMSE、SHS 和传统人工噪声(AN) 方案在不同调制类型下的 SER 性能进行了比较。两图中的欺骗 SER(Deception SER) 表示窃听者对发送者发送的随机符号的误码率，窃听 SER(Wiretap SER) 表示真实窃听者对信息符号的误码率。因此,低欺骗 SER 和高窃听 SER 表明窃听者可以被发射机成功欺骗。与传统的 ZF 和 MMSE 方案相比,符号级预编码方案,例如文献[173]中的 SHS 和所提出的 DS,可以在 Bob 处获得更低的 SER,而 DS 比 SHS 在窃听者处获得了更高的 SER。特别是在图 9-5 中的 BPSK 情况下,DS 与 SHS 之间的 SER 差距随着信噪比的增大而增大,并且 DS 能够有效地提高安全性性能。即使是在图 9-6 中使用 QPSK 的情况下,DS 中的各个 Eve 可以在 10 000 个传输符号中窃听 QPSK 中的近 900 个符号。显然,欺骗方案对低阶数 PSK 的情况更有利,而对于高阶数的情况,基于有益干扰的 DS 和 SHS 方案都比传统的 ZF 和 MMSE 方案具有更好的安全性能。另外,对于图 9-5 和图 9-6 中的 AN 方案,我们假设信息信号和干扰信号的功率相同。在这种情况下,AN 方案在 Bob 处的 SER 优于其他方案,而在各个 Eve 处的 SER 却低于所提出的 DS,这对于严格的安全场景是有害的。

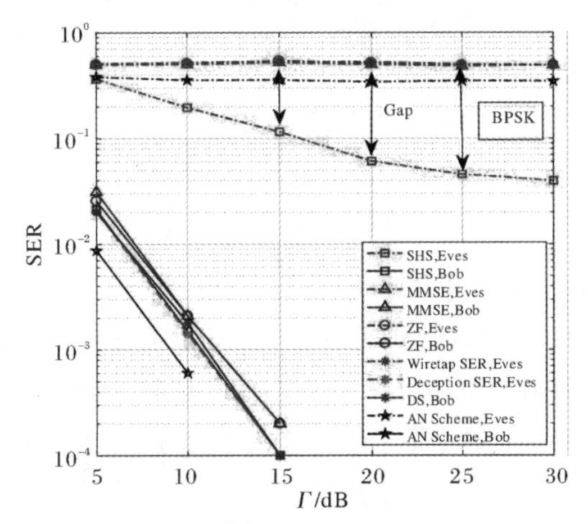

图 9-5　SER 对比 Γ, BPSK, $N=6$, $K=2$

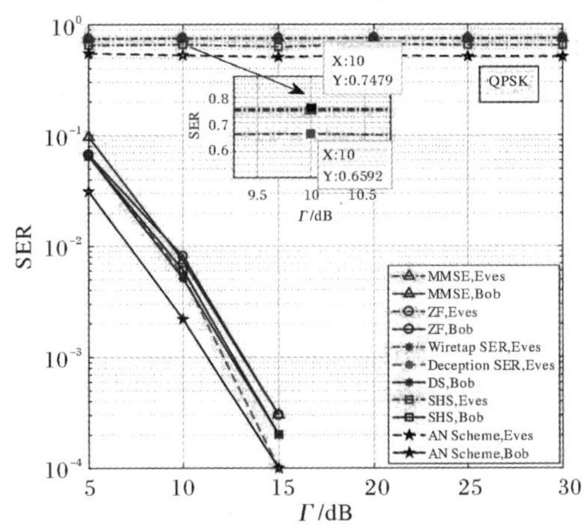

图 9-6　SER 对比 Γ, QPSK, $N=6$, $K=2$

图 9-7 是在两种不同鲁棒算法(CRA 与 LRA)的情况下对所提出的欺骗方案进行的研究。在这里,假设合法信道和窃听信道的信道不确定性分别为文献[62]中的 $\varepsilon_b^2=0.01$ 和 $\varepsilon_{e,k}^2=$

0.09。从图 9-7 中可以看到，在 BPSK 下，CRA 的性能优于 LRA 方法；而在更高调制阶次类型下，LRA 的性能优于 CRA。这是因为 CRA 采用等式约束代替原来的不等式约束，只得到原问题的次优解。然而，由于在高阶调制下每个符号之间的距离较大，这种变换对高阶调制的影响比低阶调制的影响更大，这有利于接收端译码。

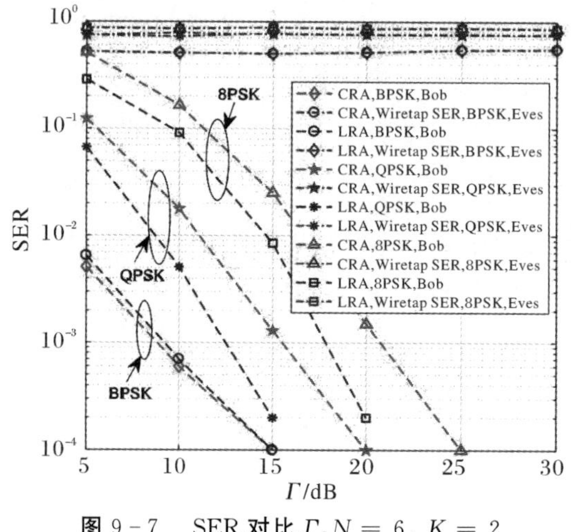

图 9-7　SER **对比** $\Gamma, N=6, K=2$

在图 9-8 和图 9-9 中，进一步评估了完美 CSI、非鲁棒 CSI 和鲁棒 CSI 下的 SER 性能。图 9-8 和图 9-9 中，由于 LRA 在 QPSK 和 8PSK 下的性能更好，我们采用了 LRA。在图9-8 中，与完美的 CSI 的情况相比，鲁棒情况下的 CSI 不确定性对保密性能的衰减几乎没有影响，而在图 9-9 中，所提出的鲁棒方案优于非鲁棒的情况，在 CSI 不确定性下达到更好的可靠性和安全性。综上所述，所提出的欺骗方案在 QPSK 和 8PSK 两种调制类型下都对信道估计误差具有鲁棒性。此外，我们注意到在 QPSK 和 8PSK 星座下，具有完美 CSI 的情况都比具有不完美 CSI 的情况获得更好的 SER 性能，这是由于信道估计误差的存在所导致的。

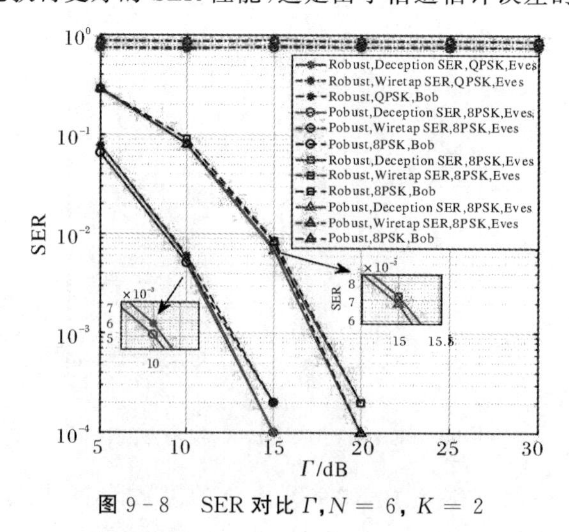

图 9-8　SER **对比** $\Gamma, N=6, K=2$

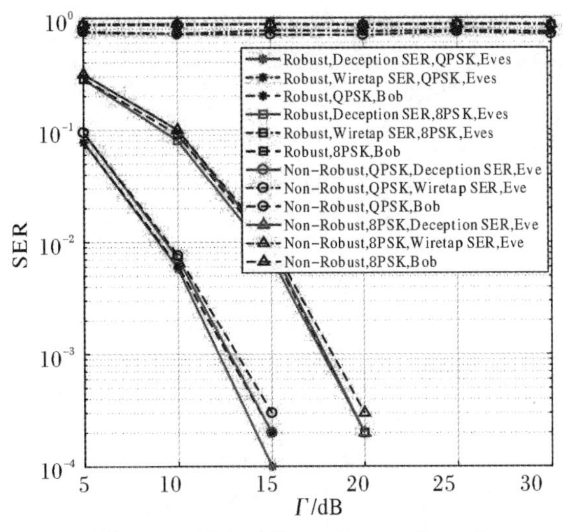

图 9-9　SER 对比 $\Gamma, N=6, K=2$

在图 9-10 和图 9-11 中，研究了所提出的欺骗方案在不同优化算法下的保密性能，比较了现有的二阶锥规划（SCOP）优化算法和提出的快速算法 9-1 和 9-2，场景分别设为完美和不完美的 CSI 情景下。图中“SOCP-perfect”和“SOCP-robust-LRA”指的是用 SOCP 算法去分别优化问题 P_1 和问题 P_9。在具有完美 CSI 的情况下，快速算法 9-1 在 Bob 端的 SER 性能几乎与在 QPSK 和 8PSK 中采用 SOCP 方法的 SER 性能相同。然而，对于图 9-11 中使用 LRA 的 CSI 不完美的情况，在合法用户端，SOCP-robust-LRA 优于快速算法 9-2，而两种算法的安全性能，即窃听 SER 保持不变。对于欺骗 SER 来说，两张图中快速算法都比使用 SOCP 算法的情况性能表现略差。

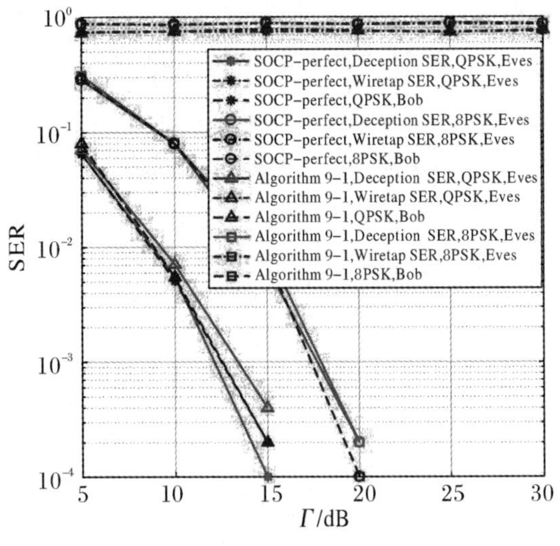

图 9-10　SER 对比 $\Gamma, N=6, K=2$

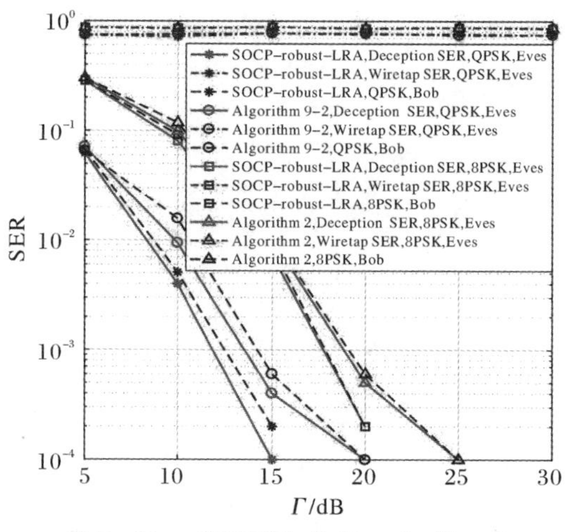

图 9－11　SER 对比 $\Gamma, N=6, K=2$

虽然所提出的算法存在着轻微的安全损失，但这些快速算法的时间效率远远优于现有的优化算法，例如二次规划(QP) 和 SOCP，如图 9－12 所示。比较了这几种优化方法的运行时间，仿真是在 2.5 GHz 的 Intel Core i5-7200 CPU 8 GB RAM 计算机上进行的。图中“QP-perfect”是指在完美 CSI 假设下用 QP 算法优化问题 P4，“SOCP-robust-CRA”是指用 SOCP 算法优化问题 P_7。可以看出，解决 QP 问题比解决原始 SOCP 问题要快，而所提出的算法9－1 和算法 9－2 比 QP-perfect 和 SOCP-robust-based 优化速度更快。这是由于信道估计误差所带来的额外的预编码优化计算复杂度导致的，而所提出的算法 9－1 和 9－2 去除了这些计算。通过比较鲁棒情况与完美 CSI 情况，注意到，保持欺骗方案的安全性能的代价是可靠性和时间效率的损失。在鲁棒情况下，为了达到轻微的合法用户 SER 的提升，将会花费更多的算法执行时间，以保证安全。

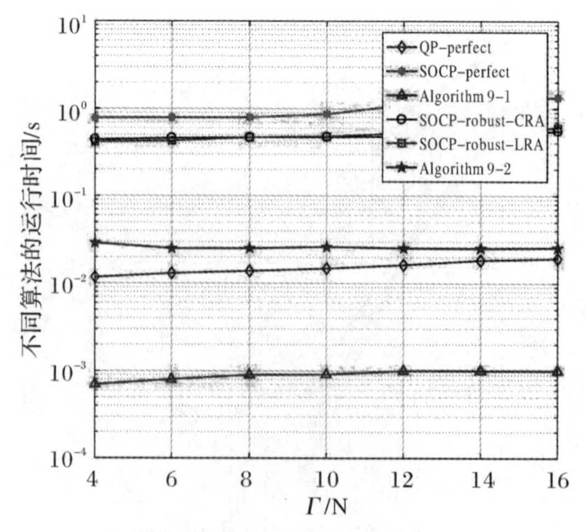

图 9－12　不同算法的运行时间，QPSK，$\Gamma=20$ dB，$K=2$

最后，在图 9-13 中，在完美 CSI 和不完美 CSI 以及多种天线配置情况下，评估了所提欺骗方案的可行概率(Feasibility probability)。有趣的是，这两个案例表现出了不同的情形。具体来说，本章所提出的方案在完美 CSI 情况下在 QPSK 中几乎所有的天线配置下都是可行的，但可行概率随着窃听者数量的增加而逐渐减小。此结果表明，即使接收机的个数大于发射天线的个数，该方案也能解决安全问题。然而，本章所提出的鲁棒方案不能解决接收机总数大于发射机总数时的安全问题。此结果表明，信道估计误差确实会影响优化问题的复杂性，并且与完美 CSI 情况相比，信道估计的约束会更加严格。

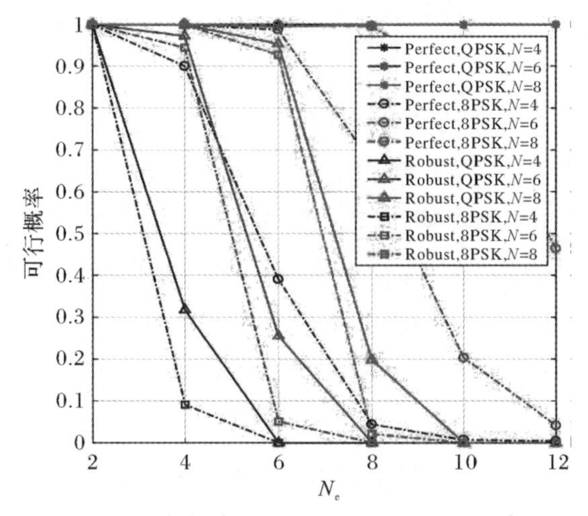

9-13　**可行概率(Feasibility probability)对比** *Ne*

9.7　结　　论

本章研究了具有符号级预编码策略的多窃听 MISO 信道的安全问题。为了克服传统基于有益干扰的欺骗方案所带来的安全风险，笔者从发送端随机插入符号来欺骗窃听者的角度提出了一种新的欺骗方案。对于具有完美 CSI 的情况，首先利用传统的优化方法(QP 和 SOCP)解决了欺骗的 SINR 平衡问题，然后给出了一种有效的迭代算法 9-1，该算法利用两个权重系数来控制各约束对优化目标的贡献和权重。此外，我们还对不完美 CSI 的欺骗方案进行了分析。本章提出了将非凸鲁棒问题转化为凸鲁棒问题的 CRA 和 LRA 方法，并提出了一种快速梯度算法 9-2 来获得预编码器的闭式解，进而揭示了信道不确定性对预编码器设计的影响。仿真结果表明，本文所提出的欺骗方案的性能优于 SHS、ZF、MMSE、AN、ICSS 和 MMSE-CI 方案；在 BPSK 调制下，CRA 方法的性能优于 LRA 方法；在更高调制阶数下，LRA 的性能优于 CRA。同时，本章所提出的算法 9-1 和算法 9-2 显著提高了完美 CSI 和不完美 CSI 情况下欺骗问题的优化计算效率。

附　　录

附录 A:引理的证明

对于式(9－34)式中的目标函数 $f(\mu,\xi)$,当给定初始点 μ_0 时,算法 9－1 将依据式(9－35)和式(9－37)计算下一步的 μ^*,ξ^*,满足 $f(\mu^*,\xi^*)\leqslant f(\mu_0,\xi^*)\leqslant f(\mu_0,\xi_0)$,因为每一个坐标变量都会往梯度下降的方向移动。

当 μ 是一个固定值时,最小化式(9－34)的 $f(\mu,\xi)$ 可以被写为

$$\min_{\xi\geqslant 0} f_1(\xi)=\eta_2\|\mu-\xi\|^2 \tag{9-66}$$

式(9－66)为一个凸函数。当 ξ 是一个固定值时,我们需要最小化下式

$$\min_{\mu\geqslant 0} f_2(\mu)=\boldsymbol{\mu}^{\mathrm{T}}\boldsymbol{Q}\mu+\eta_1\|\boldsymbol{F}_4+\boldsymbol{\mu}^{\mathrm{T}}\boldsymbol{F}_3\|^2+\eta_2\|\mu-\xi\|^2 \tag{9-67}$$

为了证明目标函数 $f_2(\mu)$ 沿变量 μ 的凸性,我们首先将变量分解为 $\boldsymbol{\mu}=[\mu_1,\mu_2]$,其中 $\mu_1\in\mathbb{R}^{2K+2}$,$\mu_2\in\mathbb{R}^2$。则最小化 $f_2(\mu)$ 等价于最小化下式:

$$\begin{aligned}\min_{\mu_1,\mu_2\geqslant 0} f_2(\mu_1,\mu_2)=\mu_1^{\mathrm{T}}\boldsymbol{Q}_1\mu_1+\eta_1\|\boldsymbol{F}_4+\mu_1^{\mathrm{T}}\boldsymbol{F}_1+\mu_2^{\mathrm{T}}\boldsymbol{F}_2\|^2+\\ \eta_2(\|\mu_1-\xi_1\|^2+\|\mu_2-\xi_2\|^2)\end{aligned} \tag{9-68}$$

其中:$\boldsymbol{Q}_1=\boldsymbol{G}_2\boldsymbol{G}_1^{-1}\boldsymbol{G}_2^{\mathrm{T}}$。假设 $f_2(\mu)$ 的最优点为 μ^*,则其等价于函数 $f_2(\mu_1,\mu_2)$ 在 μ_1^*,μ_2^* 处取得最优,其中 $\mu^*=[\mu_1^*,\mu_2^*]$。对于 $f_2(\mu_1,\mu_2)$,一方面可得其 Hessian 矩阵为

$$\begin{bmatrix}\dfrac{\partial^2 f_2(\mu_1,\mu_2)}{\partial\mu_1{}^2} & \dfrac{\partial^2 f_2(\mu_1,\mu_2)}{\partial\mu_1\partial\mu_2}\\ \dfrac{\partial^2 f_2(\mu_1,\mu_2)}{\partial\mu_2\partial\mu_1} & \dfrac{\partial^2 f_2(\mu_1,\mu_2)}{\partial\mu_2{}^2}\end{bmatrix}=\begin{bmatrix}2\boldsymbol{Q}_1+2\eta_1\boldsymbol{F}_1\boldsymbol{F}_1{}^{\mathrm{T}}+2\eta_2\boldsymbol{I}_{2K+2} & 2\eta_1\boldsymbol{F}_1\boldsymbol{F}_2{}^{\mathrm{T}}\\ 2\eta_1\boldsymbol{F}_2\boldsymbol{F}_1{}^{\mathrm{T}} & 2\eta_1\boldsymbol{F}_2\boldsymbol{F}_2{}^{\mathrm{T}}+2\eta_2\boldsymbol{I}_2\end{bmatrix} \tag{9-69}$$

而其 Hessian 矩阵为正定矩阵。在另一方面,$f_2(\mu_1,\mu_2)$ 中的二次项为 $\mu_1^{\mathrm{T}}\boldsymbol{Q}_1\mu_1$,其中矩阵 $\boldsymbol{Q}_1$ 是一个实对称矩阵,并且依据矩阵 $\boldsymbol{G}_1$ 的构造规则可知 $\boldsymbol{Q}_1$ 是正定的。因为由式(9－22)和式(9－23)的 $\boldsymbol{a}$ 和 $\boldsymbol{C}$ 的性质可知 $\boldsymbol{G}_1$ 是正定矩阵。因此,目标函数 $f_2(\mu_1,\mu_2)$ 是一个凸函数,并且最优点 μ_1^*,μ_2^* 在可行域中,这说明点 μ^* 也是函数 $f_2(\mu)$ 的可行最小点。至此,可知算法9－1中的每一步迭代都会收敛到最优点。

附录 B:问题 7 中 $\|\boldsymbol{f}_0\|=\sqrt{P_s}$ 的证明

对于问题 P_7,拉格朗日函数为

$$\begin{aligned}&L(\boldsymbol{f}_0,\boldsymbol{r},\alpha_0,\alpha_1,\alpha_2,\alpha_3,\alpha_4,\alpha_5)=\\ &\boldsymbol{F}_4\boldsymbol{r}+\boldsymbol{\alpha}_1^{\mathrm{T}}(\boldsymbol{r}_1-\boldsymbol{A}_1\boldsymbol{M}\boldsymbol{f}_0-\varepsilon\sqrt{P_s})+\alpha_2^{\mathrm{T}}(\boldsymbol{r}_2-\boldsymbol{A}_2\boldsymbol{M}\boldsymbol{f}_0-\varepsilon\sqrt{P_s})+\\ &\boldsymbol{\alpha}_3^{\mathrm{T}}\left(\frac{1}{\tan\theta}\boldsymbol{r}_1+\boldsymbol{K}\boldsymbol{r}-\boldsymbol{r}_2\right)+\alpha_4^{\mathrm{T}}\left(-\frac{1}{\tan\theta}\boldsymbol{r}_1+\boldsymbol{K}\boldsymbol{r}-\boldsymbol{r}_2\right)+\\ &\alpha_5^{\mathrm{T}}\boldsymbol{F}_2\boldsymbol{r}+\alpha_0(\boldsymbol{f}_0^{\mathrm{T}}\boldsymbol{f}_0-P_s)\end{aligned} \tag{9-70}$$

其中：$\alpha_i, i \in \{1,2,\cdots,5\}$ 和 α_0 表示非负的拉格朗日因子。该问题对应的 KKT 条件如下：

$$\frac{\partial L}{\partial \boldsymbol{f}_0} = -\alpha_1^{\mathrm{T}} \boldsymbol{A}_1 \boldsymbol{M} - \alpha_2^{\mathrm{T}} \boldsymbol{A}_2 \boldsymbol{M} + 2\alpha_0 \boldsymbol{f}_0^{\mathrm{T}} = \boldsymbol{0} \tag{9-71a}$$

$$\frac{\partial L}{\partial \boldsymbol{r}} = \boldsymbol{F}_4 + (\alpha_3^{\mathrm{T}} + \alpha_4^{\mathrm{T}})\boldsymbol{K} + \alpha_5^{\mathrm{T}} \boldsymbol{F}_2 = \boldsymbol{0} \tag{9-71b}$$

$$\frac{\partial L}{\partial \boldsymbol{r}_1} = \alpha_1^{\mathrm{T}} + \frac{1}{\tan\theta}(\alpha_3^{\mathrm{T}} - \alpha_4^{\mathrm{T}}) = \boldsymbol{0} \tag{9-71c}$$

$$\frac{\partial L}{\partial \boldsymbol{r}_2} = \alpha_2^{\mathrm{T}} - \alpha_3^{\mathrm{T}} - \alpha_4^{\mathrm{T}} = \boldsymbol{0} \tag{9-71d}$$

$$\alpha_1^{\mathrm{T}}(\boldsymbol{r}_1 - \boldsymbol{A}_1 \boldsymbol{M} \boldsymbol{f}_0 - \varepsilon\sqrt{P_s}) = 0 \tag{9-71e}$$

$$\alpha_2^{\mathrm{T}}(\boldsymbol{r}_2 - \boldsymbol{A}_2 \boldsymbol{M} \boldsymbol{f}_0 - \varepsilon\sqrt{P_s}) = 0 \tag{9-71f}$$

$$\alpha_3^{\mathrm{T}}\left(\frac{1}{\tan\theta}\boldsymbol{r}_1 + \boldsymbol{K}\boldsymbol{r} - \boldsymbol{r}_2\right) = 0 \tag{9-71g}$$

$$\alpha_4^{\mathrm{T}}\left(-\frac{1}{\tan\theta}\boldsymbol{r}_1 + \boldsymbol{K}\boldsymbol{r} - \boldsymbol{r}_2\right) = 0 \tag{9-71h}$$

$$\alpha_5^{\mathrm{T}} \boldsymbol{F}_2 \boldsymbol{r} = 0 \tag{9-71i}$$

$$\alpha_0(\boldsymbol{f}_0^{\mathrm{T}} \boldsymbol{f}_0 - P_s) = 0 \tag{9-71j}$$

由式(9-71a)，可以推得向量 $\boldsymbol{f}_0$ 为

$$\boldsymbol{f}_0 = \frac{1}{2\alpha_0} \boldsymbol{M}^{\mathrm{T}} \overline{\boldsymbol{A}}^{\mathrm{T}} \boldsymbol{\alpha}^{\mathrm{T}} \tag{9-72}$$

其中：$\overline{\boldsymbol{A}} = [\boldsymbol{A}_1; \boldsymbol{A}_2] \in \mathbb{R}^{2(K+1)\times 2N(K+1)}$，$\boldsymbol{\alpha}^{\mathrm{T}} = [\alpha_1^{\mathrm{T}}, \alpha_2^{\mathrm{T}}]^{\mathrm{T}} \in \mathbb{R}^{2(K+1)}$。根据式(9-72)，有 $\alpha_0 \neq 0$，而由于 $\alpha_0 \geqslant 0$，可得 $\alpha_0 > 0$。然后由式(9-71j)，有

$$\boldsymbol{f}_0^{\mathrm{T}} \boldsymbol{f}_0 = P_s \Leftrightarrow \|\boldsymbol{f}_0\| = \sqrt{P_s} \tag{9-73}$$

至此，证明完毕。

参考文献

[1] ANDREWS J G，BUZZI S，CHOI W，et al. What will 5G be[J]. IEEE Journal on Selected Areas in Communications，2014，32(6)：1065－1082.

[2] SUN L，DU Q. Physical layer security with its applications in 5G networks：A review [J]. China Communications，2017，14(12)：1－14.

[3] WYNER A D. The wire-tap channel[J]. Bell Syst. Technical，1975，54(8)：1355－1387.

[4] YAN S，ZHOU X，YANG N，et al. Secret channel training to enhance physical layer security with a full-duplex receiver[J]. IEEE Transactions on Information Forensics and Security，2018，13(11)：2788－2800.

[5] HU L，WEN H，WU B，et al. Cooperative jamming for physical layer security enhancement in internetof things[J]. IEEE Internet of Things Journal，2018，5(1)：219－228.

[6] FAN Y，LIAO X，GAO Z. Joint energy harvesting and jamming design in secure communication of relay network[C]//2017 IEEE Global Communications Conference. [S. l.]：IEEE，2017：1－6.

[7] LIU W，ZHOU X，DURRANI S，et al. Secure communication with a wireless-powered friendly jammer[J]. IEEE Transactions on Wireless Communications，2016，15(1)：401－415.

[8] HUO Y，TIAN Y，MA L，et al. Jamming strategies for physical layer security[J]. IEEE Wireless Communications，2018，25(1)：148－153.

[9] SHI Q，XU W，WU J，et al. Secure beamforming for MIMO broadcasting with wireless information and power transfer[J]. IEEE Transactions on Wireless Communications，2015，14(5)：2841－2853.

[10] LV T，GAO H，YANG S. Secrecy transmit beamforming for heterogeneous networks [J]. IEEE Journal on Selected Areas in Communications，2015，33(6)：1154－1170.

[11] ZHU Z，CHU Z，ZHOU F，et al. Secure beamforming designs for secrecy MIMO swipt systems[J]. IEEE Wireless Communications Letters，2018，7(3)：424－427.

[12] CHU Z，ZHU Z，JOHNSTON M，et al. Simultaneous wireless information power transfer for miso secrecy channel[J]. IEEE Transactions on Vehicular Technology，2016，65(9)：6913－6925.

[13] LI Q, SONG H, HUANG K. Achieving secure transmission with equivalent multipli cative noise in MISO wiretap channels[J]. IEEE Communications Letters, 2013, 17 (5): 892 - 895.

[14] MASOUROS C, ALSUSA E. Soft linear precoding for the downlink of DS/CDMA communication systems[J]. IEEE Transactions on Vehicular Technology, 2010, 59 (1): 203 - 215.

[15] ZHAO N, YU F R, LI M, et al. Physical layer security issues in interference-alignment-based wireless networks[J]. IEEE Communications Magazine, 2016, 54 (8): 162 - 168.

[16] TEKIN E, YENER A. Secrecy sum-rates for the multiple-access wire-tap channel with ergodic block fading[R]. Monticello, Illinois, USA: Proceedings of the 45th Annual Allerton Conference on Communications, 2007.

[17] BASSILY R, ULUKUS S. Ergodic secret alignment[J]. IEEE Transactions on Information Theory, 2012, 58(3): 1594 - 1611.

[18] FAN Y, LIAO X, VASILAKOS A V. Physical layer security based on interference alignment in K-user MIMO Y wiretap channels[J]. IEEE Access, 2017, 5: 5747 - 5759.

[19] MAZIN A, DAVASLIOGLU K, GITLIN R D. Secure key management for 5G physical layer security[C]//2017 IEEE 18th Wireless and Microwave Technology Conference (WAMICON). [S. l.]: IEEE, 2017: 1 - 5.

[20] CHEN D, ZHANG N, LU R, et al. An LDPC Code Based Physical Layer Message Authentication Scheme With Prefect Security[J]. IEEE Journal on Selected Areas in Communications, 2018, 36(4): 748 - 761.

[21] DONG L, HAN Z, PETROPULU A P, et al. Improving wireless physical layer security via cooperating relays[J]. IEEE Transactions on Signal Processing, 2010, 58(3): 1875 - 1888.

[22] KRIKIDIS I, THOMPSON J S, MCLAUGHLIN S. Relay selection for secure cooperative networks with jamming[J]. IEEE Transactions on Wireless Communications, 2009, 8(10): 5003 - 5011.

[23] GUO H, YANG Z, ZHANG L, et al. Power-constrained secrecy rate maximization for joint relay and jammer selection assisted wireless networks[J]. IEEE Transactions on Communications, 2017, 65(5): 2180 - 2193.

[24] ZHU J, MO J, TAO M. Cooperative secret communication with artificial noise in symmetric interference channel[J]. IEEE Communications Letters, 2010, 14(10): 885 - 887.

[25] HE B, ZHOU X. Secure on-off transmission design with channel estimation errors[J]. IEEE Transactions on Information Forensics and Security, 2013, 8(12): 1923 - 1936.

[26] WANG X,TAO M,MO J,et al. Power and subcarrier allocation for physical-layer security in OFDM-based broadband wireless networks[J]. IEEE Transactions on Information Forensics and Security,2011,6(3):693－702.

[27] HU J,YANG W,YANG N,et al. On-off-based secure transmission design with outdated channel state information[J]. IEEE Transactions on Vehicular Technology, 2016,65(8):6075－6088.

[28] HU J,YANG N,ZHOU X,et al. A versatile secure transmission strategy in the presence of outdated CSI[J]. IEEE Transactions on Vehicular Technology, 2016, 65(12): 10084－10090.

[29] XIE J,ULUKUS S. Secure degrees of freedom of one-hop wireless networks[J]. IEEE Transactions on Information Theory,2014,60(6):3359－3378.

[30] XIE J,ULUKUS S. Secure degrees of freedom regions of multiple access and interference channels: The polytope structure[J]. IEEE Transactions on Information Theory, 2016,62(4):2044－2069.

[31] ZAPPONE A,LIN P,JORSWIECK E. Artificial-noise-assisted energy-efficient secure transmission in 5G with imperfect CSIT and antenna correlation[C]//2016 IEEE 17th International Workshop on Signal Processing Advances in Wireless Communications (SPAWC). [S. l.]:IEEE,2016: 1－5.

[32] LI L,CHEN Z,PETROPULU A P,et al. Linear precoder design for an mimo gaussian wiretap channel with full-duplex source and destination nodes[J]. IEEE Transactions on Information Forensics and Security,2018,13(2):421－436.

[33] ZHOU X,REZKI Z,ALOMAIR B,et al. Achievable rates of secure transmission in Gaussian MISO channel with imperfect main channel estimation[J]. IEEE Transactions on WirelessCommunications,2016,15(6):4470－4485.

[34] MUKHERJEE P,XIE J,ULUKUS S. Secure degrees of freedom of one-hop wireless networks with no eavesdropper CSIT[J]. IEEE Transactions on Information Theory, 2017,63(3):1898－1922.

[35] ZAIDI A,AWAN Z H,SHAMAI S,et al. Secure degrees of freedom of MIMO X-channels with output feedback and delayed CSIT[J]. IEEE Transactions on Information Forensics and Security,2013,8(11):1760－1774.

[36] MALEKI H,JAFAR S A,SHAMAI S. Retrospective interference alignment over interference networks[J]. IEEE Journal of Selected Topics in Signal Processing, 2012,6(3):228－240.

[37] TANDON R,MADDAH-ALI M A,TULINO A,et al. On fading broadcast channels

with partial channel state information at the transmitter[C]//2012 International Symposium on Wireless Communication Systems (ISWCS). [S. l.]: IEEE, 2012: 1004－1008.

[38] AWAN Z H,ZAIDI A,SEZGIN A. On SDoF of multi-receiver wiretap channel with alternating CSIT[J]. IEEE Transactions on Information Forensics and Security, 2016,11(8):1780－1795.

[39] MUKHERJEE P,TANDON R,ULUKUS S. Secure degrees of freedom region of the two-user MISO broad-cast channel with alternating CSIT[J]. IEEE Transactions on Information Theory,2017,63(6): 3823－3853.

[40] WANG Q,DONG D,ZHANG T. Secure degrees of freedom of rank-deficient MIMO interference channel[R]. IEEE Communications Letters,2019.

[41] KRISHNAMURTHY S R,RAMAKRISHNAN A,JAFAR S A. Degrees of freedom of rank-deficient MIMO interference channels[J]. IEEE Transactions on Information Theory,2015,61(1):341－365.

[42] WANG Q, WANG H, WANG Y. Degrees of freedom of rank-deficient 2×2×2 MIMO interference networks[J]. IEEE Transactions on Wireless Communications, 2018,3(19):1.

[43] ETKIN R H,TSE D N C,WANG H. Gaussian interference channel capacity to within one bit[J]. IEEE Transactions on Information Theory,2008,54(12):5534－5562.

[44] GENG C, NADERIALIZADEH N, AVESTIMEHR A S, et al. On the optimality oftreating interference as noise[J]. IEEE Transactions on Information Theory,2015, 61(4):1753－1767.

[45] GENG C,JAFAR S A. Secure GDoF of k-user Gaussian interference channels: When secrecy incurs no penalty[J]. IEEE Communications Letters,2015,19(8):1287－1290.

[46] LI Z,MU P,WANG B,et al. Optimal semiadaptive transmission with artificial-noise-aided beamforming in MISO wiretap channels[J]. IEEE Transactions on Vehicular Technology,2016,65(9):7021－7035.

[47] YANG N, YAN S, YUAN J, et al. Artificial noise: Transmission optimization in Multi-input Single-output wiretap channels[J]. IEEE Transactions on Communications,2015,63(5):1771－1783.

[48] YANG N,ELKASHLAN M,DUONG T Q,et al. Optimal transmission with artificial noise in MISOME wiretap channels[J]. IEEE Transactions on Vehicular Technology,2016,65(4):2170－2181.

[49] ZHOU X,MCKAY M R. Secure transmission with artificial noise over fading chan-

nels: Achievable rate and optimal power allocation[J]. IEEE Transactions on Vehicular Technology,2010,59(8): 3831 - 3842.

[50] LIU S,HONG Y,VITERBO E. Artificial noise revisited[J]. IEEE Transactions on Information Theory,2015,61(7):3901 - 3911.

[51] TSAI S,POOR H V. Power allocation for artificial-noise secure MIMO precoding systems[J]. IEEE Transactions on Signal Processing,2014,62(13):3479 - 3493.

[52] FAKOORIAN S A A,SWINDLEHURST A L. MIMO interference channel with confidential messages: Achievable secrecy rates and precoder design[J]. IEEE Transactions on Information Forensics and Security,2011,6(3):640 - 649.

[53] FAKOORIAN S A A,SWINDLEHURST A L. Competing for secrecy in the MISO interference channel[J]. IEEE Transactions on Signal Processing,2013,61(1):170 - 181.

[54] JORSWIECK E A,MOCHAOURAB R. Secrecy rate region of MISO interference channel: Pareto boundary and non-cooperative games[C]//Int. ITG Workshop Smart Antennas,IEEE. [S. l.]:IEEE,2009: 1 - 8.

[55] NI J,FEI Z,WONG K,et al. Robust coordinated beamforming for secure MISO interference channels with bounded ellipsoidal uncertainties[J]. IEEE Wireless Communications Letters,2013,2(4): 407 - 410.

[56] DONG Y,HOSSAINI M J,CHENG J,et al. Robust energy efficient beamforming in MISOME-SWIPT systems with proportional secrecy rate[J]. IEEE Journal on Selected Areas in Communications,2019,37(1):202 - 215.

[57] OMRI A,HASNA M O. Average secrecy outage rate and average secrecy outage duration of wireless communication systems with diversity over Nakagami-m fading channels[J]. IEEE Transactions on Wireless Communications,2018,17(6):3822 - 3833.

[58] KLINC D,HA J,MCLAUGHLIN S W,et al. LDPC codes for the Gaussian wiretap channel[J]. IEEE Transactions on Information Forensics and Security,2011,6(3): 532 - 540.

[59] BALDI M,BIANCHI M,CHIARALUCE F. Coding with scrambling,concatenation, and harq for the AWGN wire-tap channel: a security gap analysis[J]. IEEE Transactions on Information Forensics and Security,2012,7(3):883 - 894.

[60] KHANDAKER M R A,MASOUROS C,WONG K. Constructive interference based secure precoding: a new dimension in physical layer security[J]. IEEE Transactions on Information Forensics and Security,2018,13(9):2256 - 2268.

[61] KALANTARI A,SOLTANALIAN M,MALEKI S,et al. Directional modulation via symbol-level precoding: a way to enhance security[J]. IEEE J Sel Top Sig Process,

2016,10(8):1478-1493.

[62] KHANDAKER M R A,MASOUROS C,WONG K,et al. Secure SWIPT by exploiting constructive interference and artificial noise[J]. IEEE Transactions on Communications,2019,67(2):1326-1340.

[63] WU Y,KHISTI A,XIAO C,et al. A survey ofphysical layer security techniques for 5G wireless networks and challenges ahead[J]. IEEE Journal on Selected Areas in Communications,2018,36(4): 679-695.

[64] JOUDEH H,CLERCKX B. Robust transmission in downlink multiuser MISO systems:a rate-splitting approach[J]. IEEE Transactions on Signal Processing,2016,64(23):6227-6242.

[65] E S C. Communication theory of secrecy systems[J]. Bell Syst. Technical,1949,28(4):656-715.

[66] LEUNG-YAN-CHEONG S,HELLMAN M. The Gaussian wire-tap channel[J]. IEEE Transactions on Information Theory,1978,24(4):451-456.

[67] YANG J,KIM I,KIM D I. Power-constrained optimal cooperative jamming for multiuser broadcast channel[J]. IEEE Wireless Communications Letters, 2013, 2(4): 411-414.

[68] NAFEA M, YENER A. A new multiple access wiretap channel model[C]//2016 IEEE Information Theory Workshop (ITW). [S. l.]:IEEE,2016: 349-353.

[69] FAN Y,LIAO X,GAO Z. A power allocation scheme for physical layer security based on large-scale fading[C]//2015 IEEE 26th Annual International Symposium on Personal,Indoor,and Mobile Radio Communications (PIMRC). [S. l.]:IEEE,2015: 640-644.

[70] FANG H,XU L,WANG X. Coordinated multiple-relays based physical-layer security improvement: a single-leader multiple-followers stackelberg game scheme[J]. IEEE Transactions on Information Forensics and Security,2018,13(1):197-209.

[71] AWAN Z H,ZAIDI A,VANDENDORPE L. On secure transmission over parallel relay eavesdropper channel[C]//2010 48th Annual Allerton Conference on Communication,Control,and Computing (Allerton),IEEE. [S. l.]:IEEE,2010: 859-866.

[72] LE TREUST M,ZAIDI A,LASAULCE S. An achievable rate region for the broadcast wiretap channel with asymmetric side information[C]//2011 49th Annual Allerton Conference on Communication,Con- trol,and Computing (Allerton),IEEE. [S. l.]:IEEE,2011: 68-75.

[73] XU H,SUN L,REN P,et al. Cooperative privacy preserving scheme for downlink

transmission in multiuser relay networks[J]. IEEE Transactions on Information Forensics and Security,2017,12(4):825-839.

[74] XIE J,ULUKUS S. Secure degrees of freedom of K-user Gaussian interference channels: A unified view[J]. IEEE Transactions on Information Theory,2015,61(5):2647-2661.

[75] AWAN Z H,ZAIDI A,SEZGIN A. Achievable secure degrees of freedom of MISO broadcast channel with alternating CSIT[C]//2014 IEEE International Symposium on Information Theory. [S. l.]:IEEE,2014: 31-35.

[76] FAKOORIAN S A A,SWINDLEHURST A L. MIMO interference channel with confidential messages: achievable secrecy rates and precoder design[J]. IEEE Transactions on Information Forensics and Security,2011,6(3):640-649.

[77] LI L,CHEN Z,PETROPULU A P,et al. Linear precoder design for an MIMO Gaussian wiretap channel with full-duplex source and destination nodes[J]. IEEE Transactions on Information Forensics and Security,2018,13(2):421-436.

[78] BANAWAN K,ULUKUS S. Secure degrees of freedom of the Gaussian MIMO interference channel[C]//2015 49th Asilomar Conference on Signals,Systems and Computers,IEEE. [S. l.]:IEEE,2015:40-44.

[79] WANG Q,WANG Y,WANG H. Secure degrees of freedom of the asymmetric Gaussian MIMO interference channel[J]. IEEE Transactions on Vehicular Technology,2017,66(9):8001-8009.

[80] AMIR M,KHATTAB T. On the secure degrees of freedom of the K user MIMO MAC with statistical CSI[C]//2017 IEEE Wireless Communications and Networking Conference (WCNC). [S. l.]:IEEE,2017: 1-6.

[81] YANG S,KOBAYASHI M,PIANTANIDA P,et al. Secrecy degrees of freedom of MIMO broadcast channels with delayed CSIT[J]. IEEE Transactions on Information Theory,2013,59(9):5244-5256.

[82] LASHGARI S,AVESTIMEHR A S. Secrecy dof of blind MIMOME wiretap channel with delayed CSIT[J]. IEEE Transactions on Information Forensics and Security,2018,13(2):478-489.

[83] TANG W,FENG S,DING Y,et al. Physical layer security in heterogeneous networks with jammer selection and full-duplex users[J]. IEEE Transactions on Wireless Communications,2017,16(12): 7982-7995.

[84] JAFAR S A,FAKHEREDDIN M J. Degrees of freedom for the MIMO interference channel[J]. IEEE Transactions on Information Theory,2007,53(7):2637-2642.

[85] NAFEA M,YENER A. Secure degrees of freedom for the MIMO wire-tap channel

with a multi-antenna cooperative jammer[J]. IEEE Transactions on Information Theory,2017,63(11):7420-7441.

[86] MUKHERJEE P,ULUKUS S. Secure degrees of freedom of the multiple access wiretap channel with multiple antennas[J]. IEEE Transactions on Information Theory, 2018,64(3):2093-2103.

[87] HE X,YENER A. Providing secrecy with structured codes: two-user Gaussian channels[J]. IEEE Transactions on Information Theory,2014,60(4):2121-2138.

[88] XIE J,ULUKUS S. Sum secure degrees of freedom of two-unicast layered wireless networks[J]. IEEE Journal on Selected Areas in Communications,2013,31(9):1931-1943.

[89] MOTAHARI A S,OVEIS-GHARAN S,MADDAH-ALI M,et al. Real interference alignment:exploiting the potential of single antenna systems[J]. IEEE Transactions on Information Theory,2014,60(8): 4799-4810.

[90] BARARI B,SANGDEH P K,AKHBARI B. Secure degrees of freedom of two-user two-hop X-channel[C]//2017 Iranian Conference on Electrical Engineering (ICEE), IEEE. [S. l.]:IEEE,2017: 1911-1916.

[91] LEE S,ZHAO W,KHISTI A. Secure degrees of freedom of the Gaussian diamond-wiretap channel[J]. IEEE Transactions on Information Theory,2017,63(1):496-508.

[92] LEE S,ZHAO W,KHISTI A. Secure degrees of freedom of the Gaussian diamond-wiretap channel[C]//2016 IEEE International Symposium on Information Theory (ISIT). [S. l.]:IEEE,2016: 2819-2823.

[93] LI Q,YANG L. Artificial noise aided secure precoding for mimo untrusted two-way relay systems with perfect and imperfect channel state information[J]. IEEE Transactions on InformationForensics and Security,2018,13(10):2628-2638.

[94] XU H,SUN L,REN P,et al. Securing two-way cooperative systems with an untrusted relay: a constellation-rotation aided approach[J]. IEEE Communications Letters, 2015,19(12): 2270-2273.

[95] DING Z,MA Z,FAN P. Asymptotic studies for the impact of antenna selection on secure two-way relaying communications with artificial noise[J]. IEEE Transactions on Wireless Communications,2014,13(4):2189-2203.

[96] KIM T T,POOR H V. On the secure degrees of freedom of relaying with half-duplex feedback[J]. IEEE Transactions on Information Theory,2011,57(1):291-302.

[97] GOU T,JAFAR S A,WANG C,et al. Aligned interference neutralization and the degrees of freedom of the $2 \times 2 \times 2$ interference channel[J]. IEEE Transactions on

Information Theory,2012,58(7): 4381－4395.

[98] LEE K,LEE N,LEE I. Achievable degrees of freedom on MIMO two-way relay interference channels[J]. IEEE Transactions on Wireless Communications,2013,12(4): 1472－1480.

[99] ASHRAPHIJUO M,ASHRAPHIJUO M,WANG X. On the dof of two-way 2×2×2 MIMO relay networks[J]. IEEE Transactions on Vehicular Technology, 2018, 67 (11):10554－10563.

[100] WANG Z,XIAO M,SKOGLUND M. Secrecy degrees of freedom of the 2 ×2×2 interference channel with delayed CSIT[J]. IEEE Wireless Communications Letters,2014,3(4):341－344.

[101] SEIF M,TANDON R,LI M. On the secure degrees of freedom of 2 × 2 × 2 multi-hop network with untrusted relays[C]//2018 IEEE International Conference on Communications (ICC). [S. l.]:IEEE,2018: 1－7.

[102] XIANG H,YENER A. The role of an untrusted relay in secret communication[C]// IEEE International Symposium on Information Theory. [S. l.]:IEEE,2008: 2212－2216.

[103] YENER A, ULUKUS S. Wireless physical-layer security: lessons learned from information theory[J]. Proceedings of the IEEE,2015,103(10):1814－1825.

[104] YANG S,KOBAYASHI M,GESBERT D,et al. Degrees of freedom of time correlated miso broadcast channel with delayed CSIT[J]. IEEE Transactions on Information Theory, 2013,59(1):315－328.

[105] TE HAN,KOBAYASHI K. A new achievable rate region for the interference channel[J]. IEEE Transactions on Information Theory,1981,27(1):49－60.

[106] JOUDEH H,CLERCKX B. Sum-rate maximization for linearly precoded downlink multiuser MISO systems with partial CSIT: a rate-splitting approach[J]. IEEE Transactions on Communications,2016,64(11):4847－4861.

[107] DAI M,CLERCKX B,GESBERT D,et al. A rate splitting strategy for massive MIMO with imperfect CSIT[J]. IEEE Transactions on Wireless Communications, 2016,15(7):4611－4624.

[108] CLERCKX B,JOUDEH H,HAO C,et al. Rate splitting for MIMO wireless networks: a promising phylayer strategy for LTE evolution[J]. IEEE Communications Magazine,2016,54(5):98－105.

[109] HAO C,RASSOULI B,CLERCKX B. Achievable DoF regions of MIMO networks with imperfect CSIT[J]. IEEE Transactions on Information Theory,2017,63(10): 6587－6606.

[110] MUKHERJEE A, SWINDLEHURST A L. Ensuring secrecy in MIMO wiretap channels with imperfect CSIT: A beamforming approach[C]//2010 IEEE International Conference on Communications. [S. l.]:IEEE,2010: 1-5.

[111] ZHENG T,WANG H. Optimal power allocation for artificial noise under imperfect CSI against spatially random eavesdroppers[J]. IEEE Transactions on Vehicular Technology,2016,65(10): 8812-8817.

[112] GOEL S,NEGI R. Guaranteeing secrecy using artificial noise[J]. IEEE Transactions on Wireless Communications,2008,7(6):2180-2189.

[113] CHU Z,ZHU Z,HUSSEIN J. Robust optimization for an-aided transmission and power splitting for secure MISO SWIPT system[J]. IEEE Communications Letters, 2016,20(8):1571-1574.

[114] LI Z, YATES R, TRAPPE W. Achieving secret communication for fast rayleigh fading channels[J]. IEEE Transactions on Wireless Communications, 2010, 9(9): 2792-2799.

[115] WANG H,ZHENG T,XIA X. Secure MISO wiretap channels with multiantenna passive eavesdropper:artificial noise vs. artificial fast fading[J]. IEEE Transactions on Wireless Communications,2015,14(1):94-106.

[116] SOLTANI M, ARSLAN H. Randomized beamforming with generalized selection transmission for security enhancement in MISO wiretap channels[J]. IEEE Access, 2018,6:5589-5595.

[117] KOZAI Y,SABA T. An artificial fast fading generation scheme for physical layer security of MIMO-OFDM systems[C]//2015 9th International Conference on Signal Processing and Communication Systems (ICSPCS),IEEE. [S. l.]:IEEE,2015: 1-5.

[118] SONG C. Achievable secrecy rate of artificial fast-fading techniques and secret-key assisted design for MIMO wiretap channels with multiantenna passive eavesdropper [J]. IEEE Transactions on Vehicular Technology,2018,67(10):10059-10063.

[119] CHOI J. NOMA-based random access with multichannel aloha[J]. IEEE Journal on Selected Areas in Communications,2017,35(12):2736-2743.

[120] CHOI J. NOMA-based compressive random access using Gaussianspreading[J]. IEEE Transactions on Communications,2019,67(7):5167-5177.

[121] XIAO Z,ZHU L,CHOI J,et al. Joint power allocation and beamforming for non-orthogonal multiple access (NOMA) in 5G millimeter wave communications[J]. IEEE Transactions on Wireless Communications,2018,17(5):2961-2974.

[122] BAI L,ZHU L,YU Q,et al. Transmit power minimization for vector-perturbation

based noma systems: a sub-optimal beamforming approach[J]. IEEE Transactions on Wireless Communications,2019,18(5):2679 – 2692.

[123] ZHANG Y, WANG H, YANG Q, et al. Secrecy sum rate maximization in non-orthogonal multiple access[J]. IEEE Communications Letters,2016,20(5):930 – 933.

[124] XU D,REN P,DU Q,et al. Design for noma: Combat eavesdropping and improve spectral efficiency in the two-user relay network[C]//2017 IEEE Global Communications Conference. [S. l.]:IEEE,2017: 1 – 6.

[125] CHEN J, YANG L, ALOUINI M. Physical layer security for cooperative NOMA systems[J]. IEEE Transactions on Vehicular Technology,2018,67(5):4645 – 4649.

[126] ZHENG B,WEN M,WANG C,et al. Secure NOMA based two-way relaynetworks using artificial noise and full duplex[J]. IEEE Journal on Selected Areas in Communications,2018,36(7):1426 – 1440.

[127] LV L,DING Z,NI Q,et al. Secure MISO-NOMA transmission with artificial noise [J]. IEEE Transactions on Vehicular Technology,2018,67(7):6700 – 6705.

[128] GRADSHTEYN I S,RYZHIK I M. Table of Integrals,Series,and Products[M]. Seventh Edition[S. l.]: Academic Press,2007.

[129] ZHENG L, TSE D N C. Diversity and multiplexing: a fundamental tradeoff in multiple-antenna channels[J]. IEEE Transactions on Information Theory,2002,49 (5): 1073 – 1096.

[130] YANG N,WANG L,GERACI G,et al. Safeguarding 5G wireless communication networks using physical layer security[J]. IEEE Commun,2015,4(53):20 – 27.

[131] OGIELA L,OGIELA M R. Insider threats and cryptographic techniques in secure information management[J]. IEEE Syst J,2017,11(2):405 – 414.

[132] ALJOHANI M, AHMAD I,BASHERI M,et al. Performance analysis of cryptographic pseudorandom number generators[J]. IEEE Access,2019(7):39794 – 39805.

[133] NGUYEN B V,JUNG H,KIM K. Physical layer security schemes for full-duplex cooperative systems: state of the art and beyond[J]. IEEE Commun Mag,2018,56 (11):131 – 137.

[134] YAO R,ZHANG Y,WANG S,et al. Deep neural network assisted approach for antenna selection in untrusted relay networks[J]. IEEE Wire Commun. Lett,2019,8 (6):1644 – 1647.

[135] LEE N,LIM J B,CHUN J. Degrees of freedom of the MIMO Y channel: signal space alignment for network coding[J]. IEEE Transactions on Information Theory, 2010,56(7):3332 – 3342.

[136] FAN Y, LIAO X, GAO Z, et al. Achievable secure degrees of freedom of K-user MISO broadcast channel with imperfect CSIT[J]. IEEE Wire Commun Lett, 2019, 8(3): 933 - 936.

[137] HUANG Y, ZHANG J, XIAO M. Constant envelope hybrid precoding for directional millimeter-wave communications[J]. IEEE J Sel Areas Commun, 2018, 36(4): 845 - 859.

[138] SADEGHZADEH M, MALEKI M, SALEHI M. Large-scale analysis of regularized block diagonalization precoding for physical layer security of multi-user MIMO wireless networks[J]. IEEE Trans Veh Technol, 2019, 68(6): 5820 - 5834.

[139] ZHU Z, CHU Z, ZHOU F, et al. Secure beamforming designs for secrecy MIMO SWIPT systems[J]. IEEE Wireless Commun Lett, 2018, 7(3): 424 - 427.

[140] ZHU Z, HUANG S, CHU Z, et al. Robust designs of beamforming and power splitting for distributed antenna systems with wireless energy harvesting[J]. IEEE Syst J, 2019, 13(1): 30 - 41.

[141] MUKHERJEE P, ULUKUS S. Secure degrees of freedom of the multiple access wiretap channel with multiple antennas[J]. IEEE Trans Inform Theory, 2018, 64(3): 2093 - 2103.

[142] HAQIQATNEJAD A, KAYHAN F, OTTERSTEN B. Symbol-level precoding design based on distance preserving constructive interference regions[J]. IEEE Trans Sig Process, 2018, 66(22): 5817 - 5832.

[143] MASOUROS C, ZHENG G. Exploiting known interference as green signal power for downlink beamforming optimization[J]. IEEE Trans Sig Process, 2015, 63(14): 3628 - 3640.

[144] ALODEH M, CHATZINOTAS S, OTTERSTEN B. Constructive multiuser interference in symbol level precoding for the MISO downlink channel[J]. IEEE Trans Sig Process, 2015, 63(9): 2239 - 2252.

[145] ALODEH M, CHATZINOTAS S, OTTERSTEN B. Symbol-level multiuser MISO precoding for multi-level adaptive modulation[J]. IEEE Trans Wireless Commun, 2017, 16(8): 5511 - 5524.

[146] LI A, MASOUROS C. Exploiting constructive mutual coupling in P2P MIMO by analog-digital phase alignment[J]. IEEE Trans Wireless Commun, 2017, 16(3): 1948 - 1962.

[147] KALANTARI A, TSINOS C, SOLTANALIAN M, et al. MIMO directional modulation M-QAM precoding for transceivers performance enhancement[R]. 2017 IEEE 18th International Workshop on Signal Processing Advances in Wireless Communications (SPAWC). Sapporo: IEEE, 2017.

[148] ALODEH M,SPANO D,CHATZINOTAS S. Ottersten. Faster-than nyquist spatio-temporal symbol-level precoding in the downlink of multiuser MISO channels[C]//Proc IEEE Int Conf Acoust,Speech Signal Process. [S. l.]:IEEE,2017.

[149] LI A,MASOUROS C. Interference exploitation precoding made practical: optimal closed-form solutions for PSK modulations[J]. IEEE Trans Wireless Commun,2018,17(11):7661-7676.

[150] KRIVOCHIZA J,MERLANO-DUNCAN J C,ANDRENACCI S,et al. Closed-form solution for computationally efficient symbol-level precoding[R]. 2018 IEEE Global Communications Conference (GLOBECOM). Abu Dhabi(United Arab Emirates):IEEE,2018.

[151] HAQIQATNEJAD A,KAYHAN F,OTTERSTEN B. Power minimizer symbol-level precoding: a closed-form suboptimal solution,[J]. IEEE Sig Process Lett,2018,25(11):1730-1734.

[152] WANG K,SO A M,CHANG T,et al. Outage constrained robust transmit optimization for multiuser MISO downlinks: Tractable approximations by conic optimization [J]. IEEE Trans Sig Process,2014,62(21):5690-5705.

[153] KHANDAKER M R A,MASOUROS C,WONG K. Constructive interference based secure precoding[C]//2017 IEEE International Symposium on Information Theory (ISIT),Aachen,2017.

[154] LI A,SPANO D,KRIVOCHIZA J,et al. A tutorial on interference exploitation via symbol-level precoding: overview,state-of-the-art and future directions[J]. IEEE Commun Surv Tut,2020,2(2):796-839.

[155] NEGI R,GOEL S. Secret communication using artificial noise[J]. Proc,IEEE Veh Technol Conf,2005(3):1906-1910.

[156] SWINDLEHURST A L. Fixed SINR solutions for the MIMO wiretap channel[R]. Proc,IEEE ICASSP. Taipei:IEEE,2009.

[157] WANG H M,YIN Q,XIA X G. Distributed beamforming for physical-layer security of two-way relay networks[J]. IEEE Trans Signal Process,2012,60(7):3532-3545.

[158] WANG H M,LUO M,XIA X G,et al. Joint cooperative eamforming and jamming to secure AF relay systems with individual power constraint and no eavesdropper's CSI [J]. IEEE Signal Process Lett,2013,20(2):39-42.

[159] ARAFA A,SHIN W,VAEZI M. Secure relaying in nonorthogonal multiple access: trusted and untrusted scenarios[J]. IEEE Transactions on Information Forensics and Security,2020(15):210-222.

[160] MEKKAWY T,YAO R,TSIFTSIS T A,et al. Joint beamforming alignment with

suboptimal power allocation for a two-way untrusted relay network[J]. IEEE Transactions on Information F,2018,13(10):2464-2474.

[161] YAO R, LU Y, TSIFTSIS T A. Secrecy rate-optimum energy splitting for an untrusted and energy harvesting relay network[J]. IEEE Access,2018(6):19238-19246.

[162] WEI Z,MASOUROS C. Device-centric distributed antenna transmission: secure precoding and antenna selection with interference exploitation[J]. IEEE Internet of Things Journal,2020,7(3):2293-2308.

[163] WEI Z,MASOUROS C,LIU F,et al. Energyand cost-efficient physical layer security in the era of IoT: The role of interference[J]. IEEE Communications Magazine, 2020,58(4):81-87.

[164] YUN S,KANG J,KIM I,et al. Deep artificial noise: deep learning-based precoding optimization for artificial noise scheme[J]. IEEE Transactions on Vehicular Technology,2020,69(3):3465-3469.

[165] ALODEH M,CHATZINOTAS S,OTTERSTEN B. Constructive multiuser interference in symbol level precoding for the MISO downlink channel[J]. IEEE Trans Sig Process,2015,63(9):2239-2252.

[166] LAW K L, MASOUROS C, PESAVENTO M. Bivariate probabilistic constrained programming for interference exploitation in the cognitive radio[R]. 2017 IEEE International Conference on Acoustics, Speech and Signal Processing (ICASSP). New Orleans:IEEE,2017.

[167] LAW K L,MASOUROS C,PESAVENTO M. Transmit precoding for interference exploitation in the underlay cognitive radio Z-channel[J]. IEEE Transactions on Signal Processing,2017,65(14):3617-3631.

[168] ZHENG G,MASOUROS C,KRIKIDIS I,et al. Exploring green interference power for wireless information and energy transfer in the MISO downlink[R]. 2015 IEEE International Conference on Communications (ICC). London:IEEE,2015.

[169] TIMOTHEOU S, ZHENG G, MASOUROS C, et al. Symbol level precoding in MISO broadcast channels for SWIPT systems[R]. 2016 23rd International Conference on Telecommunications (ICT). Thessaloniki:[s. n.],2016.

[170] TIMOTHEOU S,ZHENG G,MASOUROS C,et al. Exploiting constructive interference for simultaneous wireless information and power transfer in multiuser downlink systems[J]. IEEE Journal on Selected Areas in Communications,2016,34(5): 1772-1784.

[171] LI A,MASOUROS C,VUCETIC B,et al. Interference exploitation precoding for

multi-level modulations: closed-form solutions[J]. IEEE Transactions on Communications,2021,69(1):291－308.

[172] LI A,MASOUROS C,LEE A,et al. 1-bit massive MIMO transmission: embracing interference with symbol-level precoding[J]. IEEE Communicel(es) Magazine, 2020,59(5):121－127.

[173] KHANDAKER M R A,MASOUROS C,WONG K. Constructive interference based secure precoding: a new dimension in physical-layer security[J]. IEEE Trans Inf Forensics Security,2018,13(9):2256－2268.

[174] FAN Y,LI A,LIAO X,et al. Secure interference exploitation precoding in MISO wiretap channel: destructive region redefinition with efficient solutions[J]. IEEE Transactions on Information Forensics and Security,2021(16):402－417.

[175] XU Q,REN PY,SWINDLEHURST A L. Rethinking secure precoding via interference exploitation: a smart eavesdropper perspective[J]. IEEE Transactions on Information Forensics and Security,2021(16):585－600.

[176] DARSENA D,GELLI G,IUDICE I,et al. Design and performance analysis of channel estimators under pilot spoofing attacks in multipleantenna systems[J]. IEEE Transactions on Information Forensics and Security,2020(15):3255－3269.

[177] LIU R,LI M,LIU Q,et al. Secure symbollevel precoding in MU-MISO wiretap systems[J]. IEEE Transactions on Information Forensics and Security,2020(15): 3359－3373.

[178] BEN-TAL A,NEMIROVSKI A. Lectures on modern convex optimization: analysis, algorithms,and engineering applications[R]. MPSSIAM Series on Optimization Philadelphia(PA): SIAM,2001.